Bestandsoptimierung

Rainer Weber

Bestandsoptimierung

Beschaffung - Lagerhaltung - Losgrößenmanagement - Lieferservice verbessern - Working Capital reduzieren

6., überarbeitete Auflage

Kontakt & Studium
Band 176

Bibliografische Information der Deutschen Nationalbibliothek
Die Deutsche Nationalbibliothek verzeichnet diese Publikation in der Deutschen Nationalbibliografie; detaillierte bibliografische Daten sind im Internet über http://dnb.dnb.de abrufbar.

Dischingerweg 5 · D-72070 Tübingen

Internet: www.expertverlag.de
eMail: info@verlag.expert

Printed in Germany

ISBN 978-3-8169-3523-0 (Print)
ISBN 978-3-8169-8523-5 (ePDF)
ISBN 978-3-8169-0021-4 (ePub)

Autoren-Vorwort

Hohe Liquidität, höchstmögliche Flexibilität, kurzfristige Lieferbereitschaft mit niedrigen Beständen erfordern ein leistungsfähiges Material- und Logistikmanagement. Steigende Variantenvielfalt, überholte Regelwerke, nicht gepflegte Stammdaten in den ERP-Warenwirtschaftssystemen führen zu steigenden Beständen und teilweise zu Liquiditätsschwierigkeiten. Anstatt in der Kasse liegen die Gewinne im Lager, sind Hoffnung.

Heben Sie diese verborgenen Schätze, versteckt im Unternehmen, im Lager, im Working Capital. Je nach Firma stecken bis zu 30 % (teilweise mehr) zu viel im Lager bzw. im Umlaufvermögen als unbedingt notwendig. Das kostet viel Geld und die Lieferfähigkeit wird dadurch auch nicht wesentlich erhöht, da doch immer etwas fehlt.

Untersuchungen zeigen, dass z. B. eine 20%ige Verringerung der Bestände, die Verbindlichkeiten bei den Banken bis zu 30 % und mehr verringern, die logistische Leistungsfähigkeit bis zu 40 % des Umsatzwachstums und bis zu 27 % der Umsatzrendite beeinflussen[1)].

Andererseits kann jeder in der Warenwirtschaft zu viel eingesparte Euro, ein Vielfaches an entgangenem Gewinn / Aufträgen / Deckungsbeiträgen bedeuten. Der Funktions- und Leistungsfähigkeit von Produktions-, Beschaffungs- und Lagerlogistik mit effizienten Abläufen und optimierten Prozessen kommt somit steigende Bedeutung zu. Was bedeutet: Bisher erfolgreiche Regelwerke, Organisationsprinzipien / Prozesse, Denk- und Handlungsweisen müssen neu ausgerichtet werden. Lean Factory, Supply-Chain-Management beschleunigen dies.

In diesem Buch lernen Sie moderne, intelligente Dispositions- und Logistiksysteme kennen, mit deren Hilfe Sie folgende Ziele erreichen können:

- Schnittstellenreduzierung, optimieren des Informations-, Material- und Werteflusses
- Reduzierung des Working Capitals und Bestandsrisiko / Erhöhung der Liquidität, des Lieferservice, der Umschlagsgeschwindigkeit
- Smarte, bestandsarme Dispositions- und Beschaffungsmethoden
- Auffinden versteckter Sicherheitspuffer in den IT- / PPS- ERP-Einstellungen
- Supply-Chain-Systeme in der Materialwirtschaft
- Bestandsmanagement und schlanke Distributionsprozesse
- Reduzierung der Durchlaufzeit / höhere Flexibilität / Lieferbereitschaft
- Rückstandsfrei, flexibler produzieren durch kleinere Lose und verbesserte Steuerungskonzepte
- Prozess- / Effizienzverbesserung in der gesamten Logistikkette

Wie Bestandstreiber / Fehlleistungen erkannt, auf Dauer vermieden werden, Erfolge mittels Kennzahlen messbar und als Führungsinstrument nutzbar gemacht werden können.

Pforzheim-Hohenwart, im Oktober 2020 — Rainer Weber

1) TU München, Prof. Dr. Dr. habil Dr. h.C. Horst Wildemann

Inhaltsverzeichnis

1. Einleitung

Sinkende Liquidität, steigende Gemeinkosten und wachsende Lagerbestände sind Gegebenheiten, mit denen viele Unternehmen zu kämpfen haben. Bei der oftmals geringen Eigenkapitalquote kann dies zu einer existenzbedrohenden Finanzkrise führen, die nur durch richtige, kurzfristige und wirksame Entscheidungen vermeidbar wird.

Erschwerend wirken in den Unternehmen, außer den rapiden Veränderungen der gesamtwirtschaftlichen Situation, verbunden mit dem zunehmenden Konkurrenzdruck:

Die immer kurzfristiger werdenden

- *Lebenszyklen der Erzeugnisse,*
- *Liefertermine*
- *sowie die sinkende Risikobereitschaft der Kunden / Abnehmer eine eigene Vorratshaltung zu führen.*

Hinzu kommt, kundenseitig bedingt, der Wunsch des Vertriebes

- *Umsatz auf breitester Variantenebene zu tätigen,*

was in Bezug auf das Materialmanagement gravierende Folgen hat, da immer mehr Varianten eingekauft, hergestellt und gelagert werden müssen.

Auch wurde den Mitarbeitern in Produktionsbetrieben beigebracht, dass es wichtig ist, dass die Maschinen ständig laufen müssen und in „wirtschaftlichen Losgrößen" produziert werden soll. Dies führte dann dazu, dass bei einem Bedarf von 50 Stück 200 Stück oder mehr gefertigt wurden, weil dann die wirtschaftliche Losgröße bzw. die kalkulatorischen Stückkosten stimmen. Für die restlichen 150 Stück war dann Hoffnung auf weiteren Bedarf angesagt. Hohe Anlagennutzung, wenig Umrüsten als Vorgabe für die Produktion war wichtiger.

Darstellung dieser Entwicklung:

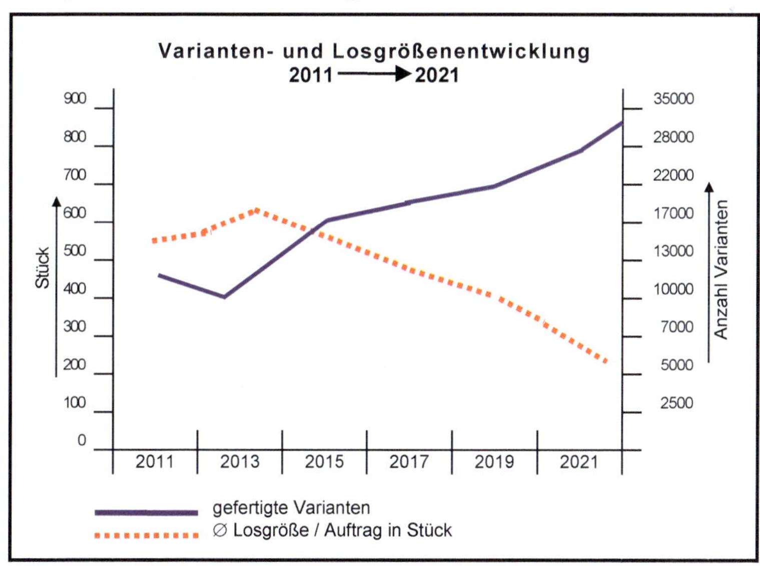

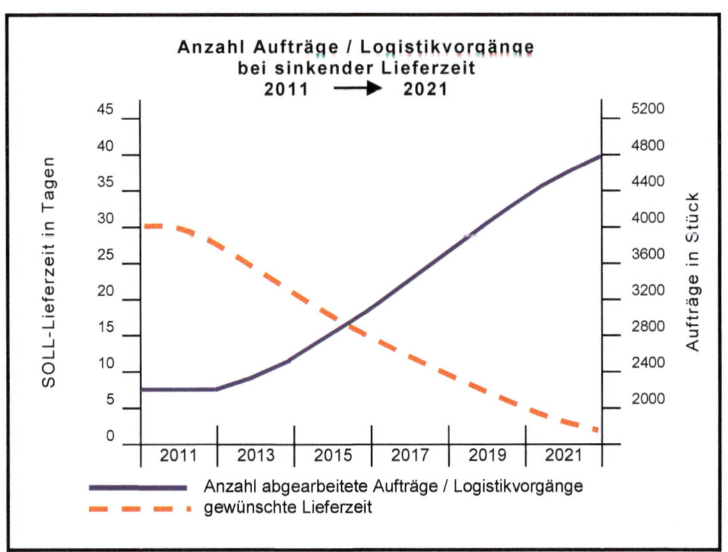

Präzisierung dieser Problematik an einem Zahlenbeispiel, das die steigende Anzahl Geschäftsvorgänge in der gesamten Auftragsabwicklung und das Warteschlangenproblem vor den Arbeitsplätzen sowie die Entwicklung des Lagerbestandes aufzeigt:

Jahr	Anzahl Artikel	Anzahl Mitarbeiter / Arbeitsplätze	Warteschlangenfaktor je Artikel	Anzahl Beschaffungsvorgänge / Picks im Lager pro Tag		Höhe des Lagerbestandes in € bei Preis / Stück = 2,-- € und gleich bleibende Bestandsmenge 100 Stück je Artikelnummer
				5 (Ø)		
1	2	3	4 = 2 : 3	Beschaf.-vorgänge	Picks	6 = 2,-- € x 100 Stück x Pos. 2
2000	200	100	1 : 2	10 ?	40 ?	= 40.000,00 €
2010	2.000	200	1 : 10	100 ?	400 ?	= 400.000,00 €
heute	5.000	250	1 : 20	300 ?	1200 ?	= 1.000.000,00 €
Jahr xx	12.000	300	1 : 40	850 ?	3000 ?	= 2.400.000,00 €

Bei gleich bleibender Bestandshöhe je Artikelnummer, aber steigender Artikelvielfalt könnte es sein, dass der gesamte Gewinn eines Unternehmens in Form von Material und Teilen an Lager gelegt wird und davon Steuern bezahlt werden müssen. Die Liquidität geht verloren, der Arbeitsaufwand wird immer größer.

Betriebliche Leistung und damit verbundene Unternehmensziele müssen somit bezüglich heutiger Anforderungen neu definiert werden:

ERFOLG AM MARKT / KURZE LIEFERZEITEN / HOHE EIGENKAPITALQUOTE / LIQUIDITÄT

1.1 Liquiditätsgewinn wird immer wichtiger

Und, was häufig nicht bedacht wird:

- Liquidität ist auch Leistung. Eine Beschleunigung des Geld- bzw. Werteflusses ist heute ein MUSS.
- Durch eine ca. 20%ige Verringerung der Lagerbestände / des Working Capitals können die Verbindlichkeiten der Unternehmen zu den Banken bis zu ca. 30 %[1)] verringert werden.

Darstellung des Geld- und Werteflusses

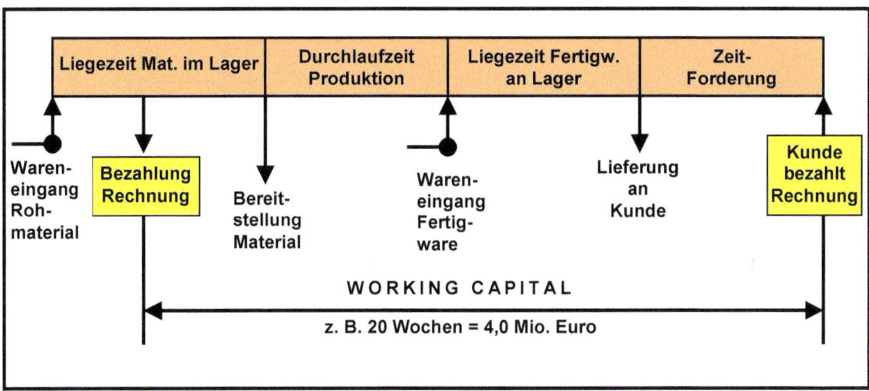

Wenn diese Zeitstrecke halbiert werden kann, auf z. B. 10 Wochen, können 2,0 Mio. Euro Liquidität gewonnen werden.

Oder noch besser „ALDI-Prinzip":

Über Konsignationslager / entsprechende Zahlungsvereinbarungen mit Lieferanten – Kunden erfolgt zuerst Zahlungseingang der verkauften Ware und dann Bezahlung Lieferant.

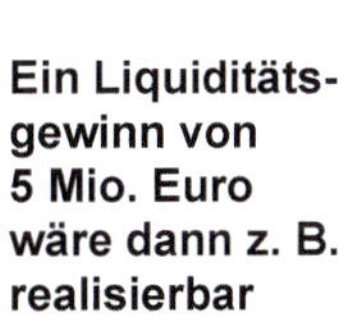

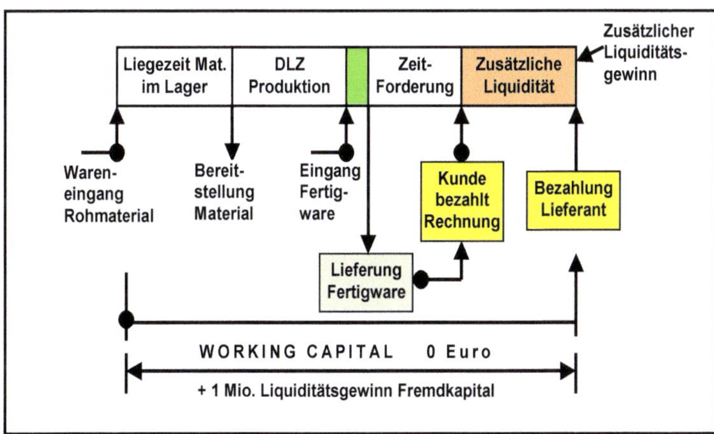

1) in Abhängigkeit des Materialanteils zum Umsatz.

Liquiditätsabfluss durch altes Denken / steuerliche Auswirkungen sind zu beachten

Jährliche Kosten der Lagerung in Prozent vom Lagerwert eines einzelnen Artikels

Nach einer Faustformel, die von den Lagerkosten abgeleitet ist, verdoppelt sich der Einstandspreis nach ca. 4 - 5 Jahren durch

► **Zinsen und sonstige Bestandskosten**	**2 - 5 %**
► **Technik, Abschreibung für Transportmittel, IT, etc.**	**3 - 5 %**
► **Raumkosten**	**2 - 4 %**
► **Personalkosten**	**6 - 8 %**
► **Versicherung / Schwund etc.**	**1 - 2 %**
	14 - 24 %

Durch diese Zahlen wird deutlich, wie wichtig alle Maßnahmen zur Bestandssenkung sind, den Bodensatz (Null-Dreher) systematisch abzubauen bzw. durch entsprechende Dispo- und Bestellregeln erst gar nicht entstehen zu lassen.

Liquiditätsabfluss durch altes Denken / steuerliche Auswirkungen beachten.

Aufgrund der neueren, verschärften steuerlichen Bewertungen von Lagerhütern (wenn ein Artikel mit Menge X abgewertet ist, aber im Prüfungszeitraum ein Stück zum normalen Preis verkauft wird, wird die Gesamtmenge X wieder aufgewertet), verschrotten immer mehr Unternehmen ihre Null-Dreher nach 2 - 2,5 Jahren bzw. verkaufen solche Exoten zum Preis 0,-- €, plus ein Betrag X € für Logistik und Verpackung mit Vermerk *„Muster ohne Wert"*. (Gilt nicht für Ersatzteile, die werden im Regelfalle auch nicht abgewertet.)

Dies bedeutet:

Beispielrechnung:

- Es liegen 100 Teile am Lager = 0-Dreher, wurden auf Schrottwert 1,-- € / Stück abgewertet - EK-Preis war 10,-- € / Stück
- Es werden 5 Stück zum EK-Preis 10,-- € / Stück verkauft = 50,-- € Umsatz
- Bei der Bilanzprüfung vom Finanzamt (Rechnungsausgang zu Abwertung) wird dies festgestellt.

  Jetzt werden per Programm automatisch alle 100 Stück auf 10,-- € / Stück wieder aufgewertet, was eine Bestandserhöhung von 100,-- € auf jetzt 1.000,-- € ergibt

Bei einer Steuerlast von ca. 38 % beträgt der Liquiditätsabfluss ans Finanzamt 380,-- €

Welches Potential in der Produktions-, Beschaffungs- und Lagerlogistik liegt, lässt sich am besten anhand einer Benchmarking-Tabelle darstellen:

Kennzahl	Bestes Unternehmen	Ø der untersuchten Unternehmen	Schlechtestes Unternehmen
	Kosten in % von Gesamtkosten		
Beschaffungs- / Lagerungs- / Wareneingangs- und Bereitstellkosten	0,4 %	2,6 %	5,7 %
Bestandskosten	0,2 %	1,4 %	3,5 %
Abwertungs- / Verschrottungskosten	0,0 %	0,4 %	0,9 %
Bestandsreichweite in Arbeitstagen[1)]	5,0 Tage	50,0 Tage	256 Tage
Liefertreue, bezogen auf den bestätigten Termin	98 %	75 %	28 %

1) *Quelle: Siemens AG, ELC, HuZ.*

Liquiditätsabfluss durch hohe Bestände / Bestandserhöhung

Bestandserhöhungen verbessern das Betriebsergebnis
Bestandsreduzierungen verschlechtern das Betriebsergebnis

Welche Auswirkungen haben Bestandserhöhungen auf die Liquidität eines Unternehmens grundsätzlich?

(A) Grobe Beispielrechnung mit Ca.-Werten

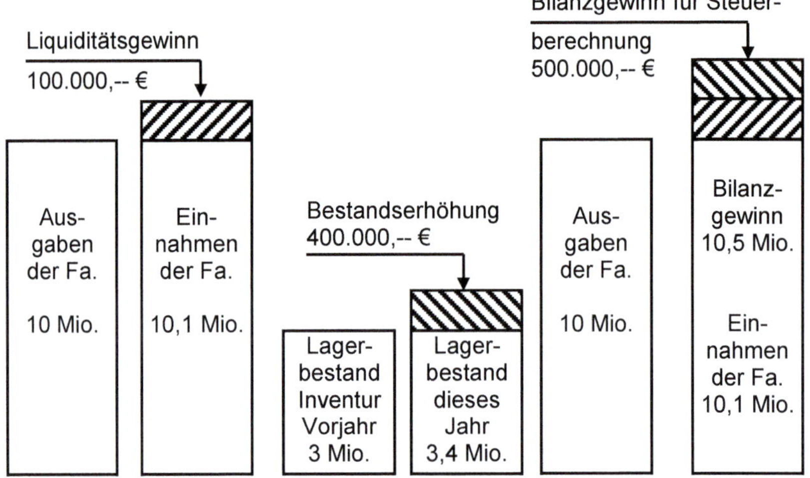

(B) Berechnung der Steuerlast (Darstellung nur für den sich jetzt ergebenden Liquiditätsabfluss, ohne sonstige Besonderheiten bei der Berechnung durch den Steuerberater / das Finanzamt):

Zu bezahlende Gewinnsteuer von 500.000,--€ z. B. 38 %	=	190.000,-- €
Liquidität in der Kasse der Buchhaltung	=	100.000,-- €

(C) Ergebnis = – 90.000,-- €

Es fehlen dem Unternehmen 90.000,-- €, die bei der Bank aufgenommen werden müssen, um die Steuer an das Finanzamt abführen zu können.

(D) Auf Dauer zehrt dies Unternehmen mit geringer Gewinnquote p. a. aus. Es ist nur eine Frage der Zeit, bis die Unternehmen Probleme mit den Banken gekommen, gemäß Vorgaben / Regelungen Basel II, und jetzt verstärkt, Basel III [1)].

[1)] Vorschriften, nach welchen Regeln Banken Unternehmen Geld leihen.

Die logistische Leistungsfähigkeit trägt somit in vielerlei Hinsicht zur Wertschaffung von Unternehmen bei. Intelligente Logistiksysteme sind in der Lage, den Cashflow durch geringere Kosten oder zunehmende Umsatzleistungen zu erhöhen, die Abwicklung von Aufträgen zu beschleunigen. Gleichzeitig ermöglichen sie durch ihre integrierende Wirkung in der Wertschöpfungskette vom Lieferanten bis zum Kunden eine signifikante Absenkung des wirtschaftlichen Risikos. So werden bis zu 40 % des Umsatzwachstums und bis zu 27 % der Umsatzrendite durch den Beitrag logistischer Prozesse erklärt[1)].

Bild 1.1: *Einfluss der Logistik auf den Unternehmenswert[1)]*

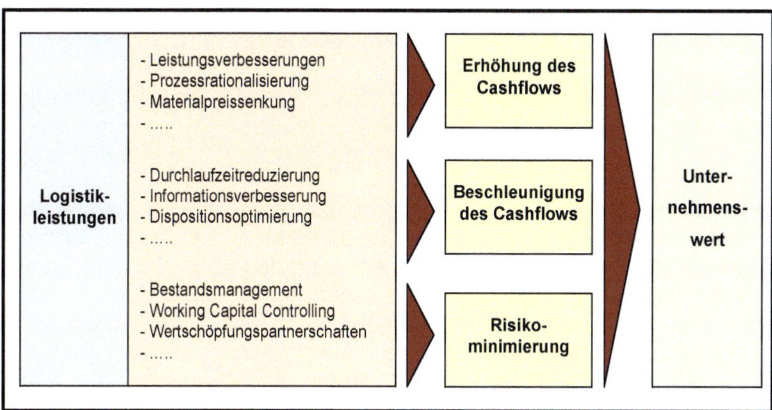

Aber denken Sie daran:

> Je niedriger die Bestandsmengen, umso höher muss die Genauigkeit der Bestände und der Organisationsgrad des Unternehmens in der Lieferkette sein.

Bild 1.2: *Darstellung von Bestandshöhe und Organisationsmängel*

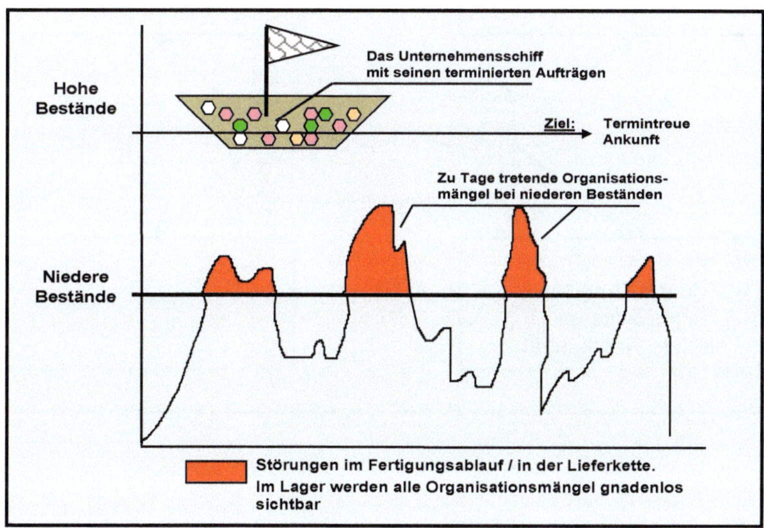

1) Auszug eines Beitrages von Prof. Dr. Dr. habil Dr. h.c. Horst Wildemann, aus Zeitschrift ZWF 12/2003, Carl Hanser Verlag, München.

1.2 Zielkonflikte in der Materialwirtschaft

Sicher ist, dass der Einsatz der IT allein keine wesentlichen Ergebnisse im Hinblick auf eine verbesserte Materialwirtschaft mit sich bringt. Das Umfeld, die Lieferanten, die Produktion, das Lager muss in die Prozessverbesserung mit einbezogen werden.

Die in der Vergangenheit angewandten Strategien, getrennte Optimierung der einzelnen Fachbereiche, wie Vertrieb, Arbeitsvorbereitung, Produktion, Materialwirtschaft, Fertigungssteuerung, verursachen eine Vielzahl von Schnittstellen mit geringem Auftrags- und Kundenbezug und zu langen Durchlaufzeiten. Außerdem konnte sich die Fertigung häufig mit den Ergebnissen der Tätigkeiten nicht identifizieren.

Versuche, die Probleme ausschließlich mit PPS- / ERP-Systemen zu lösen, erreichten wegen ihrer horizontalen Betrachtungsweise nur teilweise die gewünschten Verbesserungen.

Erfolgsfaktoren einer effizienten, kundenorientierten Auftragsabwicklung und bestandsarmen Materialwirtschaft sind ganzheitliche Logistikkonzepte mit in sich schlüssigen, vertikal gegliederten Verantwortungsbereichen. Gefordert sind also durchgängige Strukturen mit überschaubaren, dezentralen, eigenverantwortlich geführten Einheiten, die in ihrer Aufbau- und Ablauforganisation konsequent auf eine schnelle Abwicklung des Kundenauftrags ausgerichtet sind. Kurze Lieferzeiten sind genauso wichtig wie der Preis.

Bild 1.3: *Zielkonflikte in der Materialwirtschaft*

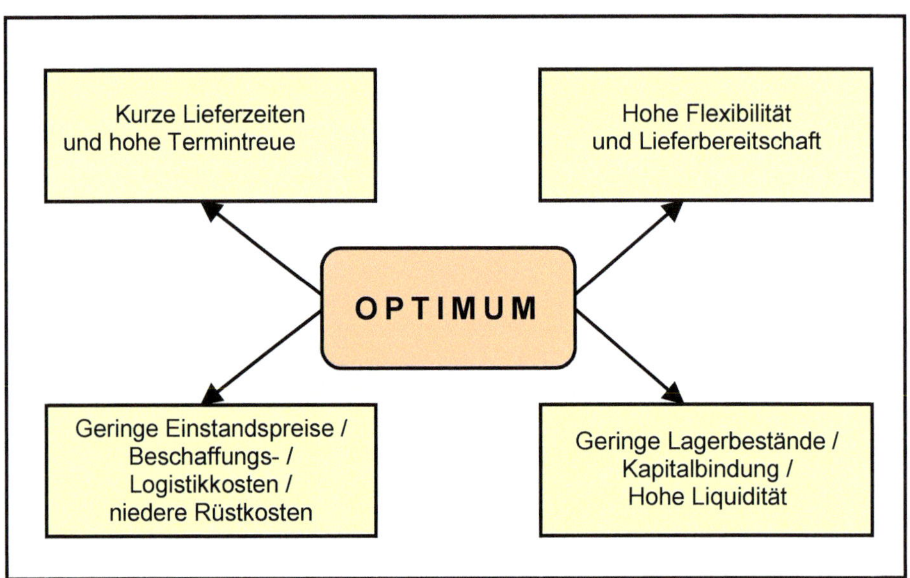

Erzielbare Verbesserungen in der Nachschubautomatik und Lagerhaltung sowie Fertigungssteuerung durch den Einsatz geeigneter ERP- / PPS Softwaresysteme, optimierte Prozesse und Stammdateneinstellungen

Bild 1.4: *Zielerreichungsgrad durch verbesserte IT- / PPS- / ERP-Einstellungen, in Anlehnung an Prof. Ellinger UNI Köln, Prof. Dr. Dr. Wildemann TU-München*

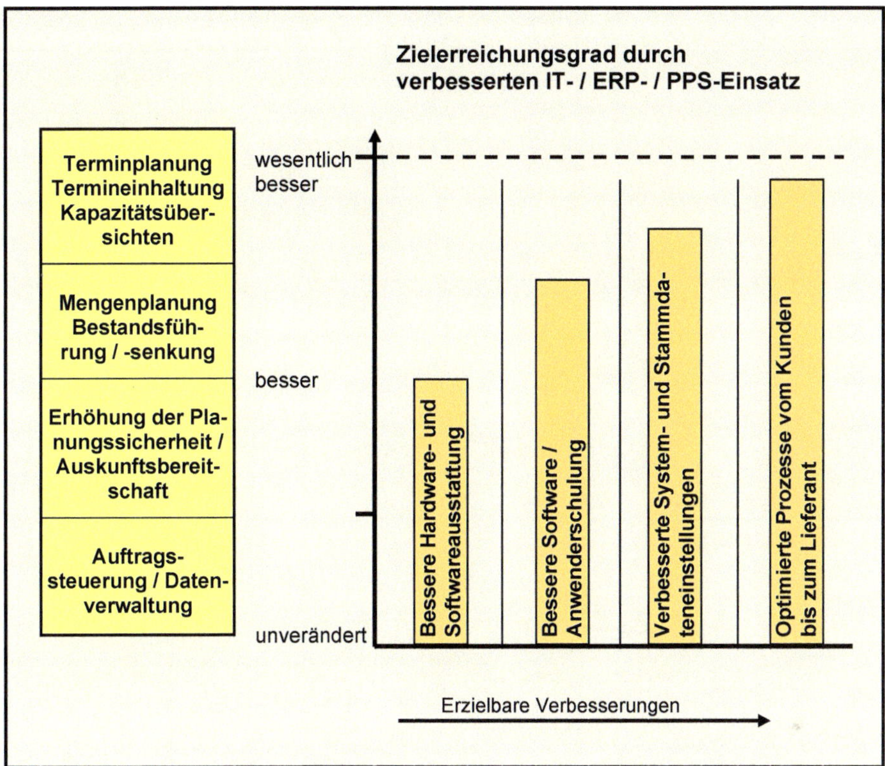

Wenn wir also wesentlich besser werden wollen, müssen wir die modernsten und effizientesten Konzepte in unseren IT-Systemen und in den Köpfen der Mitarbeiter hinterlegen. Die Variantenvielfalt, Termindiktat, Just-in-time-Erfordernisse zwingen dazu.

UND

Die notwendigen Regeln eines nutzwertorientierten Materialmanagements müssen eingehalten werden, denn wenn Ihre Kunden auch ihre Bestände reduzieren, bestellen sie später und wollen die Ware früher. Die Ausschläge in den Bedarfsmengen werden größer.

1.3 Zusammenhänge der ERP- / PPS-Kern-Systemfunktionen und Produktionslogistik

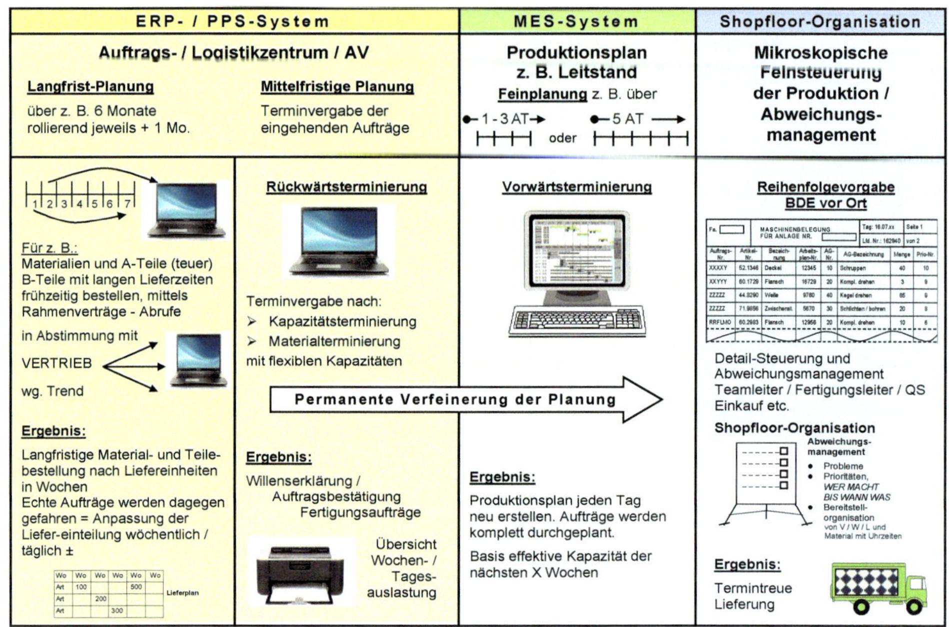

Das IT-Werkzeug in seinen Einzelmodulen

▭ = PPS-Kernfunktionen

Vertrieb	Entwicklung/ Konstruktion	Materialwirtschaft: Disposition	Materialwirtschaft: Einkauf	Produktions-planung	Produktions-steuerung	Wareneingang / Lager-verwaltung	Versand	Service
INPUT → • Absatzplanung • Kundenauftragsverwaltung / -bearbeitung • Angebotsbearbeitung • Lieferterminbestätigung / -überwachung • EDI / „my open factory" INPUT →	• Variantengenerierung • Stücklistenverwaltung • Zeichnungswesen (CAD) • Änderungsmanagement • Projektabwicklung • Artikelklassifizierung	• Materialdisposition • Bestandsführung / -analysen • Losgrößenmanagement / Fertigungs- / Kaufteile • Organisation der Nachschubautomatik • Chargen- / Seriennummernverwaltung • Beschaffen Standard-Kaufteile • dito Terminüberwachung	• Lieferantenverwaltung / -auswahl / -bewertung • Kaufteile / Verwaltung • Bestellabwicklung / Mahnwesen • Fremdfertigung • Lieferantenmanagement • Supply-Chain-Management (SCM)	•Arbeitsplanverwaltung • Zeitwirtschaft • Kapazitätswirtschaft / Ressourcenverwaltung • Auftrags- und Terminplanung • Make or buy - Entscheidungen • Vor- / Nachkalkulation Herstellkosten • Soll-Ist-Vergleiche	• Fertigungsauftragsfreigabe • Erstellen Produktionspläne • Feinplanung • Werkstattsteuerung • Ressourcen- und Terminüberwachung • Rückmeldewesen BDE- / Qualitätsdaten • Soll-Ist-Vergleiche	• Bestandsmanagement • Wareneingang / Menge / Sachlich / QS • Zugangs- / Abgangsbuchungen • Warenbereitstellung • C-Teile-Management • Inventur • Lagerort- / LVS-Verwaltung • First-in- / First-out- / Verfalldaten- / Chargenverwaltung	OUTPUT → • Kommissionieren • Versand- / Transportplanung • Lademittelverwaltung • Zollabwicklung • Retouren- / Reklamationsabwicklung OUTPUT →	• Geräteverwaltung • Service und Ersatzteile • Service / Montageabwicklung (SMS)

→ Datenüberleitung zu CAD - QS - kaufm. Modulen - Controlling ←

[1] In Anlehnung an Prof. Dr. Schuh / Prof. Dr. Stich, FIR-RWTH-Aachen

2. Bedarfsplanung / Bestands-, Terminverantwortung durchgängig einrichten

Schnittstellen abbauen, Abläufe zusammenlegen, Prozesse straffen

Die Funktionstüchtigkeit des Materialmanagements, der Produktions- und Beschaffungslogistik kann man u. a. an der Menge der sich nicht mehr, oder nur noch sehr selten bewegenden Lagerbestände erkennen (Lagerhüter) bzw. an der Kennzahl Materialumschlagshäufigkeit = Drehzahl.

Drehzahl: Verbrauch letzte 12 Monate: Bestand =	

und am Servicegrad der Liefer- / Termintreue

Anzahl termintreu gelieferte Aufträge[1] zu gesamt gelieferte Aufträge als Servicegrad[1]	in %

und an der Länge der Durchlaufzeit von Betriebsaufträgen

Flexibilitätsgrad: $\frac{\text{Durchlaufzeit eines Auftrages in Tagen}^{2)}}{\text{Summe der Fertigungszeit dieses Auftrages in Tagen}^{2)}} =$ ☐

sowie

Anzahl Fehlteile, Fertigungsaufträge können nicht gestartet werden	**Anzahl Fehlteile**	in Fehlteile Positionen

Funktionsmatrix – Anforderungsprofil Materialwirtschaft

Eine wesentliche Voraussetzung für eine funktionsfähige Nachschubautomatik, die mit minimierten Beständen und hoher Lieferbereitschaft arbeitet, ist eine klare Zuordnung der Aufgabenbereiche – dargestellt als Funktions- / Anforderungsprofil mit Tätigkeitsmerkmalen, die sich zusammensetzen:

A)

Konventionelle Betrachtungsweise		
Eine Abteilung: Disposition und Arbeitsvorbereitung, (mit separatem Einkauf und Lager)	oder	Eine Abteilung Materialwirtschaft und Fertigungssteuerung (ohne Arbeitsplanung)

Oder besser, bezüglich heutiger Just-in-time-Anforderungen:

B)

Prozessorientierte Betrachtungsweise		
Produktionslogistik = Auftrags- / Logistikcenter	incl.	Beschaffungslogistik = strategischer Einkauf

[1] Termintreue bezieht sich auf bestätigten Termin, Servicegrad bezieht sich auf Kundenwunschtermin.
[2] oder Schichten.

Prozesstransparenz schaffen / Verschwendung in den Logistikprozessen erkennen und abbauen

Bild 2.1: *Schemadarstellung einer konventionellen Organisation „Disposition – Beschaffen – Planung und Steuerung der Aufträge“, mit vielen Schnittstellen*

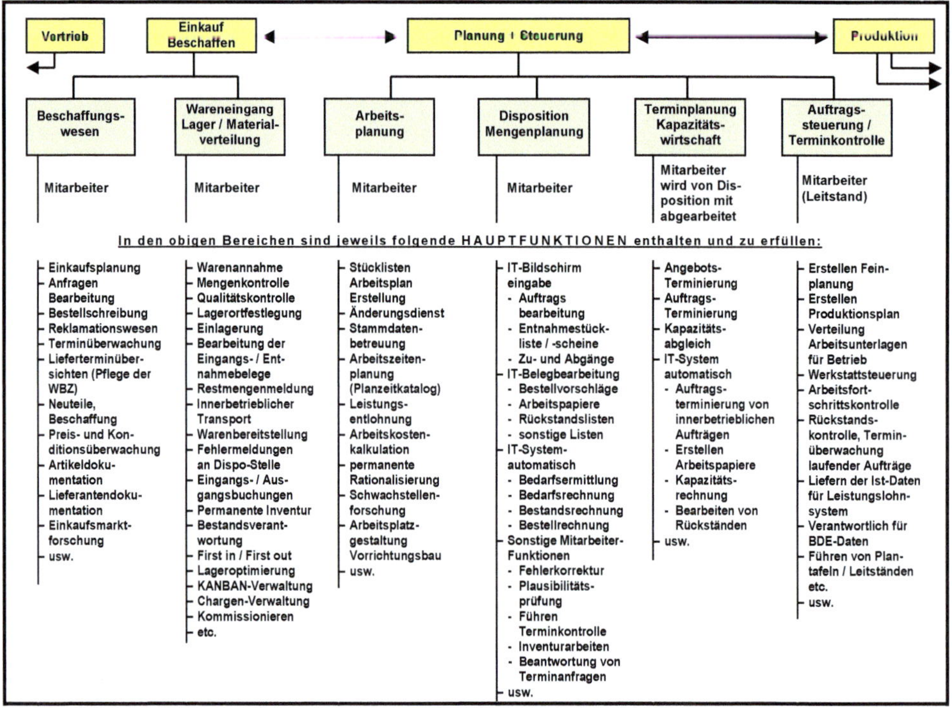

Schnittstellen: Wobei es innerhalb der einzelnen Abteilungen teilweise weitere spezielle Schnittstellen gibt

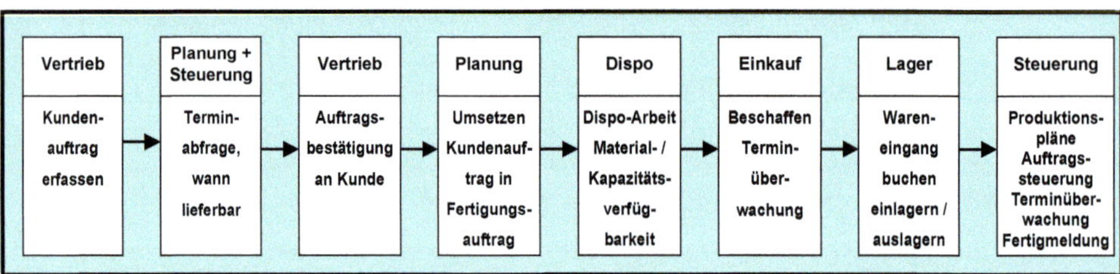

2.1 Optimierung des Informationsflusses, der Schnittstellen, der Prozesse von Lieferant → Lager → Kunde, erhöht die Flexibilität, reduziert Bestände

Als Geschäftsprozess wird eine Folge von Tätigkeiten verstanden, die in einer ablauforientierten Beziehung stehen. Die Tätigkeiten orientieren sich dabei an Produkt, Auftrag und Möglichkeiten, welche im Unternehmen dem Personal bekannt, in ISO-Unterlagen definiert sind. Innerhalb dieser Abläufe herrscht ein so genanntes Kunden-Lieferanten-Verhältnis. Die Prozesse erstrecken sich über Abteilungsgrenzen hinweg und beinhalten Schnittstellen. Für eine bestimmte Tätigkeit werden diese Aktivitäten immer in gleicher Reihenfolge abgearbeitet und durchlaufen viele Hände bis zur Lieferung.

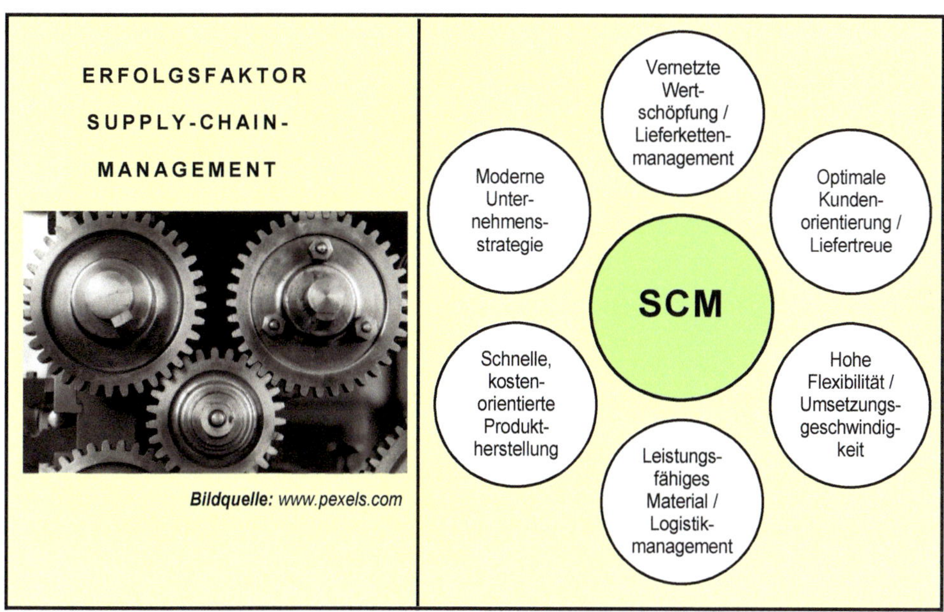

Bildquelle: *www.pexels.com*

Ein minimierter Auftragsdurchlauf in einer Lean Organisation zeichnet sich dadurch aus, dass nur abgeschlossene, vollständige Arbeitsinhalte in den nächsten Prozess übergeben werden. Dies senkt Kosten durch Vermeiden von Schnittstellenproblemen / nicht wertschöpfenden Tätigkeiten, wie z. B. Informationsübermittlung, Einlesen, Doppelarbeit o. ä., sowie Vermeiden von Rückfragen, da nur so genannte i.O.-(in Ordnung)Vorgänge weitergegeben werden.

Außerdem verbessert eine SCM-Prozessorganisation die Kunden-Lieferanten-Beziehung. Beide profitieren durch die transparente Gestaltung der Abläufe. Die direkten Ansprechpartner sind bekannt und sind auch kontinuierlich, z. B. über den aktuellen Status in der Logistikkette intern / extern, informiert.

Außerdem kann mittels Wertstromdessins (= Arbeitsplan für Bürotätigkeiten) über die gesamte Prozesskette die Kosten / das Kosten-Nutzen-Verhältnis je Kunde / je Auftrag ermittelt werden. Dienstleistungen können so wie Arbeitsgänge in der Produktion kalkuliert und zu Einzelkosten gemacht werden.

2.1.1 Mittels Wertstromdessin Doppelarbeit und Verschwendung an Zeit und Kosten erkennen und beseitigen

Was ist ein Wertstromdessin?

Ein Wertstromdessin[1)] umfasst die Darstellung aller Tätigkeiten die notwendig sind, um einen Vorgang abzuarbeiten. Es ist quasi ein sehr detaillierter Arbeitsplan, aufgegliedert in die einzelnen Arbeitsprozesse / -schritte, wie dies aus der Arbeitswissenschaft bekannt ist und für die Produktion schon längst genutzt wird (Arbeitsplanorganisation).

Ergänzend kommt hinzu, dass in Form einer Matrixdarstellung alle Abteilungen / Personen die daran beteiligt sind, *„bildhaft"*, in Form von Flussbildern, wie sie aus der Logistik bekannt sind (hier Informationsfluss genannt), aufgeführt werden, um daraus eine ganzheitliche Betrachtung des analysierten Bereiches, mit all seinen Schnittstellen, von z. B. *„Auftragseingang bis Start Produktion"*, oder ab *„Erstellen Lieferschein / Rechnungserstellung bis Geldeingang"* zu erhalten.

Informationsfluss → / Tätigkeiten	Abteilung / Name →	Lauf meter ca.	Durchlaufzeit in Tagen		Zeitbedarf in Minuten		Häufigkeiten Anzahl Vorg./Wo.		Hilfsmittel	Musterbeleg Nr.	Bemerkungen
			min.	max.	min.	max.	min.	max.			
	Hier muss eine Tätigkeit gemacht werden, neu Einlesen erforderlich	3 m	0,5	1,0	10'	20'	400	500	ERP	---	
↓		20 m	1,0	2,0	20'	40'	400	500	ERP	1	
		15 m	0,1	0,5	5'	10'	---	---	manuell	1	
		Mail	0,5	1,0	15'	25'	---	---	Excel	2	
		12 m	0,5	1,0	20'	30'	---	---	manuell	4	

Mittels dieser Methode wird schnell und einfach erkennbar, wo Doppelarbeit, permanentes neu Einlesen in den Vorgang, o. ä., entsteht (nicht wertschöpfende Tätigkeit / Verschwendung), welcher Zeitaufwand dafür notwendig ist und welche Auswirkung dieser Ablauf auf die gesamte Durchlaufzeit, z. B. eines Auftrages, hat.

Daraus können gezielt Abstellmaßnahmen entwickelt werden, die sich grob in fünf verschiedene Aktivitäten gliedern lassen:

1. Was kann / muss getan werden, damit das viele *„NEU IN DIE HAND NEHMEN"* (zu verstehen wie Rüsten in der Fertigung) vermieden werden kann, z. B. durch prozessorientierte Arbeitsabläufe, und welche Auswirkungen hat dies auf die Mitarbeiter und die Organisation insgesamt?

2. Welche Tätigkeitsschritte können ganz entfallen, weil sie auf reinen Überlieferungen – *„wurde immer so gemacht"* – aufgebaut sind bzw. entfallen automatisch, wenn mehr Tätigkeiten in einer Hand abgearbeitet werden?

Legende:

● hier muss eine Tätigkeit gemacht werden

●>● geht in eine andere Verantwortlichkeit, Einlesen erforderlich

[1)] Dessin = franz. für Zeichnung / Muster / Vorlage / Analyse der Abläufe.

3. Wo können Engpässen entstehen, die beseitigt werden müssen?

4. Welche Tätigkeiten können billiger / preiswerter abgearbeitet werden, durch
- auditierte Lieferanten liefern direkt an Lager (ohne Wareneingangsprüfung)
- ausgliedern an Spezialisten (Set, fiktive Baugruppen einkaufen)
- aufwandsminimierte Warenanlieferungen

5. Wo kann mit neuen Techniken / Werkzeugen Abhilfe geschaffen werden, z. B. mittels
- Prozessoptimierung, Durchgängigkeit der Mengen- / Termin- und Kapazitätsplanung
- Disposition und operatives Beschaffen eine Einheit
- Barcode- / RFID- / Transponder-Systeme
- Ware zum Mann / automatisiertes Lager
- SCM- / KANBAN- / E-Business, selbst auffüllende Lager
- Einrichten von Lagern in der Produktion / an den Arbeitsplätzen etc.
- MES-Systeme, elektronische Plantafeln nutzen

Untersuchungen haben gezeigt, dass

- ca. 25 % der Arbeitszeit im Büro durch Lesen und Rückfragen von Vorgängen entsteht und
- bis zu 70 % der Durchlaufzeit im Büro reine Liegezeiten darstellen, was bedeutet:

Abkehr von der horizontalen Organisationsform, hin zu vertikalen, in die Tiefe gegliederten Organisationsformen

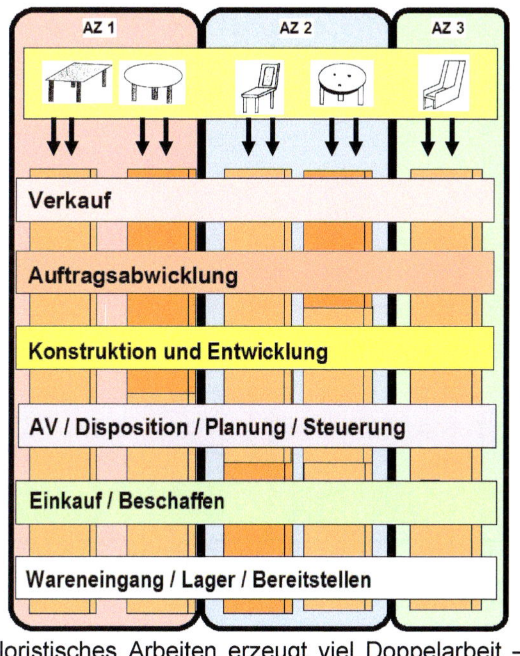

Also durch **„Nicht schneller, sondern anders, *intelligenter* arbeiten“**

⇨ viel Zeit im Durchlauf und unnötige Kosten

gespart werden können. Siehe nachfolgendes Wertestromdessin „IST- und SOLL-Zustand“.

⇨ Wie weit diese prozessorientierte Organisation in der Tiefe umgesetzt werden kann, muss jedes Unternehmen selbst bestimmen. Hängt u. a. auch vom Produktspektrum ab.

Tayloristisches Arbeiten erzeugt viel Doppelarbeit – nicht wertschöpfende Tätigkeiten. Prozessorientiertes Arbeiten vermeidet dies, erzeugt mehr Verantwortung, bringt die Tätigkeiten / die Arbeiten an die Stelle, wo sie logischerweise auch hingehören und erhöht die Flexibilität und Kundenorientierung.

Ablaufuntersuchungen / Tätigkeitsanalysen mittels „Wertstromdessin“ machen Liegezeiten, Doppelarbeit und Blindleistungen sowie unnötige Kosten auf einfachste Weise sichtbar.

Ablauf- / Tätigkeitsschritte von Auftragseingang – Disposition – Beschaffen – Einlagern – Versand, als grobes Wertstromdessin dargestellt

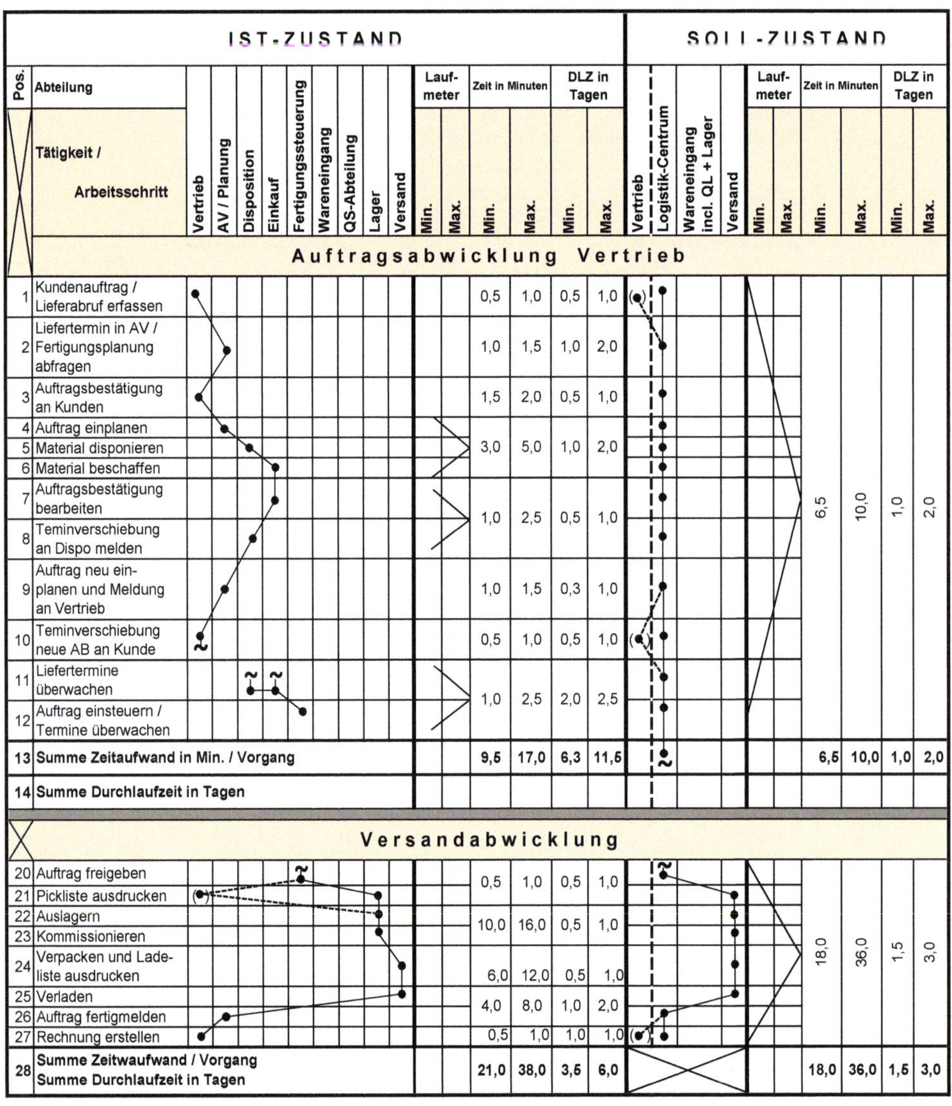

Pos.	Abteilung / Tätigkeit / Arbeitsschritt	IST-ZUSTAND: Vertrieb	AV / Planung	Disposition	Einkauf	Fertigungssteuerung	Wareneingang	QS-Abteilung	Lager	Versand	Lauf-meter Min.	Lauf-meter Max.	Zeit in Minuten Min.	Zeit in Minuten Max.	DLZ in Tagen Min.	DLZ in Tagen Max.	SOLL-ZUSTAND: Vertrieb	Logistik-Centrum	Wareneingang incl. QL + Lager	Versand	Lauf-meter Min.	Lauf-meter Max.	Zeit in Minuten Min.	Zeit in Minuten Max.	DLZ in Tagen Min.	DLZ in Tagen Max.
	Auftragsabwicklung Vertrieb																									
1	Kundenauftrag / Lieferabruf erfassen												0,5	1,0	0,5	1,0							6,5	10,0	1,0	2,0
2	Liefertermin in AV / Fertigungsplanung abfragen												1,0	1,5	1,0	2,0										
3	Auftragsbestätigung an Kunden												1,5	2,0	0,5	1,0										
4	Auftrag einplanen												3,0	5,0	1,0	2,0										
5	Material disponieren																									
6	Material beschaffen																									
7	Auftragsbestätigung bearbeiten												1,0	2,5	0,5	1,0										
8	Teminverschiebung an Dispo melden																									
9	Auftrag neu einplanen und Meldung an Vertrieb												1,0	1,5	0,3	1,0										
10	Teminverschiebung neue AB an Kunde												0,5	1,0	0,5	1,0										
11	Liefertermine überwachen												1,0	2,5	2,0	2,5										
12	Auftrag einsteuern / Termine überwachen																									
13	**Summe Zeitaufwand in Min. / Vorgang**												**9,5**	**17,0**	**6,3**	**11,5**							**6,5**	**10,0**	**1,0**	**2,0**
14	**Summe Durchlaufzeit in Tagen**																									
	Versandabwicklung																									
20	Auftrag freigeben												0,5	1,0	0,5	1,0							18,0	36,0	1,5	3,0
21	Pickliste ausdrucken																									
22	Auslagern												10,0	16,0	0,5	1,0										
23	Kommissionieren																									
24	Verpacken und Ladeliste ausdrucken												6,0	12,0	0,5	1,0										
25	Verladen												4,0	8,0	1,0	2,0										
26	Auftrag fertigmelden																									
27	Rechnung erstellen												0,5	1,0	1,0	1,0										
28	**Summe Zeitwaufwand / Vorgang Summe Durchlaufzeit in Tagen**												**21,0**	**38,0**	**3,5**	**6,0**							**18,0**	**36,0**	**1,5**	**3,0**

Wobei solche Analysen nach Auftragsarten im Detail erstellt werden sollten, mit Ziel:

Ist dieser Ablauf (IST-Zustand) bezüglich Kundennähe, Durchlauf- / Lieferzeit, Flexibilität noch zeitgemäß?

Das Ergebnis könnte sein:

Zusammenführen der zuvor getrennten Abteilungen, Arbeitsplanung, -steuerung, Disposition und Beschaffen zu einer Einheit.

Bild 2.2: Schemadarstellung eines Logistik- / Auftragszentrums (nach Kunden oder Warengruppen gegliedert)

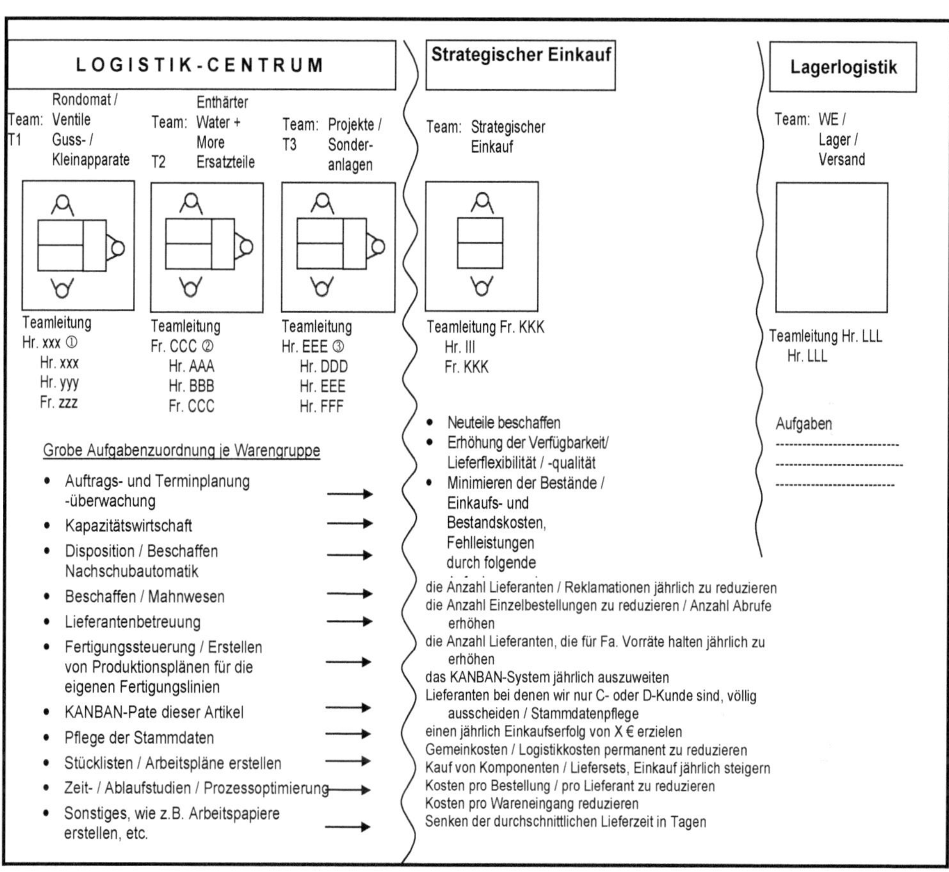

Durch eine so genannte Pärchenbildung und Jobrotation (im Rahmen des Möglichen) werden alle Teammitglieder schrittweise so ausgebildet, dass sie weitestgehend alle notwendigen Tätigkeiten für eine komplette Auftragsabwicklung beherrschen. Jeder kann jede Arbeit[1)] machen, jeder kann jeden vertreten.

Die Teammitglieder, T1 - T3, haben Ziele, wie z. B.:

- → wöchentlicher Umsatz mit Kunden / zu Fertigungsteams
- → Angebote müssen innerhalb von drei Tagen beim Kunden sein
- → Aufträge müssen innerhalb von zwei Tagen in Fertigung sein
- → Standardprodukte innerhalb von 24 Std. beim Kunden

[1)] für bestimmte Arbeiten wird es immer einen Spezialisten geben.

Sofern alle Warengruppen-Teams dieselben Maschinen / Anlagen benötigen, muss die Fertigungssteuerung in ein separates Team überführt werden = Zentrale Steuerung

LOGISTIK-CENTRUM

Team: Rondomat / Ventile Guss- / Kleinapparate
T1

Teamleitung Hr. XXX ①
Hr. XXX
Hr. YYY
Fr. ZZZ

Team: Enthärter Water + More Ersatzteile
T2

Teamleitung Fr. CCC ②
Hr. AAA
Hr. BBB
Fr. CCC

Team: Projekte / Sonderanlagen
T3

Teamleitung Hr. EEE ③
Hr. DDD
Hr. EEE
Hr. FFF

Grobe Aufgabenzuordnung je Warengruppe

- Auftrags- und Terminplanung -überwachung →
- Kapazitätswirtschaft →
- Disposition / Beschaffen Nachschubautomatik →
- Beschaffen / Mahnwesen →
- Lieferantenbetreuung →
- KANBAN-Pate dieser Artikel →
- Pflege der Stammdaten →
- Stücklisten / Arbeitspläne erstellen →
- Zeit- / Ablaufstudien / Prozessoptimierung →
- Sonstiges, wie z. B. Kennzahlen, Logistik, Bestände, Termintreue etc. →

Fertigungssteuerung

Team: FS-Strg.

Teamleiter Hr. WWW
Hr. WWW
Produktionsteams

- Produktionsplanung / Druck Arbeitspapiere
- Erstellen von Produktionsplänen / Reihenfolgeplanung
- Führen elektr. Plantafeln
- Abstimmung Ressourceneinsatz je Planungshorizont
- Fertigungssteuerung / Shopfloor-Management / BDE-Daten
- Kontaktstelle Logistik - Vertrieb / Störungsmanagement
- Kennzahlen, Personaleinsatz, Fertigung, Effizienz, Servicegrad

Strategischer Einkauf

Team: Strategischer Einkauf

Teamleitung Fr. KKK
Hr. III
Fr. KKK

- Neuteile beschaffen
- Erhöhung der Verfügbarkeit/ Lieferflexibilität / -qualität
- Minimieren der Bestände Einkaufs- und Bestandskosten, Fehlleistungen durch folgende Aufgabenzuordnung

die Anzahl Lieferanten / Reklamationen jährlich zu reduzieren
die Anzahl Einzelbestellungen zu reduzieren / Anzahl Abrufe erhöhen
die Anzahl Lieferanten, die für Fa. Vorräte halten jährlich zu erhöhen
das KANBAN-System jährlich auszuweiten
Lieferanten bei denen wir nur C- oder D-Kunde sind, völlig ausscheiden / Stammdatenpflege
einen jährlich Einkaufserfolg von X € erzielen
Gemeinkosten / Logistikkosten permanent zu reduzieren
Kauf von Komponenten / Liefersets, Einkauf jährlich steigern
Kosten pro Bestellung / pro Lieferant zu reduzieren
Kosten pro Wareneingang reduzieren
Senken der durchschnittlichen Lieferzeit in Tagen

Lagerlogistik

Team: Lager / WE / Versand

Teamleitung Hr. LLL
Hr. LLL

Aufgaben wie heute
- Wareneingang
- Lagerlogistik
- Bereitstellung
- Versand
- Bestandsverantwortung / -Korrektur
- Inventur
- C-Teile-Management

2.1.2 Mehr Verantwortung und Arbeitsinhalte ins Lager verlegen / Fehlleistungskosten minimieren

Die Softwaresysteme sind heute durchgängig angelegt (Datenbanksysteme), so dass prinzipiell nur Zugriffsberechtigungen freigegeben werden müssen. Die Erfahrung hat gezeigt, je näher (örtlich) die Bestandsführung / Nachschubautomatik am Lagerfach ist, je besser stimmen die Bestände, je weniger Fehlleistungen gibt es.

Die steigende Anzahl Dispo-Vorgänge, durch steigende Anzahl Aufträge mit kleineren Stückzahlen, bei permanent steigender Variantenanzahl, sowie die Schnittstellenproblematik / Erkenntnisse aus dem Wertstromdessin, führen dazu, dass immer mehr Unternehmen die Nachschubautomatik (zumindest für bestimmte Artikel) in die Hände des Lagers / des Lagerleiters legen.

Ziel: Da wo der Hauptlieferant und der Preis bekannt sind, ist dies sinnig.
Prozesse werden minimiert, die Datenqualität steigt.

Der Just-in-time-Gedanke sowie die Umstellung von der bedarfsorientierten Disposition in eine verbrauchsorientierte Disposition fördert dies wesentlich.

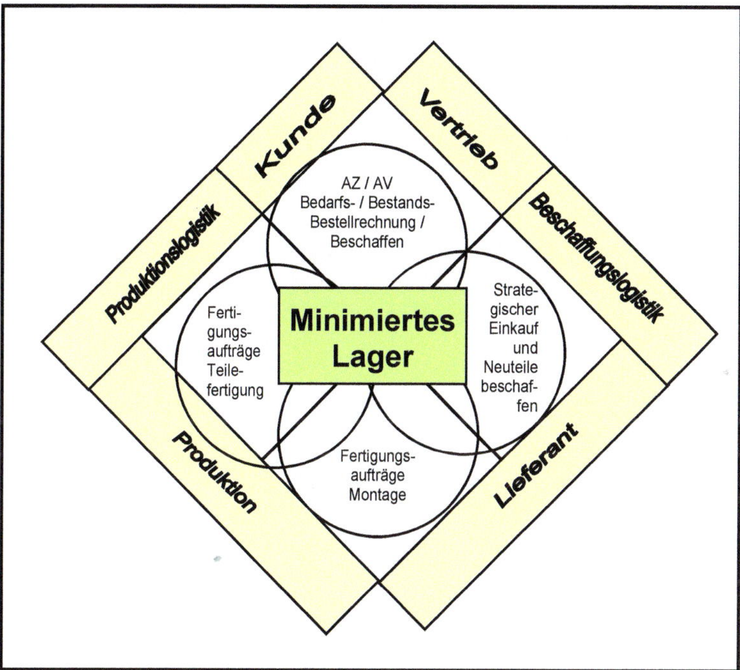

Einbettung des Lagers in seine Umfeldorganisation und Erweiterung der Tätigkeiten, bedeutet somit bereichsübergreifend:

▶ Kosten minimieren
- Prozesskosten intern / extern
- Kapitalkosten
- Fehlleistungskosten

▶ Leistung maximieren
- Materialverfügbarkeit
- Lieferflexibilität intern / extern
- Liefertreue intern / extern

▶ Liquidität sichern
- Cashflow erhöhen
- Bestände / Risiken minimieren
- Wiederbeschaffungszeiten reduzieren

3. Materialwirtschaft / Logistik – Lean Denkansätze – Ein Schritt zur Bestandssenkung

3.1 Steigender Aufwand in der Warenwirtschaft, trotz modernstem IT-Einsatz

ERP → **E**nterprise **R**essource **P**laning - Software hilft, die dispositiven Ressourcen – Mensch – Maschine – Werkzeug – Material – sowie Transportkapazitäten eines Unternehmens optimal aufeinander abzustimmen. Dies ist das Vertriebsschlagwort vieler Anbieter von Hardware- und Softwaresystemen geworden.

Der potenzielle Anwender will allein mit Technik, durch Investitionen in Hard- und Software, seine Problemlösung kaufen bzw. glaubt, sie kaufen zu können. So die Werbung.

Demnach soll ein zentrales Produktionsplanungs- und Steuerungs- / ERP- / PPS-System in der Lage sein, Auftragseingänge, Variantenkonstruktion, Produktionsprozesse und -kapazitäten, Lager- und Umlaufbestände sowie Wareneingang / Warenverbrauch und Versand – Logistik so zu koordinieren und aufeinander abzustimmen, dass mit minimalen Beständen die richtigen Fertigprodukte zur richtigen Zeit, in der gewünschten Menge und Qualität, mit kürzesten Lieferzeiten zum Kunden gelangen.

Das Problem ist nur, man hat den Verbraucher, den Endabnehmer vergessen!

Plötzliche und immer häufiger kurzfristige Änderungen am Markt / im Verbraucherverhalten, Lieferverzug oder Qualitätsprobleme bringen die im System geplanten Annahmen und Prozesse völlig durcheinander und machen schnelle, teilweise manuelle, Eingriffe notwendig, sofern die Änderungen von den Sachbearbeitern nicht sofort nachgepflegt werden.

In der Folge entsteht eine mehr oder weniger große Diskrepanz zwischen PLAN- und IST-Situation, was tatsächlich beschafft / gefertigt werden muss. Permanente Umplanungen sind notwendig, Termine können nicht, oder nur unter erheblichen Mehrkosten eingehalten werden. Die Bestände und Rückstände steigen. Was morgens neu geplant / eingeteilt wurde, ist nachmittags bereits hinfällig / überholt. Auch der enorme Aufwand für Stammdatenpflege und laufende Anpassungen, machen den Anwendern das Leben schwer. Die Konsequenz kann sein: Am so mühsam aufgebauten und teuer bezahlten ERP- / PPS-System wird vorbeigeplant. Das System selbst hinkt hinterher.

Es muss aber das produziert werden, was der Kunde will, nicht, was das System will.

Was zu folgender Grundsatzphilosophie führt:

- Der Kunde bestimmt, was produziert wird.
- Der Kunde bezahlt nur den wertschöpfenden Anteil am Produkt.
- Ein Kunde kauft kein Produkt, sondern nur
  - ► Kapazität u n d
  - ► Know-how
    - ⇨ Know-how ist das Produkt
    - ⇨ Kapazität ist die Anzahl Maschinen / Mitarbeiter über die gesamte Herstellprozesskette.
- Hohe Liquidität ist auch Leistung.

Daran hat sich alles auszurichten.

Mit folgender Zielsetzung für einen hohen Lieferservice mit niedrigeren Beständen:

- Minimieren aller nicht wertschöpfenden Tätigkeiten. Abbau von Blindleistungen und versteckter Verschwendung, insbesondere in den fertigungsnahen Dienstleistungsbereichen.
- Abbau überholter Wirtschaftlichkeitsbetrachtungen. Es zählt nur das Gesamtoptima, nicht das Einzeloptimum.
- Ein abgespeckter ERP- / PPS-Einsatz erzeugt Freiräume und vermindert Blindleistungen und nicht wertschöpfende Tätigkeiten in der Fertigung und in den angegliederten Dienstleistungsbereichen.
- Optimieren des Material- und Informationsflusses – Vom Kunden bis zum Lieferanten – Prozessorientiert durch Abkehr vom Push- zum Pull-System.
- Einbinden der Lieferanten in die gesamte Logistik- und Produktionskette mittels ERP- / SCM- und KANBAN-Systemen etc. Kunden und Lieferanten haben gegenseitig Zugriff auf die Bestands- und Bedarfsdaten.
- Reduzieren von Schnittstellen und Transportwegen. Die Produktion muss fließen, also Segmentieren der Fertigung prozessorientiert als Linienfertigung / Röhrensystem.
- Kapazitäten schaffen und nicht verwalten / hohe Mitarbeiterflexibilität.
- Nur fertigen, was gebraucht wird / Reduzierung der Werkstatt- und Lagerbestände durch Fertigen kleiner Lose.
- Nicht so viele Aufträge in der Fertigung wie möglich, sondern so wenig, dass die Ware fließt, aber keine Abrisse entstehen.
- Einfache Steuerungsinstrumente „Engpassplanung im Fertigungsrohr- / Segment" durch KANBAN und Linienfertigung.
- Feinsteuerung vor Ort, durch mitarbeitende Produktmanager je Fertigungslinie / -segment.
- Verbesserung der Transparenz durch den Einsatz von TOP-Kennzahlen, die die tatsächliche betriebliche Leistung widerspiegeln und an denen abgeleitet werden kann *„Wie atmet die Fertigung?"*.

Woraus sich folgende Organisations- / Dispositions- und Beschaffungsvorgänge ergeben:

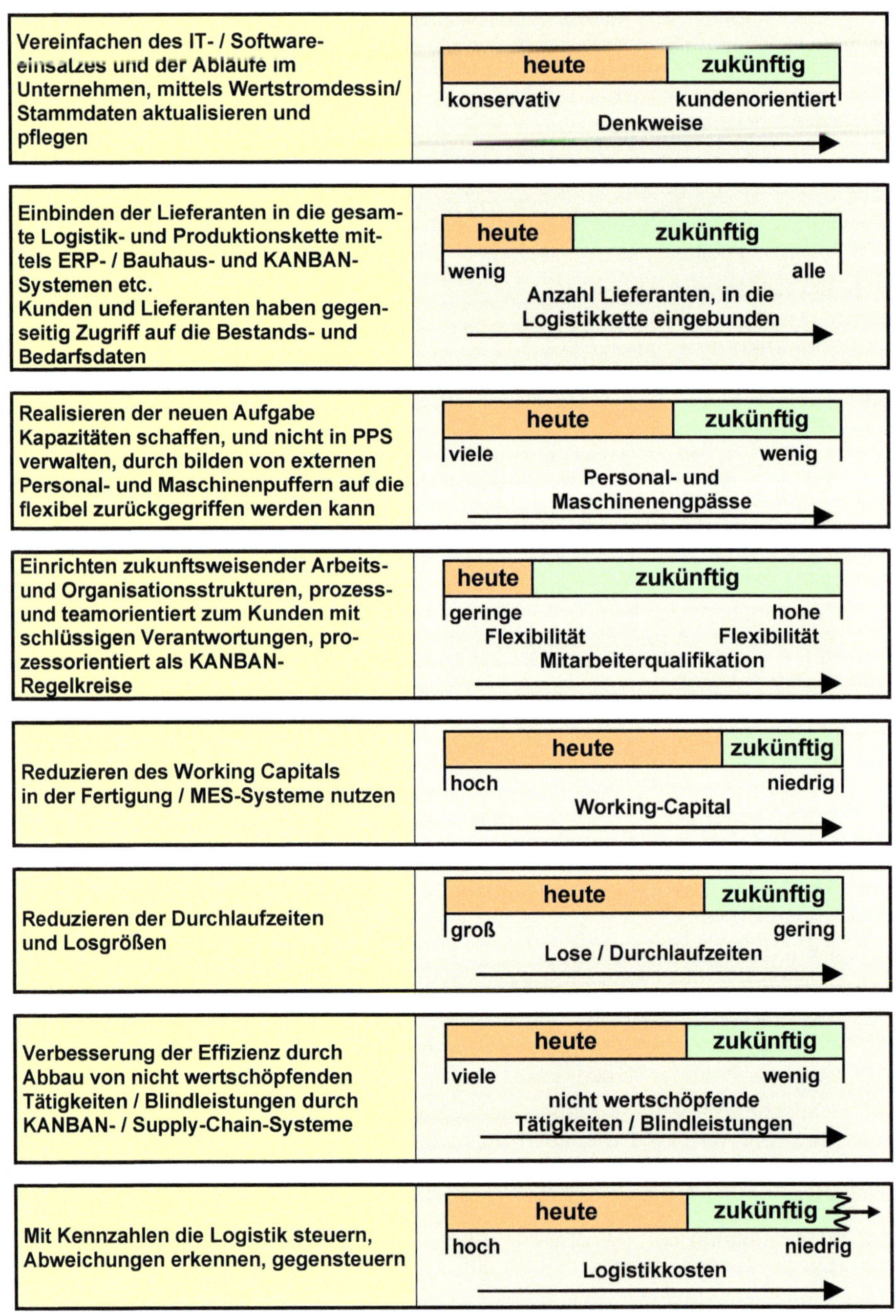
Die Hauptfaktoren in der Produktionslogistik
Vereinfachen des IT- / Software-einsatzes und der Abläufe im Unternehmen, mittels Wertstromdessin/ Stammdaten aktualisieren und pflegen
heute
zukünftig
konservativ
kundenorientiert
Denkweise
Einbinden der Lieferanten in die gesamte Logistik- und Produktionskette mittels ERP- / Bauhaus- und KANBAN-Systemen etc.
Kunden und Lieferanten haben gegenseitig Zugriff auf die Bestands- und Bedarfsdaten
heute
zukünftig
wenig
alle
Anzahl Lieferanten, in die Logistikkette eingebunden
Realisieren der neuen Aufgabe Kapazitäten schaffen, und nicht in PPS verwalten, durch bilden von externen Personal- und Maschinenpuffern auf die flexibel zurückgegriffen werden kann
heute
zukünftig
viele
wenig
Personal- und Maschinenengpässe
Einrichten zukunftsweisender Arbeits- und Organisationsstrukturen, prozess- und teamorientiert zum Kunden mit schlüssigen Verantwortungen, prozessorientiert als KANBAN-Regelkreise
heute
zukünftig
geringe Flexibilität
hohe Flexibilität
Mitarbeiterqualifikation
Reduzieren des Working Capitals in der Fertigung / MES-Systeme nutzen
heute
zukünftig
hoch
niedrig
Working-Capital
Reduzieren der Durchlaufzeiten und Losgrößen
heute
zukünftig
groß
gering
Lose / Durchlaufzeiten
Verbesserung der Effizienz durch Abbau von nicht wertschöpfenden Tätigkeiten / Blindleistungen durch KANBAN- / Supply-Chain-Systeme
heute
zukünftig
viele
wenig
nicht wertschöpfende Tätigkeiten / Blindleistungen
Mit Kennzahlen die Logistik steuern, Abweichungen erkennen, gegensteuern
heute
zukünftig
hoch
niedrig
Logistikkosten

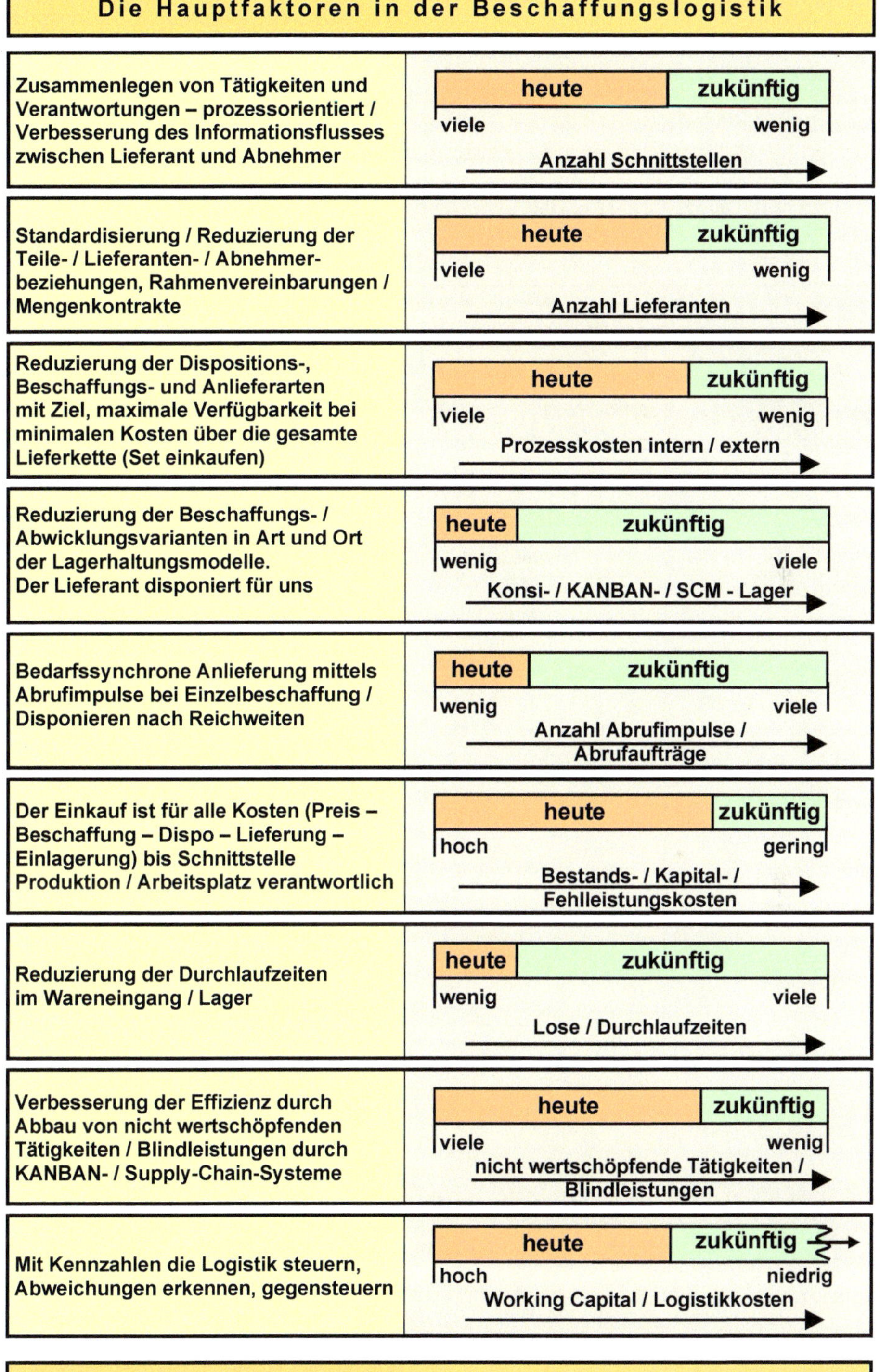
Die Hauptfaktoren in der Beschaffungslogistik
Zusammenlegen von Tätigkeiten und Verantwortungen – prozessorientiert / Verbesserung des Informationsflusses zwischen Lieferant und Abnehmer
heute
zukünftig
viele
wenig
Anzahl Schnittstellen
Standardisierung / Reduzierung der Teile- / Lieferanten- / Abnehmer-beziehungen, Rahmenvereinbarungen / Mengenkontrakte
heute
zukünftig
viele
wenig
Anzahl Lieferanten
Reduzierung der Dispositions-, Beschaffungs- und Anlieferarten mit Ziel, maximale Verfügbarkeit bei minimalen Kosten über die gesamte Lieferkette (Set einkaufen)
heute
zukünftig
viele
wenig
Prozesskosten intern / extern
Reduzierung der Beschaffungs- / Abwicklungsvarianten in Art und Ort der Lagerhaltungsmodelle.
Der Lieferant disponiert für uns
heute
zukünftig
wenig
viele
Konsi- / KANBAN- / SCM - Lager
Bedarfssynchrone Anlieferung mittels Abrufimpulse bei Einzelbeschaffung / Disponieren nach Reichweiten
heute
zukünftig
wenig
viele
Anzahl Abrufimpulse / Abrufaufträge
Der Einkauf ist für alle Kosten (Preis – Beschaffung – Dispo – Lieferung – Einlagerung) bis Schnittstelle Produktion / Arbeitsplatz verantwortlich
heute
zukünftig
hoch
gering
Bestands- / Kapital- / Fehlleistungskosten
Reduzierung der Durchlaufzeiten im Wareneingang / Lager
heute
zukünftig
wenig
viele
Lose / Durchlaufzeiten
Verbesserung der Effizienz durch Abbau von nicht wertschöpfenden Tätigkeiten / Blindleistungen durch KANBAN- / Supply-Chain-Systeme
heute
zukünftig
viele
wenig
nicht wertschöpfende Tätigkeiten / Blindleistungen
Mit Kennzahlen die Logistik steuern, Abweichungen erkennen, gegensteuern
heute
zukünftig
hoch
niedrig
Working Capital / Logistikkosten
Radikalität in der Umsetzung ist der Erfolg

3.2 Der Disponent wird Beschaffer / Pate für seine Produkte, prozessorientiert von Endprodukt bis zum Einzelteil-Halbzeug

Ein weiterer wesentlicher Punkt zur termintreuen Lieferung mit minimierten Beständen liegt im Bereich der Reduzierung der Entscheidungsebenen und der Zuordnung von genau definierten Verantwortlichkeiten für Disposition und Beschaffung nach Produkt- / Artikelgruppen. Sie wird durch eine Matrixorganisation erreicht und durch Zuordnen des Beschaffungsvorganges an den Disponenten. Also Aufteilung des Einkaufes in einen strategischen Teil (z. B. Preise und Lieferanten bestimmen bleibt bei Einkauf) und in einen operativen Teil (das Beschaffen wird in die Disposition integriert).

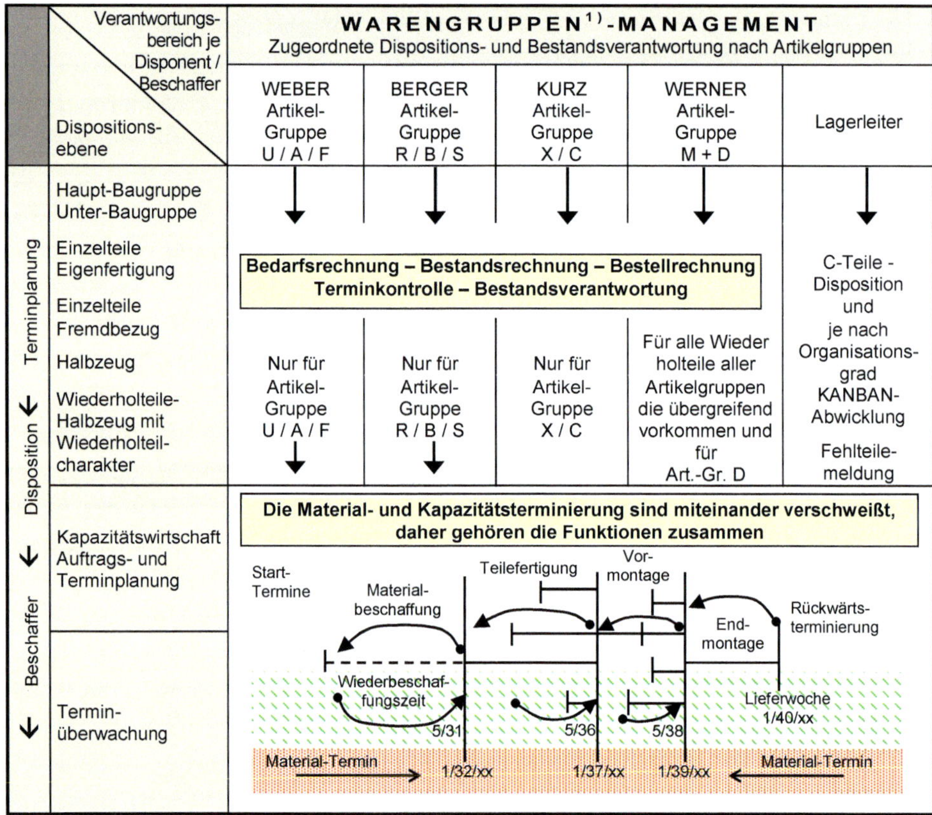

[1)] Warengruppen = Produktgruppen / -familien, bei Zulieferfirmen evtl. noch Kundengruppen geordnet.

Diese Zuordnung (Warengruppen-Management) hat den weiteren Vorteil, dass die Arbeitsqualität jedes einzelnen Disponenten eindeutig kontrolliert werden kann, z. B.

- Bestandsveränderung in € je Disponent,
- Fehlteile / Termineinhaltung je Disponent,
- Bestandssicherheit, bezogen auf die Verfügbarkeit des körperlichen Bestandes je Disponent,
- Bestellen von Bedarfen in gleichen Wellen und Mengen pro Produkt bzw. Produktgruppe,
- Umschlagshäufigkeit der Teile je Disponent

und im Falle von erforderlichen Bestandssenkungsmaßnahmen eindeutige Vorgaben sowie deren Kontrolle auf Einhaltung getroffen werden können.

Um diese Organisationsform verwirklichen zu können, ist es aber erforderlich, dass diese Detailorganisation in eine zweckentsprechende, funktionsfähige Gesamtorganisation, siehe Anlage Stammdatenzuordnung, Abschnitt *„Funktions- und Tätigkeitsmatrix nach Verantwortungsbereichen"*, eingebettet ist, und dass mittels eines so genannten Verantwortungsquadrates (*„Führen nach Kennzahlen"*), die Funktionsfähigkeit im Rahmen eines Controllingsystems auch dargestellt werden kann.

Bild 3.1: *Eindeutige Aufgabenvergabe / Aufgabenumschreibung gemäß Lean-Gedanke je Disponent / Beschaffer nach Warengruppen*

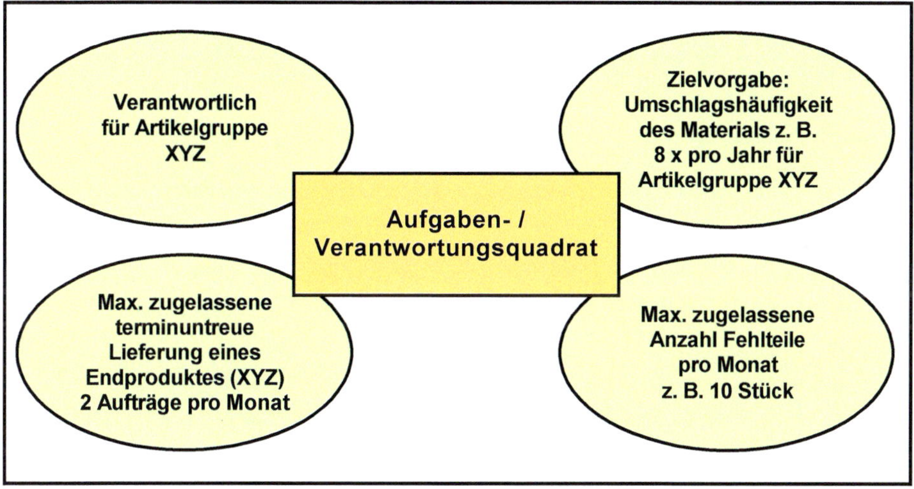

Wichtige Voraussetzung für eine zeitgerechte Material- / Teileanlieferung ist jedoch ein stimmendes Bestandswesen, d. h., dass die Bestände in der IT mit den Beständen im Lager übereinstimmen, wobei KANBAN durch seine automatische Nachschubregelung Bestandsfehler in der Praxis vor Ort erst gar nicht auftreten lässt.

Merke: **Je niedriger die Bestandsmengen, umso höher muss die Genauigkeit der Bestandszahlen werden!**

3.3 Mehrstufigkeit abbauen / Reduzierung der Lagerstufen

Reduzierung der Dispositionsebenen, ein Schritt zur Senkung der Bestände – Erhöhung der Verfügbarkeit

Die Regeln der Materialwirtschaft lehren, dass in den einzelnen Dispositionsebenen die jeweiligen Lagermengen einzeln optimiert werden. Dadurch kann das Gesamtoptimum aus den Augen verloren werden, und es wird zu viel Kapital in Lagerbeständen und -ausstattung investiert, weil Lagern in den Mittelpunkt aller Überlegungen gestellt wurde.

Das Ergebnis ist:

Unnötige Lagerstufen, sowohl auf den Ebenen

- Fertigerzeugnisse,
- Baugruppen,
- Einzelteile,

als auch in der Fertigung in Form von abgearbeiteten Aufträgen.

Wo und wie viel gelagert werden soll, hängt insbesondere vom Verhältnis Lieferzeit zu Durchlaufzeit und von Wirtschaftlichkeitsbetrachtungen ab.

Anhand eines Wertezuwachs- und Lagerbestandsprofiles soll beispielhaft aufgezeigt werden, wie bei Entfall von zwei Lagerstufen sich eine Bestandssenkung von ca. 40 %, bei gleichzeitiger Durchlaufzeitreduzierung von ca. 18 % ergibt.

Siehe Bild *„Schema Wertezuwachs- und Lagerbestandsprofil"*.

Damit der damit verbundene schnellere Auftragsdurchlauf funktioniert, muss die Fertigung flexibler und die Werkstattsteuerung verbessert werden.

Beides sind also Forderungen, die im Rahmen des Themas Bestandssenkung / kürzere Lieferzeiten, Durchlaufzeiten sowieso erreicht werden müssen.

Also Abbau von Baugruppen / Einführung von:

- Dispositionsstufen nach Fertigungsgesichtspunkten / flache Stücklisten mit wenig Baugruppen
- Strukturstufen für Konstruktion und Zeichnungswesen,

wobei die komplette Materialwirtschaft und Bestandsführung nur nach den gekennzeichneten Dispo-Stufen geführt wird.

Die Baugruppen-Zeichnungs- / Artikelnummern bleiben erhalten, im ERP-System wird nur der ✓ Haken von lagerfähig **J** auf lagerfähig **N** gesetzt, also eine fiktive Baugruppe dargestellt, damit u. a. auch für das Bereitstellen der Ware im Lager, eine sogenannte Entnahme-Stückliste erzeugt werden kann.

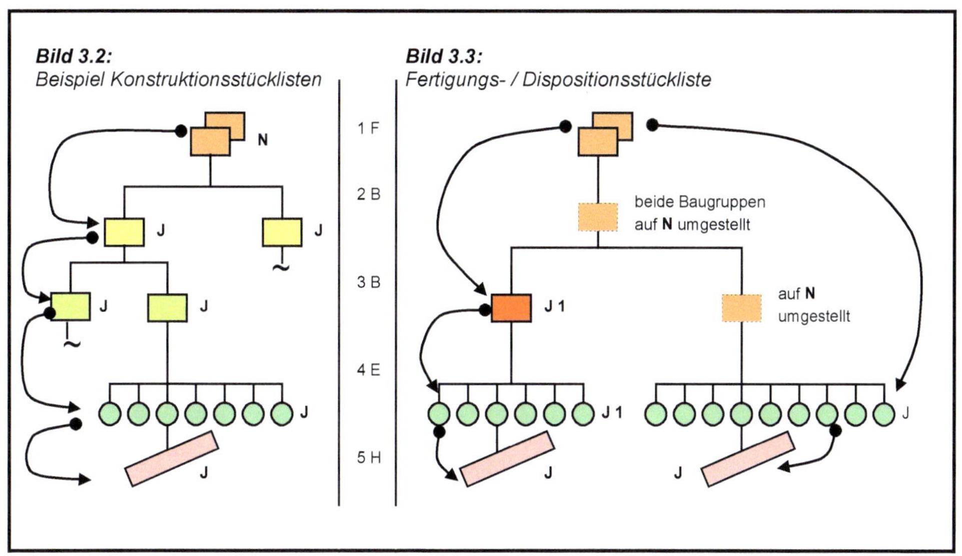

Bild 3.2:
Beispiel Konstruktionsstücklisten

Bild 3.3:
Fertigungs- / Dispositionsstückliste

Praxisrat:
Nur auf der untersten Stücklistenebene Materialsicherheit (hoher Servicegrad) herstellen, evtl. werden Bereitstellstücklisten für das Lager notwendig, wenn Baugruppenzeitversetzt oder an verschiedenen Montageplätzen angeliefert werden müssen

Legende:

1 F	=	Fertigprodukt	Ebene 1
2 B	=	Baugruppe	Ebene 2
3 B	=	Unterbaugruppe	Ebene 3
4 E	=	Einzelteile	Ebene 4
5 H	=	Halbzeug	Ebene 5

N	=	Nicht lagerfähig, also keine Dispo-Stufe, nur Strukturstufe für F + E Baugruppen-Nr. bleibt bestehen
J	=	Lagerfähig, wird dispositiv behandelt. Lagerfach vorhanden und gleichzeitig Strukturstufe für F + E oder
J 1	=	Wird über KANBAN-System durch die Fertigung selbst gesteuert

Aus dieser Darstellung wird ersichtlich, je mehr Dispositionsstufen vorhanden sind:

- desto länger ist die Reaktionszeit,
- umso höher sind die Sicherheiten in Menge und Termin,
- es addieren sich die Bestände auf das X-fache des Notwendigen,
- umso mehr Dispositions- / Bereitstell- und Buchungsprozesse entstehen, die nach jeweils eigenen Regeln ablaufen,
- umso schwieriger wird es, die Einzeloptima, die einzelnen Entscheidungsprozesse aufeinander abzustimmen,
- Die durch die einzelnen Dispositions- und Entscheidungsebenen gebildeten Zeit- und Mengenreserven addieren sich zu einer deutlichen Verlängerung der Durchlaufzeit und Erhöhung der Bestände

Die erforderlichen Maßnahmen für eine bestandsminimierte Materialwirtschaft sind:

- Abbau der Dispositionsstufen / Sicherheit auf die unterste Ebene verlagern,
- Stücklistenauflösung mehrmals täglich,
- Disponieren nach Reichweiten / Abbau von Sicherheitsbeständen.

Bild 3.4: *Schema Wertezuwachs- und Lagerbestandsprofil*

<u>Dispositions-Stückliste</u> **mit L = Lagerebene**	**Lagerwert bei 5 Lagerebenen**	**Durchlaufzeit bei 5 Lagerebenen**	**Lagerwert bei 2 Lagerebenen**	**Durchlaufzeit bei 2 Lagerebenen**
Fertigerzeugnis	------	0,1 Monate Endmontage	------	0,2 Monate Endmontage
Baugruppe 1. Ordnung	€ 200.000,--	0,5 Monate Fertigungsdurchlaufzeit 1,0 Monate Liegezeit Lager	------	e n t f ä l l t
Baugruppe 2. Ordnung	€ 150.000,--	0,5 Monate Fertigungsdurchlaufzeit 1,0 Monate Liegezeit Lager	------	e n t f ä l l t
Baugruppe 3. Ordnung	€ 120.000,--	0,5 Monate Fertigungsdurchlaufzeit 1,0 Monate Liegezeit Lager	------	
Einzelteile F = Fremdbezug E = Eigenfertigung	€ 100.000,--	0,5 Monate Fertigungsdurchlaufzeit 1,0 Monate Liegezeit Lager	€ 200.000,--	0,5 Monate Fertigungs-durchlaufzeit 1,0 Monate Liegezeit Lager (als Konsi-Lager?)
Halbzeug	€ 50.000,--	1,5 Monate Liegezeit Lager	€ 50.000,--	1,5 Monate Liegezeit Lager
Summen: 5 Lagerebenen	**€ 620.000,--**	**7,6 Monate Gesamt-Durchlaufzeit**	**€ 250.000,--**	**3,2 Monate Gesamt-Durchlaufzeit NEU**

Flache Stücklisten und Einrichten von KANBAN-Lagern in der Fertigung, minimieren den Aufwand in Disposition und Lager, senken die Bestände bei höherer Verfügbarkeit. Stellplätze werden frei, die Fertigung / Montage wird flexibler, weil nur das gefertigt wird, was gebraucht wird. Die Durchlaufzeit wird insgesamt verkürzt. Die Warteschlangenproblematik geht gegen null. Sofern Baugruppen als Ersatzteile benötigt werden, werden separate Ersatzteil-Stücklisten angelegt. Ebenso sogenannte **<u>Bereitstell-Stücklisten für das Lager</u>**, wenn nach Baugruppen bereitgestellt werden muss.

Die Baugruppen-Zeichnungs- / Artikelnummern bleiben erhalten, im ERP-System wird nur der ✓ Haken von lagerfähig **J** auf lagerfähig **N** gesetzt, also eine fiktive Baugruppe dargestellt, damit für das Bereitstellen der Ware im Lager, mittels Entnahme-Stückliste bzw. die Konstruktion weiter auf die Baugruppe zugegriffen werden kann.

Basis für eine bedarfsdispositions- und fertigungsgerechte Stücklistenauflösung sind so genannte **Fertigungs- / Dispositionsstücklisten**.

Die Konstruktions- / Fertigungs- oder Dispositionsstücklisten unterscheiden sich untereinander dadurch, dass

a) die Fertigungsstücklisten nicht nach konstruktiven Gesichtspunkten, sondern nach Dispositions- und Lagerstufen aufgebaut sind und die Baugruppen in Ihrer Zusammensetzung stücklistenmäßig so zusammengestellt sind, dass

b) die Zusammenführung der Teile nach Baugruppen und übergeordnete Baugruppen effektiv so dargestellt sind, wie sie in der Fertigung zusammengeführt werden,

reine Strukturstufen als fiktive Baugruppen außer Acht bleiben und möglichst nicht ans Lager gelegt werden.

3.4 Nach welchem Arbeitsgang soll gelagert werden?

Ein weiterer wichtiger Punkt zur Verkürzung der Durchlaufzeit und Erhöhung der Flexibilität und Reduzierung der Bestände ist die Überlegung

„Nach welchem Arbeitsgang wird an Lager gelegt?"

Im Regelfall wird davon ausgegangen, dass z. B. Einzelteile montagefähig, also direkt einbaufähig, gelagert werden, was aber insbesondere bei Variantenfertigern zu folgenden Nachteilen führen kann:

- Trotz hoher Bestände im Teilelager fehlt immer gerade das Teil / die Variante, die gerade gebraucht wird.
- Was insbesondere bei Teilen mit langen Durchlaufzeiten zu großen Problemen in der Termintreue führen kann, und
- dies gegen wesentliche Gesichtspunkte der Kapitalbindung spricht, aber nie auffällt,

da an dieses Kriterium einfach nicht gedacht wird.

Bild 3.5: *Grundsätzliche Überlegungen, nach welcher Wertigkeit soll gelagert werden? Erst kurz vor Auslieferung sollte die größte Wert- und Kostensteigerung eintreten*

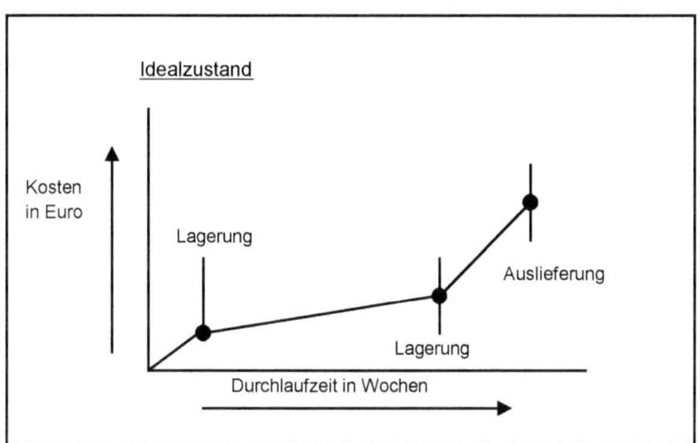

Bild 3.6: *In der Praxis häufig angetroffene Wertigkeit der Lagerung*

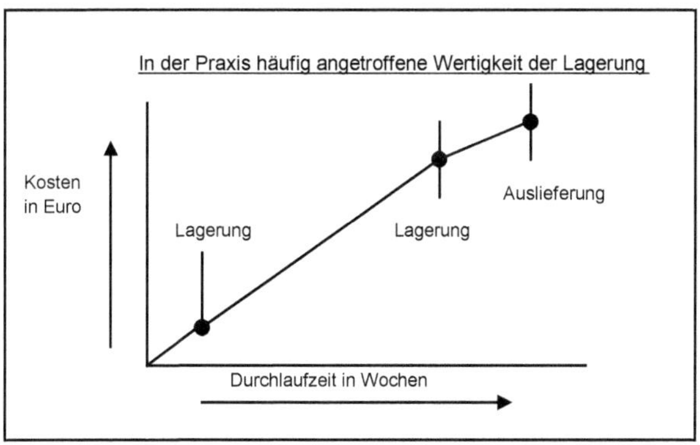

Am einfachsten kann dies an einem realen Beispiel im Detail verdeutlicht werden:

Bild 3.7: *Herkömmliche Betrachtung, Teil liegt einbaufertig / montagefähig an Lager*

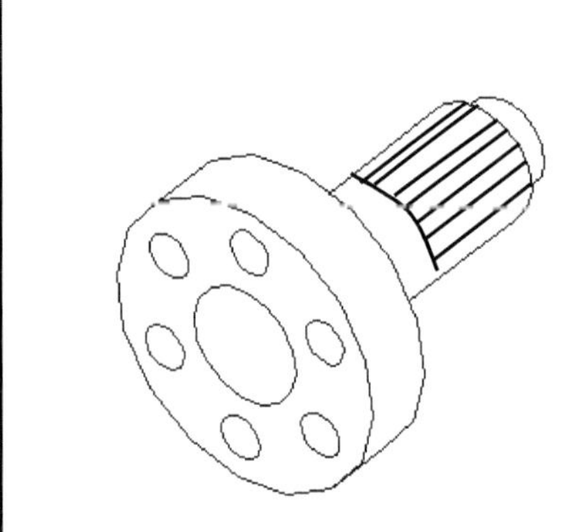

Diesen Antriebs-Flansch (Anschlussteil für Motor an Getriebe) gibt es in 20 verschiedenen Bohrungsvarianten, die alle am Lager liegen.

Bestand pro Teil: **100 Stück im Ø**
Ø-Preis pro Teil: **40,-- €**

Woraus sich ergibt:

Lagerbestand in € ca. 80.000,--
(20 x 100 x 40 €)

Anzahl belegte Lagerfächer 20
Ø verfügbare Teile in Stück: 0 - 180
(je nach Lagerbestand)

Bild 3.8: *Vorschlag zur Einlagerung, Teil liegt als Rohling, also nicht mehr einbaufertig an Lager, Bohrungen für Motoranschlüsse sind noch nicht gesetzt; Bohren ist der erste Arbeitsgang der Montage*

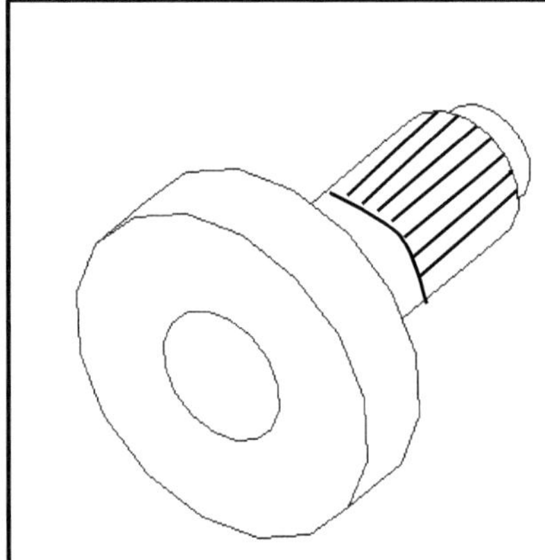

Teile liegen nicht mehr einbaufähig am Lager, sondern ungebohrt als KANBAN-Teil in der Fertigung. Montagegruppe erhält CNC-Bohr-maschine und produziert gewünschte Variante vor Einbau.

Es liegen 800 Teile am Lager, also das 8-fache
Ø-Preis pro Teil: **32,-- €**

Woraus sich ergibt:

Lagerbestand in € 25.600,--
(1 x 800 x 32 €)

Anzahl belegte Lagerfächer 1
Ø verfügbare Teile in Stück: 100 - 800

Aussage:	Einsparung in €	=	54.400,-- (80.000,-- - 25.600,--)
	Einsparung Lagerfächer	=	19
	Einsparung Artikelnummern	=	19 (Stammdatenverwaltung)

- Teileverfügbarkeit = ist um 800 % höher
- die Wahrscheinlichkeit, dass eine bestimmte Variante nicht gefertigt werden kann, das Teil also fehlt, geht jetzt gegen null.
- Die CNC-Maschine, die gekauft wird, finanziert sich selbst, durch Abbau Lagerbestand und entfallene Eilaufträge in Teilefertigung und Montage, ungeplantes Rüsten in der Teilefertigung, mehrmals anfangen, Weglegen in der Montage und vermiedene Teillieferungen / Versandkosten, die leider in der Kalkulation nicht sichtbar sind.
- Gemeinkosten werden in Einzelkosten umgewandelt.
- Rohlingteilenachschub kann mittels KANBAN-Organisation am einfachsten gehandhabt werden – Montage ➔ Lager ➔ Vorfertigung.

3.5 Einkaufsstücklisten für den Kauf von fiktiven Baugruppen (SET) anlegen

Durch die steigende Anzahl Varianten wird der Aufwand im Einkauf / Wareneingang / Lager / in der gesamten Logistik immer größer.

Eine Möglichkeit, dies zu vermeiden (wenn möglich), ist, zusammengehörige Teile als SET einzukaufen. Ein SET ist eine fiktive Baugruppe, die es so im normalen Stücklistenaufbau nicht gibt, z. B. Welle und Lager, die als eine Einheit beschafft werden. Dies gilt insbesondere auch für Elektronik-Bauteile die als komplette Einheiten für z. B. eine Anlage (KIT-Lösung) auftragsbezogen eingekauft werden.

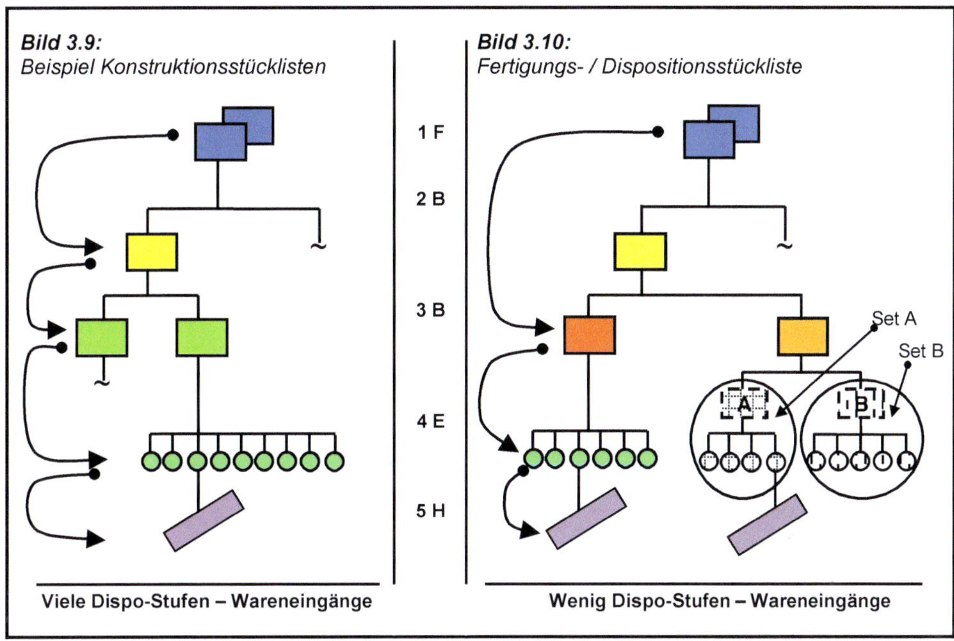

Bild 3.9:
Beispiel Konstruktionsstücklisten

Bild 3.10:
Fertigungs- / Dispositionsstückliste

Auch „KANBAN" bzw. die Anlieferung gemäß Liefer-, Verpackungs- und Palettierungsvorschrift reduziert den Aufwand in der Logistikkette. Wichtig, da die Anliefertakte bei kleineren Losen steigen.

Legende:

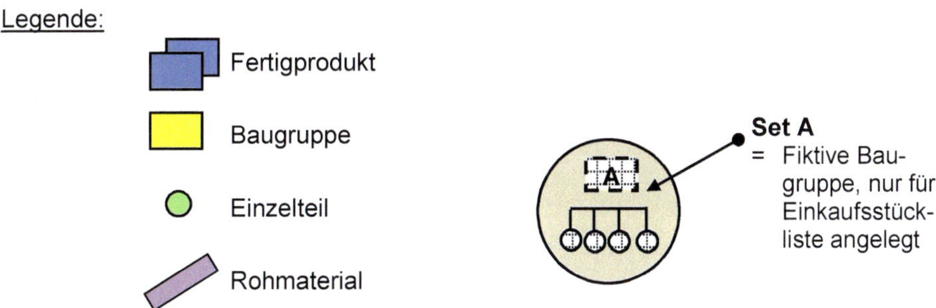

Weitere Stücklistenarten sind:

- Mengenübersichtsstücklisten für die Kalkulation / Ersatzteilstücklisten / Entnahmestücklisten, Struktur- und Baukastenstücklisten entwickeln
- Außerdem wird unterschieden zwischen Stücklisten für Einmalaufträge (kundenbezogen) sowie Wiederholaufträgen, eventuell mit Variantencharakter

Das Zusammenspiel Kunden- / Betriebsaufträge zu Stücklistenauflösungen – Brutto- / Netto-Bedarfsrechnung – Disposition – Beschaffen – Lagern – Versenden, aus der die Wichtigkeit des Stücklistenaufbaus hervorgeht, ist nachfolgend dargestellt.

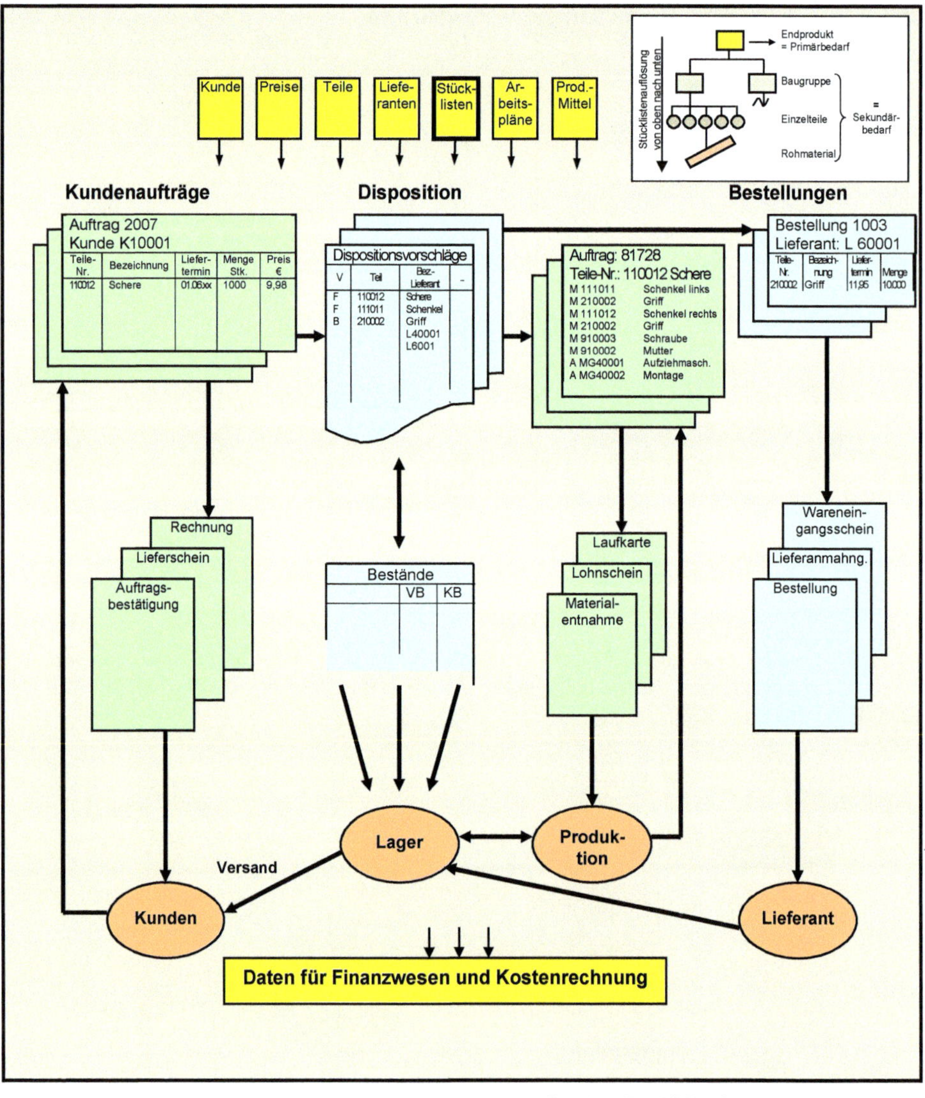

Quelle: *Fa. ISB - Calw, INFRA-Software*

4. Disposition / Bestandsführung / Nachschubautomatik verbessern

4.1 Verbesserung der Dispositionsverfahren und Qualität

Ein dynamisches Bestandsmanagement ist ein Hauptteil der logistischen Leistungsfähigkeit des Unternehmens. Es zeichnet sich dadurch aus, dass die Herausforderungen

Kriterium	Ziel	
• Minimale Kapitalbildung	Geringe Vorräte / geringes Umlaufvermögen	↘
• Minimale Bestandskosten	Geringe Beschaffungs- / Lagerkosten	↘
• Hohe Liquidität	Hohe Verfügbarkeit / kurzfristig verfügbare Mittel (Basel III)	↗
• Hoher Lieferservice / hohe Flexibilität	Hohe Lieferfähigkeit / Lieferbereitschaftsgrad	↗

in einer bestmöglichen Relation zueinander stehen. Versorgungssicherheit für eine kostenoptimierte Produktion muss ebenso sichergestellt sein, wie die kostenoptimierte Beschaffung, bezüglich kurzer Lieferzeiten, hoher Termintreue.

Wenn also Bestände, Lieferservice und Kosten optimiert werden sollen, muss ein Regelwerk für die unterschiedlichen Artikelarten geschaffen werden

- **welche Dispositionsstrategie, Bevorratungsstrategie, Losgrößenstrategie soll gefahren werden?**

Somit gilt für ein dynamisches Bestandsmanagement in der Beschaffung folgendes Ranking:		
1.)	Als Erstes muss versucht werden, alle Rohstoffe, Kaufteile in Form von Konsignationslagern zu beschaffen, zu lagern. Idealerweise als SCM – selbst auffüllendes Lager	Ware gehört noch Lieferant, bezahlt wird nach Verbrauch, schont die Liquidität
2.)	Wenn 1.) nicht möglich, muss versucht werden, eine KANBAN- / SCM-Organisation in der Beschaffung zu realisieren. Ware liegt versandfähig beim Lieferanten, kann innerhalb 2 - 3 AT abgerufen werden	Liquidität wird geschont, Lagerbestand wird durch kurze Anlieferzeit minimiert, benötigt wenig Lagerplatz
3.)	Wenn 1.) und 2.) nicht möglich, sollte mittels Rahmenverträgen und Abrufimpulsen beschafft werden. Ziel: Kürzere Lieferzeiten, günstiger Preis	Je nach vereinbarten Vorlaufzeit, „Abrufimpuls", kann der eigene Bestand minimiert bzw. genauer definiert werden, senkt den Ø-Bestand
4.)	Wenn 1.), 2.), 3.) alles nicht möglich ist (?) muss mittels Einzelbestellung beschafft werden. Hat im Regelfalle die längste Wiederbeschaffungszeit und den höchsten Stückpreis	Sollte vermieden werden, erzeugt hohe Bestände, schadet der Liquidität, erzeugt teilweise Lieferprobleme zum Kunden

4.1.1 Die neue ABC-Analyse als Bestandswertstatistik / Grundlage für eine bestandsminimierte Disposition

In früheren Jahren war die Klassifizierung ausschließlich durch Multiplikation der beiden Faktoren **„Menge x Preis"** und danach Einteilung in drei Gruppen, nach dem 80-20-Prinzip, üblich.

Bei dieser Betrachtung fehlt, bezüglich Lieferservice / Verwirklichung des Just-in-time-Gedankens, die Einflussgröße *„Wiederbeschaffungszeit"*. Deshalb werden heute zur Bestimmung der ABC-Wertigkeit die Merkmale

Preis pro Artikel absolut sowie die Dauer der Wiederbeschaffungszeit in Wochen

verwendet. Hinzu kommt die Größe / das Volumen der Teile bezüglich Lagerplatzbedarf.

Bild 4.1: ***A- / B- / C-Bestimmung nach Wertigkeit / Kosten und Wiederbeschaffungszeit / Lieferzeit (Beispiel), heute***

Wert	**Teileart nach Wert**	**Wiederbeschaffungszeiten**	**Teileart nach WBZ und Wert**	**Platzbedarf? [1] U - V - W**	**Mindesthaltbarkeit**
Größer 10,-- €	**A**	**5 Wochen**	**A-Teil**	**Teile mit großem Ausmaß/ Volumen können wegen hohem Platzbedarf auch zu A-Teilen werden**	**Teile mit geringer Mindesthaltbarkeit / Verfalldatum sollten auch A-Teile sein**
		17 Wochen	**A-Teil**		
Größer 1,-- €	B	4 Wochen	B-Teil		
		20 Wochen	**A-Teil**		
Kleiner 1,-- €	C	3 Wochen	C-Teil		
		18 Wochen	**A-Teil**		

Woraus sich folgende Zielvorgaben für die Nachschubautomatik ergeben:

Artikelklassifizierung			**Schwankungsbreite der Verbräuche (V)**		
			Gering	**Mittel**	**Groß**
			X-Teile	**Y-Teile**	**Z-Teile (S)**
Servicegrad			**Hoch**	**Mittel**	**Gering**
Geringe Mengen / Hoher Anliefer-Takt	**A**-Teile Hohe Preise / Lange WBZ	**U**-Teile Groß-volumige Teile	Konsi-Lager[1] KANBAN- / SCM-Abruf-aufträge	Konsi-Lager[1] Abrufaufträge Einzel-bestellungen	Auftragsbezogen
SS	**B**-Teile Mittlere Preise / Mittlere WBZ	**V**-Teile mittel-große Teile	KANBAN / SCM - Dispo nach Reich-weiten	Dispo nach Reichweiten Einzel-bestellungen	Auftragsbezogen
Größere Mengen / Geringer Anliefer-Takt	**C**-Teile Niedriger Preise Kurze WBZ	**W**-Teile klein-volumige Teile	C-Teile-Management bzw. Dispo nach Meldebestand, hoher Si-Bestand	C-Teile-Management bzw. Dispo nach Meldebestand, hoher Si-Bestand	Auftragsbezogen, bzw. KIT-Lösung

[1] bei großen Verbrauchsmengen JIT oder in Fertigungsfrequenz anliefern.

Wodurch sich folgende mögliche Dispositions- und Beschaffungsmodelle ergeben

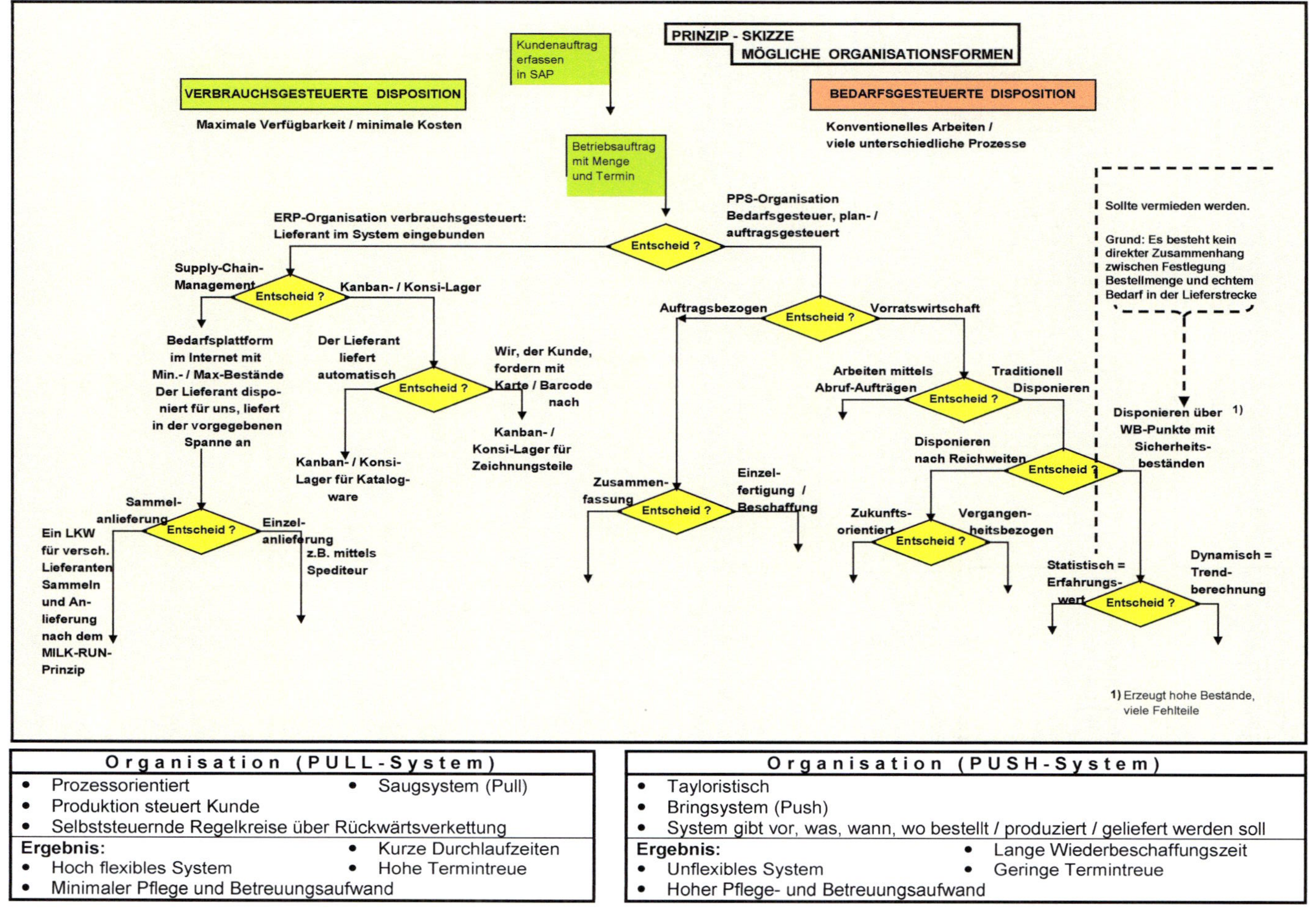

4.2 Bedarfsgesteuerte Disposition (Push-System)

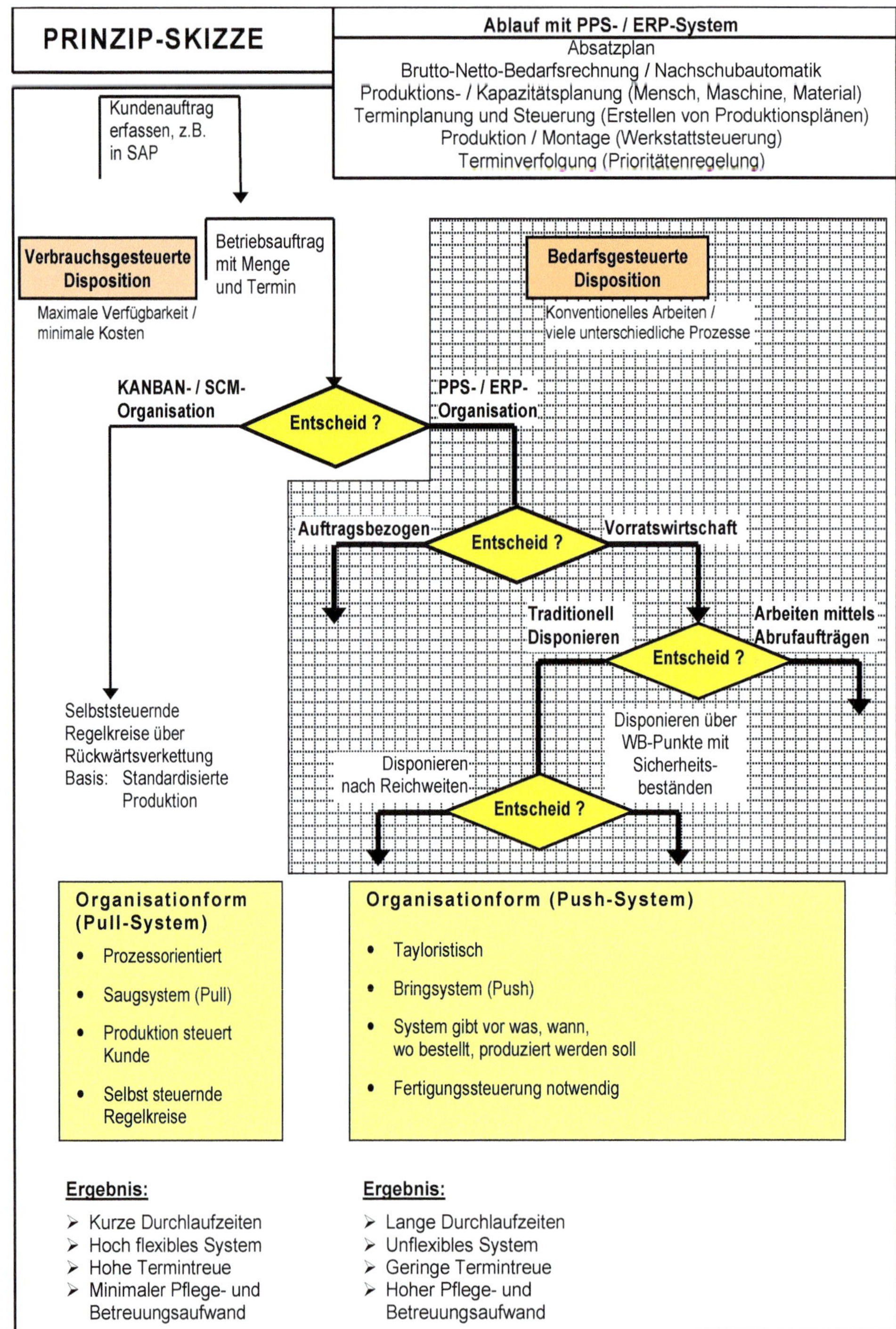

4.2.1 Abrufaufträge für A-Teile und *„atmen"*

Einbeziehung des Vertriebes in die Disposition und Bestandsverantwortung von A-Teilen / -Materialien

Bestände können reduziert werden durch die Einbeziehung des Vertriebes in die Dispositionsverantwortung von teuren A-Teilen, Materialien oder Vorprodukten mit langer Lieferzeit, denn die Wandlung vom Verkäufer- zum Käufermarkt verlangt mehr Marktorientierung. Sichere Prognosen über das Käuferverhalten sollten eine Grundlage sein.

Bild 4.2: *Schemadarstellung der rollierenden Planung:*

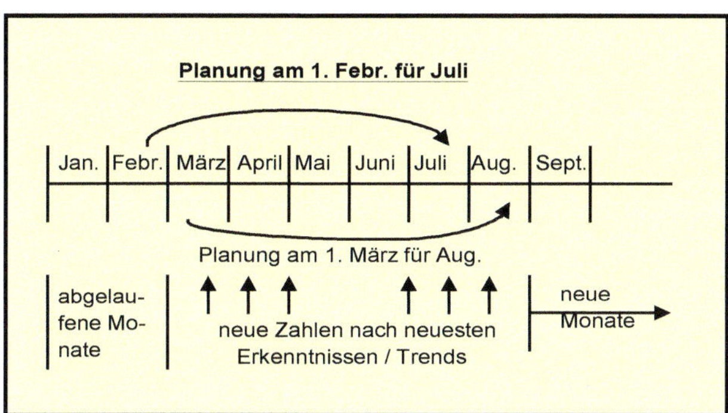

Untersuchungen zeigen jedoch, dass der Bestand eines Betriebes bis zu 30 % durch mangelnde Prognosequalität verursacht ist, der Kunde bestellt doch anders als geplant.

Der Verzicht auf absolute Zahlen auf Endproduktebene für die Vorplanung der nächsten Zeiträume, erleichtert dem Vertrieb seine Entscheidungen, wenn sie durch eine Trendangabe für alle A-Teile / -Materialien auf der untersten Stücklistenebene ersetzt wird. Basis Vergangenheitswerte / Wiederholteilelisten / Trend für die Zukunft

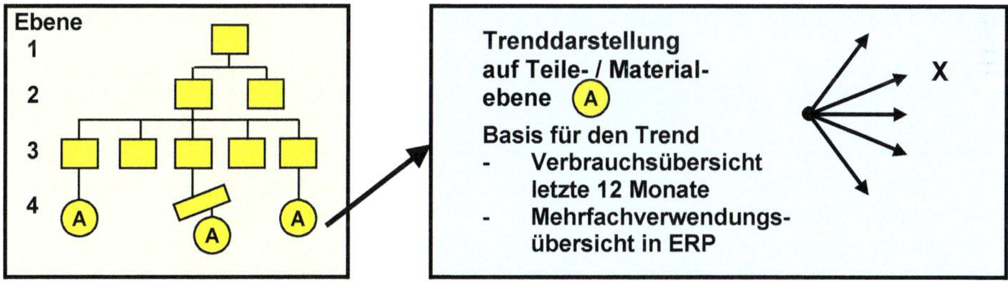

Letztlich muss der Disponent für seine Lagerbestandszahlen doch geradestehen, also kann er unter Angabe der Trends und seiner Erfahrung sachgerecht seine Mengenfestlegungen und Abrufentscheidungen in Absprache mit Vertrieb / Einkauf / Lieferant selbst treffen.

In regelmäßiger Abstimmung werden auf dieser Basis alle A-Teile / Materialien bzw. Vorprodukte mit längerer Lieferzeit als die eigene Lieferzusagemöglichkeit disponiert und Rahmenvereinbarungen mit den Lieferanten getroffen.

Diesen Liefereinteilungen wird wiederum der echte Bedarf, laut tatsächlichem Auftragseingang und Liefertermin, dagegen gefahren und die Abrufe entsprechend gesteuert (erhöht, vermindert, terminlich vorgezogen oder zurückgestellt = „Atmen“ genannt).

Bestandssicherheit auf der untersten Ebene wird verbessert.

4.2.1.1 Kann der Lieferant für uns disponieren? Die ideale Systemeinstellung

**Prognosen müssen sein, aber der Kunde bestellt doch anders.
Der echte Bedarf wird gegen die Planmengen gefahren. Der Lieferant disponiert für uns auf Basis unserer wöchentlichen Bedarfsübersichten.**

Der Lieferant wird in den Informationskreis einbezogen. Er erhält die Bedarfsübersichten z. B. 1 x pro Woche, disponiert und produziert danach (= punktgenaue Anlieferung). Eine bessere Einhaltung von Lieferzusagen und eine Verminderung des Bestandsrisikos ist für Lieferant und Kunde eine Zwangsfolge.

Bild 4.3: *Bestell- / Bedarfsanalyse = Informationsfluss zum Lieferanten verbessern*

Datum: 13.06.xx Artikelgruppe von: 3005000 Bestell / Bedarf berechnet für Zeitraum ab 23 xx KW-Abstand 1 Blatt: 1
bis: 3006000

Pos.	Mat-Nr.	Bezeichnung	Lagermenge	verfügbare Menge	reservierte Menge	bestellte Menge	Bestellpunkt	Bestellmenge	Besch-Zeit Wochen
A	**4 030-0569.0**	**Transformator EI 30/15.5**	838.00	-12162.00	13000.00	10000.00	1000.00	0.00	10 Wochen

220/2 x 9 V 1,8 VA *** Kennzeichen : ***

Woche →	23xx-23xx	24xx-24xx	25xx-25xx	26xx-26xx	27xx-27xx	28xx-28xx	29xx-29xx	30xx-30xx	31xx-31xx	32xx-32xx	33xx-33xx	34xx-34xx
eingeteilte Abrufe →	10000	0	0	0	6000	0	0	0	0	0	8000	0
echter Bedarf: →	2000	3000	0	0	0	0	4000	0	0	4000	0	0

Hier Abrufe rausschieben + reduzieren

nächstes Teil:
↓ ↓

Pos.	Mat-Nr.	Bezeichnung	Lagermenge	verfügbare Menge	reservierte Menge	bestellte Menge	Bestellpunkt	Bestellmenge	Besch-Zeit Wochen
B	**40 030-0507.0**	**Transformator EI 30/12.5**	355.00	-38645.00	39000.00	8000.00	1000.00	0.00	10 Wochen

220/24 V 1,2 VA *** Kennzeichen : ***

Woche →	23xx-23xx	24xx-24xx	25xx-25xx	26xx-26xx	27xx-27xx	28xx-28xx	29xx-29xx	30xx-30xx	31xx-31xx	32xx-32xx	33xx-33xx	34xx-34xx
eingeteilte Abrufe →	0	5000	0	0	0	3000	0	0	0	0	0	3000
echter Bedarf: →	0	0	3000	3000	0	2800	0	0	0	0	4899	0

Hier Abrufe vorziehen + erhöhen

Basis für diese Art der flexiblen Beschaffung / Anlieferungen sind entsprechend gestaltete Rahmenvereinbarungen / Abrufaufträge. Die Reaktionsfähigkeit des Lieferanten hängt von der Art der Vereinbarung ab:

- Entweder hat der Lieferant Fertigware für uns an Lager oder
- seine Reaktionsfähigkeit entspricht der Durchlaufzeit in Tagen (Zeit von Start-Termin der Produktion, bis Fertigstellung).

Das Risiko von Fehlplanungen (zu viel – zu wenig wird geliefert) wird minimiert. Die Zusammenarbeit wird wesentlich verbessert. Vorteil für den Lieferanten: *„Kapazitätsverschwendung wird vermieden“.*

[1)] Geht bei KANBAN zu Lieferant automatisch über die Frequenz der Abrufe mittels KANBAN-Karte, die Vorschau dient dazu, dass sich der Lieferant auf die obigen Veränderungen einstellen kann, bei Supply-Chain-Teilen über Bestandsplattform mit Min.- / Max. - Bestandsplattform im Internet. Lieferant hat täglichen Zugriff.

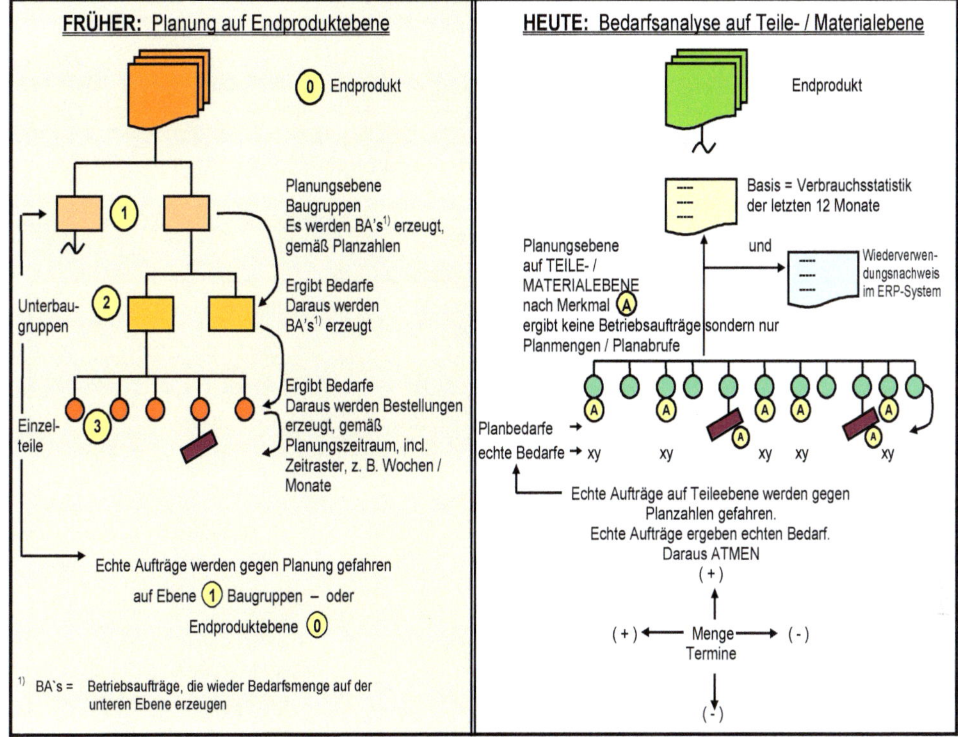

A) Sofern der Lieferant anhand dieser Übersichten, aber nicht für uns disponiert, ist die rollierende Planung (konventionell eingesetzt) ein Prinzip, das große Pflege und Dispositionsaufwand bedeutet. Bei mangelhafter Betreuung der Zahlenwerte (Mengen erhöhen / vermindern, Termine vorziehen / nach hinten verschieben[1]), weil die Kunden doch anders bestellen als geplant, kann dieses Verfahren zu hohen Beständen führen.

B) Auch Ihre Kunden geben Planmengen vor. Ihr Vertrieb ist glücklich und lässt danach produzieren. Nimmt der Kunde aber auch die Planmengen tatsächlich ab? Oder liegen diese am Lager und treiben die Bestände in die Höhe?

Deshalb:

Bevor im Vertrieb eine Planmenge zur Produktion freigegeben, also in einen Fertigungsauftrag umgesetzt wird, muss zuvor mit dem Kunden abgestimmt werden, ob er diese Menge zu diesem Termin auch tatsächlich benötigt.

Diese Vorgehensweise reduziert Bestände und das Working Capital. Auch die Kapazitäten werden nicht verstopft. Sie werden flexibler und können das produzieren, was tatsächlich gebraucht wird.

1) Vorgezogen wird im Regelfalle, da ansonsten Schwierigkeiten in der Produktion / Termintreue entstehen. Wird aber auch immer in die Zukunft verschoben? Zeitprobleme?

4.2.2 Materialwirtschaft dynamisieren
Smarte Dispositionsverfahren für B-Teile nutzen

Für B-Materialien lassen sich nur schwer Richtlinien aufstellen. Einige B-Teile / -Materialien liegen näher bei der A-Kategorie, einige näher bei der C-Kategorie. Die Behandlungsweise muss deshalb von Fall zu Fall festgelegt werden. Wobei der Trend Entscheidung zu A-Teil überwiegt. B-Teile also immer weniger werden.

Übliche Dispositionsverfahren für Teile, die nicht über KANBAN / SCM gesteuert werden können, sind:

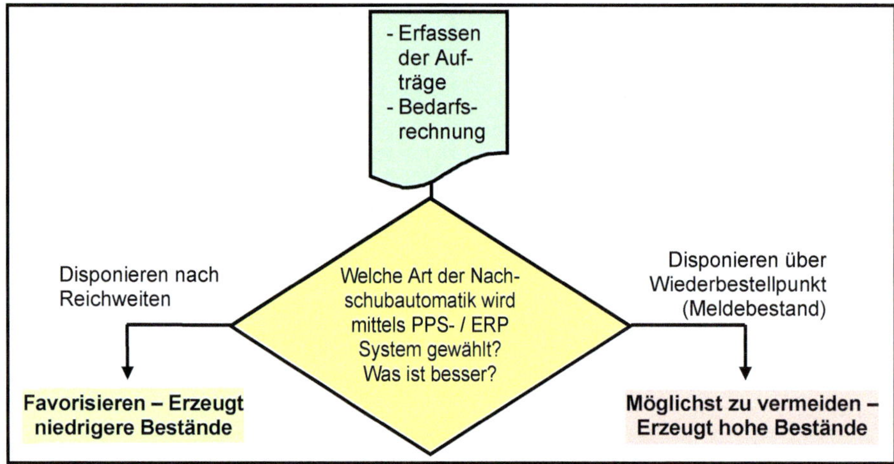

Bemerkung – Ziel muss längerfristig lauten:

A) **Für Kaufteile gibt nur noch A- und C-Teile bzw. Bauhaus- und KANBAN- / SCM-Teile**

Grund: Die aufwendige Pflege der Stammdaten, für z. B.

Wiederbestellpunkt,
Wiederbeschaffungszeit,
Sicherheitsbestand etc.

entfällt bei A- und KANBAN- / SCM-Teilen weitestgehend, da nach Bedarf abgerufen wird.

Bei C-Teilen kann die Pflege großzügiger gehandhabt werden.

Bei Bauhaus- / Supply-Chain-Teilen wird durch den Lieferanten die Nachschubautomatik geregelt (Min.- / Max.-Regelungen).

B) **Für alles Restliche, z. B. Fertigungsteile, sollte Disponieren über Wiederbestellpunkt durch Disponieren nach Reichweiten ersetzt werden.**

Grund: Es besteht bei dem Bestellpunktverfahren kein zeitlicher Zusammenhang zwischen Festlegung der Bestellmenge zu echtem Bedarf, bezogen auf die Lieferstrecke (= Bestelldatum bis Lieferdatum). Die Kunden bestellen doch anders als gedacht.

Disponieren nach Reichweiten minimiert Bestände und Fehlleistungen

Sofern Teile mittels wirtschaftlicher Losgrößenformel und über Wiederbestellpunkte disponiert werden,

- erzeugt dies je Teil immer ein Einzeloptima (d. h., von jedem Teil ist eine andere Menge vorrätig, aber es kann immer nur nach der kleinsten Menge montiert / geliefert werden = Verschwendung, denn wenn ein Teil fehlt ist dies, wie wenn alle Teile fehlen)[1],
- ergeben solche Berechnungen aus heutiger Sicht nicht vertretbare, viel zu große Bestellmengen, die Fertigung wird verstopft und die Bestände erhöht (Bestandstreiber)

und die Bestellmengenrechnung nach der Andlerschen Losgrößenformel, u. a. auch ein gewolltes Ziel = **Gesamtoptima, z. B. Lagerumschlag 8 x / Jahr, unmöglich macht.**

Nach dem gewinnwirtschaftlichen Prinzip *„Geld ist wie ein Produkt zu betrachten"*, und dem Zwang *„Verbesserung der Liquidität"*, setzt sich für die Teile, die nicht nach KANBAN / SCM laufen, das Disponieren nach Reichweiten immer mehr durch.

Beim Disponieren nach Reichweiten wird an die Disponenten die Bedingung gestellt:

Die Reichweite der Bestellmenge plus vorhandener Bestand darf z. B. zwei Monate nicht überschreiten.

Bild 4.4: *Darstellung unterschiedlicher Reichweitenanalysen*

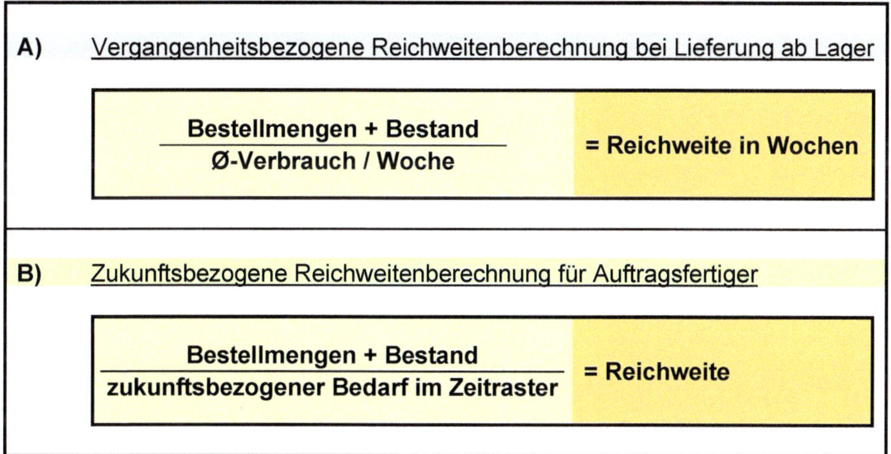

Auch die Festlegung eines so genannten Reichweitenkorridors hat sich für eine bestandsminimierte Disposition bewährt, siehe nachfolgend.

[1] Fehlteile treiben die Bestände nach oben, da nicht geliefert werden kann.

Bild 4.5: *Reichweitenkorridor für reine Vorratswirtschaft (Ampel ● ● ● für Dispo-Arbeit)*

Die Visualisierung der Bestandshöhe als Reichweite in Tagen (ohne Si-Bestand) setzt obere und untere Interventionspunkte für den Disponenten

Ampel-Reichweite festlegen	WBZ: 17 AT		
Ampel	●○○	○●○	○○●
☑ Best.-Reichweite ± 1 S	20	26	33
☐ Best.-Reichweite ± 2 S	13	26	40

Dadurch werden nur die relevanten Artikel angezeigt, die am dringlichsten zu bearbeiten sind

Bestandshöhe als Reichweite in Tagen [1] z.B.	Farbskala bei WBZ = 17 Tage	Aktivitätenplan
größer 40 Tage	rot	überhöhter Bestand weitere Abrufe hinausschieben
34 - 40 Tage (Ø 37 AT)	gelb	überhöhter Bestand, Bewegungen sorgfältig beobachten
20 - 33 Tage (Ø 26 AT)	grün	Reichweite entspricht dem festgelegten Drehzahl-Ziel / der Wiederbeschaffungszeit
13 - 19 Tage (Ø 16 AT)	gelb	Bestand zu nieder Abrufe / Bestellungen vorziehen
kleiner 13 Tage	rot	Bestand zu nieder, es entsteht Produktionsstillstand, Notfallplan mit Lieferant aktivieren

Errechnet aus den Bedarfsschwankungen der einzelnen Verbrauchsperioden, z. B. Tage / Wochen, mittels Gaußscher Normalverteilung ($\overline{X}$) und Standardabweichung (S)

Beispielhafte Darstellung:

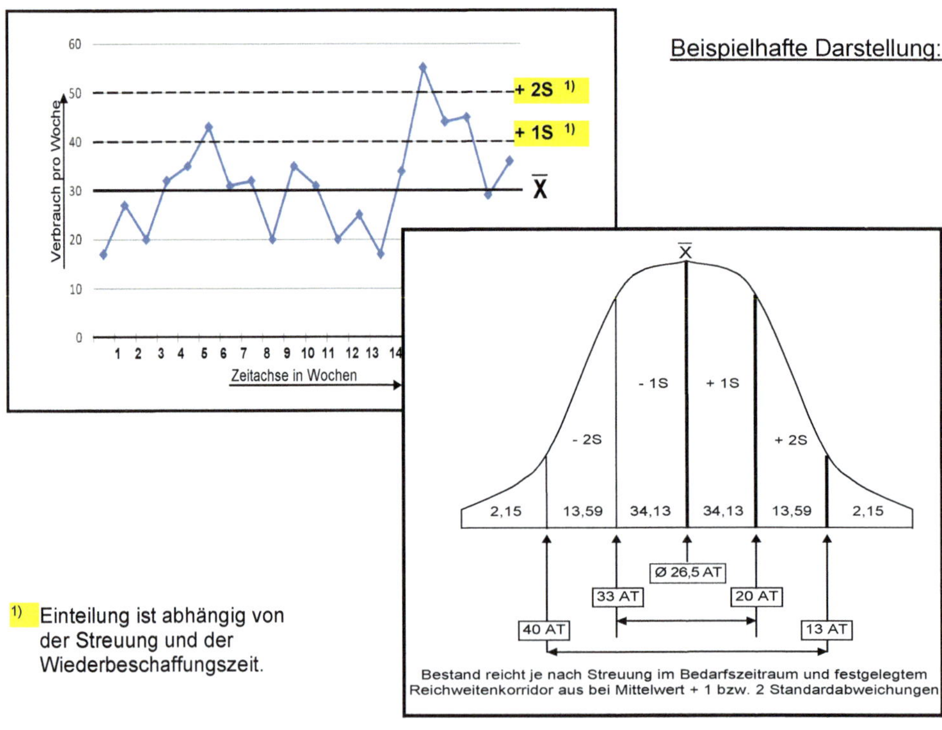

[1] Einteilung ist abhängig von der Streuung und der Wiederbeschaffungszeit.

Die Berechnung des Reichweitenkorridors ist nachfolgend beispielhaft dargestellt. Der Zeitraum für den Rückgriff auf die Vergangenheitswerte muss variabel sein, in Wochen- oder Monatswerten, über z. B. 3, 6, 12 Monate, oder Wochenwerten

Wochen-verbrauch	Standard abweichung			
21		Ein Service-grad von 84% errechnet sich aus Mittelwert plus einer Standard-abweichung	Ein Service-grad von 95 % errechnet sich aus Mittelwert plus zwei Standard-abweichungen	Ein Service-grad von 99,9 % errechnet sich aus Mittelwert plus drei Standard-abweichungen
33				
16				
19				
12				
20				
24				
22				
31				
19				
10		Servicegrad	Servicegrad	Servicegrad
21	1 S =	84 % entspr.	95 % entspr.	99,9 % entspr.
20,67	**6,67**	**27,33**	**34,00**	**40,66**

REICHWEITENKORRIDOR		**Aktueller Bestand (Stck.)**	**Reichweite in Wo.**	**Aktuelle WBZ**
Bei 50 %	Sevicegrad	120	**5,81**	4 Wo.
Bei 84 %	Sevicegrad	120	**4,39**	4 Wo.
Bei 95 %	Sevicegrad	120	**3,53**	4 Wo.
Bei 99.9 %	Sevicegrad	120	**2,95**	4 Wo.

Bei einem Servicegrad von 84 % müsste noch nicht nachbestellt werden, bei 95 % muss!

Faktorentabelle auf Basis $\overline{X}$ + 1 S = 84 % = F 1,0 für Zwischenwerte					
Service-grad	**Faktor**	**Service-grad**	**Faktor**	**Service-grad**	**Faktor**
50,00 %	0,0000	82,00 %	0,9154	98,50 %	2,1701
52,00 %	0,0502	**84,00 %**	**0,9945**	99,00 %	2,3263
54,00 %	0,1004	86,00 %	1,0803	99,10 %	2,3656
56,00 %	0,1510	88,00 %	1,1750	99,20 %	2,4089
58,00 %	0,2019	90,00 %	1,2816	99,30 %	2,4573
60,00 %	0,2533	91,00 %	1,3408	99,40 %	2,5121
62,00 %	0,3055	92,00 %	1,4051	99,50 %	2,5758
64,00 %	0,3585	93,00 %	1,4758	99,60 %	2,6521
66,00 %	0,4125	94,00 %	1,5548	99,70 %	2,7478
68,00 %	0,4677	**95,00 %**	**1,6449**	99,80 %	2,8782
70,00 %	0,5244	95,50 %	1,6954	**99,90 %**	**3,0903**
72,00 %	0,5828	96,00 %	1,7507	99,95 %	3,2906
74,00 %	0,6433	96,50 %	1,8119	99,96 %	3,3528
76,00 %	0,7063	97,00 %	1,8808	99,97 %	3,4317
78,00 %	0,7722	97,50 %	1,9600	99,98 %	3,5401
80,00 %	0,8416	98,00 %	2,0537	99,99 %	3,7191

Bildschirmübersicht im ERP-System oder als Excel-Tabelle sortierbar, z. B. nach Teileart, Lieferant, Endprodukt mit Filter, wo ist Reichweite kürzer als WBZ in Wochen

Artikel-Nr.	körperl. Lager-bestand	zu liefern innerhalb WBZ	verfügb. Lager-bestand	offene Bestellungen	fest-[2] gelegter Sicher-heits-bestand	Abgang letzte 12 Monate	Ø / Wo. Letzte 12 Mo-nate	Reichweite in Wochen[1] verf. Bestand			Reichweite in Wo.[1] incl. Bestellbestand (innerhalb WBZ)			WBZ in Wochen
								Ø	+ 1 S	+ 2 S	Ø	+ 1 S	+ 2 S	
1	2	3	4	5	6	7	8	9	10	11	12	13	14	15
6-500039	10	2	8	0	0	41	1	3	2	1	3	2	1	3
6-500048	113	11	102	200	50	491	9	6	4	2	14	12	10	6
6-500050	36	42	-6	300	100	754	15	3	2	1	23	21	20	2
6-500051	5	0	5	50	10	55	1	11	9	7	15	19	10	2
6-500052	0	8	-8	20	10	27	1	5	4	3	9	8	7	2
6-500053	4	0	4	0	0	21	1	2	1	0	2	1	0	1
6-500054	0	40	-40	40	20	260	5	1	0	0	41	40	39	1
6-520001	0	1	-1	4	0	1	0	12	11	10	12	11	10	2
8-500031	2	2	0	0	0	1	0	20	20	19	20	20	19	5
8-500033	11	10	1	0	0	17	0	1	0	0	1	0	0	1
8-501204	6	0	6	8	0	22	1	1	0	0	9	8	7	4
8-501206	0	70	-70	4	0	30	1	2	1	0	4	3	2	4
8-501207	8	72	-64	6	0	28	1	1	0	0	7	6	5	3
8-501208	4	25	-21	4	0	25	1	2	1	0	4	3	2	4

1) gerechnet über $\overline{X}$ und Gaußsche-Normalverteilung und + 1 und + 2 Standardabweichungen

2) bei liefertreuen Lieferanten kann der Sicherheitsbestand auf null gesetzt werden

Oder Reichweitenübersicht wochengenau bei Auftragsfertiger nach Teilenummer:

```
BEDARFSUEBERSICHT NACH TEILENUMMERN                              DATUM: 07.08.xx
NACH KALENDERWOCHEN                                              BIS KW:     53/xx
[WBZ = 6 Wo.]   [Si = 10] [körperl. Best. 19] [Reichweite bis KW 27] SEITE:  1
----------------------------------------------------------------------------------------
Buchungsda  Lief.-   Bestelln  Auftragsn  Menge/  Soll-      Reserv  Bestell
tum         Numm     ummer     ummer      Bedarf  Termin in  . je KW je KW     Lagerbestand *
            er                                    Tagen

11304       HOLZGESTELL SESSEL                         WBZ:6    Wo.  Si: 10      [19.00 *]
18.04.xx    7051     9324      50.00      50.00   200           18
24.06.xx    7295      250      50.00      50.00   290           28
05.07.xx    7051     2289      80.00      80.00   390           40
                                                                                    R
KW. 35.xx                         64       1.00   358    1.00                       E
KW.  3.xx                        102       1.00    38                               I
KW.  3.xx                        237       2.00    38    3.00                       C
KW.  9.xx                        583       1.00    98    1.00                       H
KW. 12.xx                       1216       2.00   128    2.00                       W
KW. 14.xx                       1230       2.00   148    2.00                       E
- - - - - - - - - - - - - - - - - - - - - - - - - - - - - -                         I
KW. 21.xx                       2263       1.00   218    1.00  Si - Bestand wird    T
                                                               unterschritten       E
- - - - - - - - - - - - - - - - - - - - - - - - - - - - - -
KW. 24.xx                       1865       1.00   248    1.00
KW. 26.xx                       2430       2.00   268
KW. 26.xx                       2291       2.00   268    4.00
KW. 27.xx                       2369       1.00   278
KW. 27.xx                       2513       1.00   278
KW. 27.xx                       2425       1.00   278    3.00          Unterdeckung
KW. 28.xx                       2512       3.00   288    <-----------------------
    ↓                              ↓          ↓      ↓      ↓
```

Disponieren nach Reichweiten senkt die Bestände

- Durch Reichweitenvorgabe haben Sie die gewollte Umschlagshäufigkeit nach Teileart im Griff.
- Steigt oder fällt der Bedarf, so wird mit diesem Dispositionssystem automatisch mehr oder weniger bestellt. Die Bestellmenge passt sich dem jeweiligen Bedarf an.
- Das Disponieren nach Wellen[1)] kann am einfachsten eingeführt werden. Sie erhalten ein Gesamtoptima und kein Einzeloptima. Vom linken Teil ist in etwa die gleiche Menge verfügbar wie vom rechten Teil.
- Es ist alles verfügbar, oder alles nicht.

  Wichtig: Es kann immer nur nach der kleinsten Stückzahl geliefert / montiert werden.
- Der Sicherheitsbestand kann bei Disponieren nach Reichweiten und termintreuen Lieferanten auf null abgesenkt werden. Ein Schritt zur weiteren Bestandssenkung.
- Das Disponieren über Wiederbestellpunkte / Mindestbestände o. ä. und Losgrößen „kostenoptimiert berechnet", erzeugt reine Einzeloptima, die nicht aufeinander abgestimmt sind und treibt somit die Bestände in die Höhe. Insbesondere wenn die Bestellpunkte mit einem hohen Sicherheitsbestand berechnet und lange Wiederbeschaffungszeiten in den Stammdaten hinterlegt sind (Bestandstreiber).

Das Visualisieren von Fehlteilen ist wichtig

Aktuelle Rückstandsliste			Woche		14 / xx		Datum	30.03.xx
FERTIGWARE			Disponent		XX		Blatt-Nr.	1
Woche / Jahr	Artikelnummer	Bezeichnung	Menge	Kunde	Paneele	Voraussichtlicher Fertigstelltermin	Kundenwunschtermin	Bemerkung
13 / xx	Aqua Classic	Filter-System	2	A	-	KW 15	23.03.xx	Deckel fehlt
13 / xx	Bewa X	Filter-System	1	B	J	KW 14	24.03.xx	Pumpe fehlt
13 / xx	Bona 12	Abscheider	5	C	-	KW 15	26.03.xx	Metallschlauch fehlt
14 / xx	Aqua Classic	Filter-System	4	D	-	KW 15	31.03.xx	Manometer fehlt
14 / xx	Medo First	Druck-Behälter	2	A	-	KW 15	31.03.xx	Display fehlt
14 / xx	Cilla Neu	Durchfluss-Zähler	10	E	-	KW 15	01.04.xx	Zähler fehlt
14 / xx	Mara 10	Doppel-Filter	8	F	J	KW 16	03.04.xx	Stegleitung fehlt
⇩	⇩	⇩	⇩	⇩	⇩	⇩	⇩	⇩

LISTE WIRD AN INFO-TAFEL AUSGEHÄNGT

1) C-Teile fallen nicht unter diese Betrachtung.

4.2.2.1 Festlegung und Pflege der Wiederbeschaffungszeiten

Da der Pflege der Wiederbeschaffungszeiten eine große Bedeutung beikommt (falsche Wiederbeschaffungszeiten erzeugen entweder Fehlteile oder überhöhte Lagerbestände), müssen diese Daten im System permanent gepflegt werden (für alle Artikel, die nicht über Rahmenvereinbarungen abgerufen werden, oder anderen Vereinbarungen, die mit dem Lieferanten für einen bestimmten Zeitraum abgeschlossen wurden).

Das Instrument hierzu ist eine Festlegung von Wiederbeschaffungszeiten in Arbeitstagen oder Wochen[1)], die vom Einkauf permanent gepflegt und alle A- und B-Teile alle sechs bis acht Wochen aktualisiert an die Disposition zur Aktualisierung der Stammdaten (Wiederbeschaffungszeiten und Bestellpunkt, Nachschub auslösen J / N) mitgeteilt werden müssen.

Siehe Standard-Mail:
„Lieferzeitanfrage zur Festlegung und Pflege von Wiederbeschaffungszeiten".

Bild 4.6: *Festlegung und Pflege von Wiederbeschaffungszeiten*

Adressen-Feld

Lieferzeit-Anfrage

Sehr geehrte Damen und Herren,

um unserem ERP- / PPS-System präzise und aktuelle Daten zur Verfügung zu stellen, möchten wir Sie bitten, uns Ihre derzeitige Lieferzeit, bezogen auf die einzelnen Artikel, mitzuteilen.

Für den Fall, dass wir mit Ihrem Hause Rahmenaufträge abschließen, weicht möglicherweise die Lieferzeit für den Rahmenauftrag von der in Anspruch zu nehmenden Lieferzeit für die Abrufe ab. In diesem Falle bitten wir um entsprechende Unterscheidung.

Für umgehende Beantwortung der ausgefüllten Aufstellung sind wir Ihnen sehr dankbar.

Mit freundlichen Grüßen

Artikel-Nr. (IDENT-NR.)	Zeichnungs-Nr.	ME	Bezeichnung/ Bestell-Nr.	Lieferzeit in Wochen	Rahmenauftrag Abrufzeit in Wo.

1) Oder besser, es wird eine feste WBZ für einen bestimmten Zeitraum zwischen Lieferant und Kunde vereinbart.

4.2.2.2 Bestellpunktverfahren – Ist dies noch zeitgemäß?

Der Bestellpunkt (auch Meldebestand[1] genannt), ist eine Menge XX, die in den Artikel-Stammdaten hinterlegt wird. Sie wird bei jeder Brutto- / Nettobedarfsermittlung mit dem verfügbaren Bestand[2] abgeglichen, mit Ziel, bei Unterschreitung einen Nachschub auszulösen. Die Unterschreitung wird in Form einer Dispo-Übersicht angezeigt.

Bild 4.7: *Ermittlung des Wiederbestellpunktes / Meldebestandes[1]*

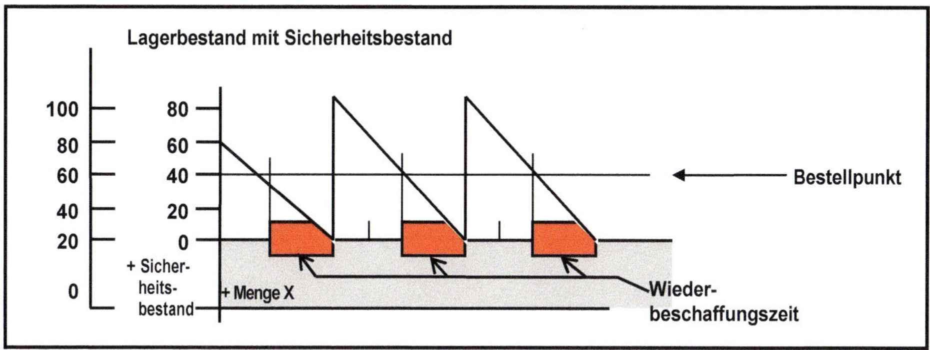

Formel:

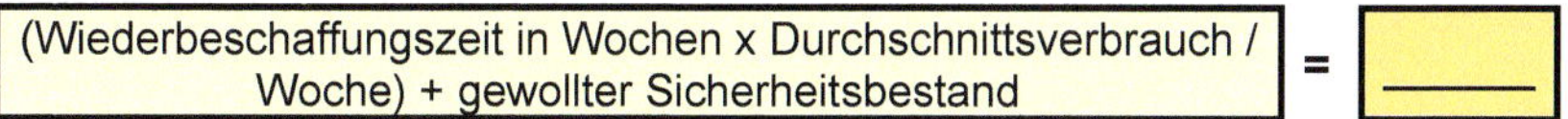
(Wiederbeschaffungszeit in Wochen x Durchschnittsverbrauch / Woche) + gewollter Sicherheitsbestand = ______

Bestellpunktverfahren kann zu überhöhten Beständen / Fehleiten führen

<u>Grund:</u>

a) Die Pflege dieser Stammdatenzahl wird häufig vernachlässigt (hoher Zeitaufwand), sollte alle 6 - 8 Wochen bzw. bei Bedarf sofort gepflegt werden.

b) Es besteht kein zeitlicher Zusammenhang zwischen Festlegung Bestellmenge zu echtem Bedarf in der Lieferstrecke. Die Kunden bestellen anders als gedacht, wodurch das ermittelte Mengen- und Termingefüge nicht mehr zufriedenstellend funktioniert. Die Disposition nach Reichweiten überwindet diese Fehlleistungen.

c) *Der größte Nachteil ist jedoch:*

Es wird eventuell eine Bedarfslawine vom Endprodukt, über Baugruppen, bis hin zum Einzelteil / Halbzeug erzeugt, der festgelegte Bestellpunkt wird unterschritten. Die Fertigung wird verstopft, erzeugt hohe Bestände, siehe nachfolgendes Beispiel.

[1] Hat auch andere Bezeichnung, z. B. Mindestbestand, Bestellbestand, Sicherheitsbestand o. ä.
[2] = Lagerbestand - Kundenbedarf + eigene Bestellmenge.

Problematik der bedarfsorientierten Disposition mittels Bestellpunktverfahren

Darstellung dieser Problematik anhand vier verschiedener Artikel mit ca. gleich großen Bestell- / Bedarfsmengen und Wiederbeschaffungszeiten.

Endprodukt / Baugruppe / Einzelteil / Halbzeug	Ident-Nr. A	Ident-Nr. B	Ident-Nr. C	Ident-Nr. D	usw. ...
Festgelegter Wiederbestellpunkt im PPS-System	100	120	110	150	
Bestand lt. Letzter Bedarfsrechnung	99	119	109	129	
Wiederbestellpunkt ist niederer als Bestand, also erzeugt PPS-System nach festgelegten Regeln Bestellvorschläge, die vom Disponenten in Fertigungsaufträge umgewandelt werden					
Ergebnis: Bestellmenge	200	220	210	240	
mit Starttermin Wo./J.	32/xx	32/xx	32/xx	32/xx	
und Endtermin Wo./J.	40/xx	40/xx	40/xx	40/xx	
Darstellung weiterer Kundenbedarfe, eingereiht in das terminliche Zeitraster, wann werden die Bedarfe tatsächlich benötigt (weitere Aufträge / Termin- / Mengenänderungen)					
Termin [1] / Kunden-aufträge / mit Menge					Was passiert in diesen 8 Wochen, von Auslösen der Bestellung bis Wareneingang kundenseitig in der heutigen Sofortgesellschaft und Änderungswut?
Wo. 32 A "	20	--	5	18	
Wo. 33 B "	10	--	5	12	
Wo. 33 C "	5	--	5	10	
Wo. 34 D "	15	--	--	2	
Wo. 34 E "	15	--	--	2	
Wo. 35 F "	10	--	5	2	
Wo. 36 G "	15	--	5	4	
Wo. 36 H "	10 xxx [2]	--	--	10	
Wo. 38 I "	10	--	1	10	
Wo. 39 K "	20	--	1	10	
Wo. 40 L "	10	--	8	--	
Ergibt Σ Bedarf bis Wo. 40	140	0	35	80	0
Ergibt Bestand in Wo 40 [1]	-41	119	74	49	0

Ergebnis der Dispo-Arbeit von Freitag Wo. 31 aus Sicht eines Lageristen, z. B. ↓ am Donnerstag Wo. 40	zu wenig und zu spät bestellt	wird nicht benötigt	wird in Wo. 40 nicht benötigt	o. k.	

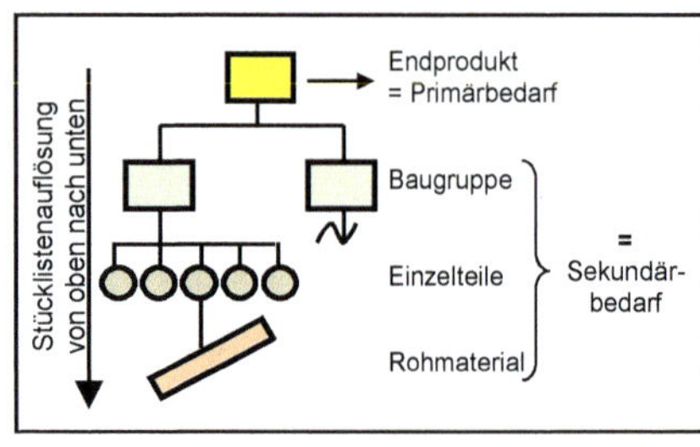

Was sich bei der analytischen Bedarfsermittlung über die Stückliste (wenn der Zufall es will), über sämtliche Strukturstufen des Sekundärbedarfes fortsetzen kann.
Erzeugt eine sogenannte Bedarfslawine, verstopft die Fertigung, erzeugt hohe Bestände bzw. im Einzelfall Fehlteile

1) ERP- / PPS-System erzeugt bei erneuter Unterdeckung / Unterschreitung des Wiederbestellpunktes neue Aufträge. Dieser Vorgang ist hier nicht dargestellt, da für Problembesprechung bedeutungslos.

2) Ab hier Unterdeckung.

Aussage:

Zum Zeitpunkt der Freigabe der Aufträge haben alle vier internen Aufträge die gleichen Start- und Endtermine auf den Bestellungen / Arbeitspapieren. Die Dringlichkeit nach Reichweiten, die sich durch weitere / laufend eingehende Kundenaufträge aber ergeben, lauten, Stand Wo. 40:

Artikel ID-Nr. A:	Hat Unterdeckung, Kundenaufträge können ab Wo. 36 nicht erfüllt werden
Artikel ID-Nr. B:	Wird quasi z. Zt. nicht benötigt, hat aber gleichen Termin wie A
Artikel ID-Nr. C:	Hat noch ca. 14 Wochen Reichweite
Artikel ID-Nr. D:	Hat noch ca. 5 Wochen Reichweite, o. k. – Dispo war in Ordnung

Resümee:

Wenn alle vier Aufträge termintreu gefertigt werden, werden u. a. Produkte hergestellt, die momentan nicht benötigt werden.

Übertragen Sie dieses Beispiel auf Ihr Unternehmen mit angenommenen 2.000 verkaufsfähigen Artikeln und den damit verbundenen Stücklistenauflösungen. Wenn es der Zufall will, werden über Baugruppen und Unterbaugruppen, bis hin zu Einzelteilen / Halbzeug, Bestellungen getätigt, also eine Bedarfslawine erzeugt, von Dingen, die man zu den angenommenen Zeitpunkten tatsächlich nicht oder nur teilweise benötigt.

Was bedeutet:

Verschwendung / falscher Einsatz von Personal und **Maschinenkapazität mit zu hohen Lagerkosten und zu langen Durchlaufzeiten**

Mit dem Ergebnis:

Die Auftragsflut verstopft die Fertigung, erzeugt ständig wechselnde Engpässe, die es u. a. nicht mehr ermöglichen die Artikel, die tatsächlich benötigt werden, rechtzeitig zu fertigen.

oder vereinfacht, aus Sicht des Lagerleiters ausgedrückt: Er erhält permanent Teile / Artikel, die er nicht benötigt, selten die, die er benötigt, was Frust im Lager erzeugt.

Es wird das Falsche, zum falschen Zeitpunkt produziert.

Wir haben eine hausgemachte Konjunktur.

Reichweitendisposition erzeugt diese Fehlleistungen nicht. Auch KANBAN-Systeme, die auf dem Saugprinzip aufgebaut sind, lösen nur dort Aufträge aus, wo auch Abgänge vorhanden sind. Wodurch automatisch auch nur das gefertigt wird, was auch benötigt wird.

4.3 C-Teile-Management – Das Supermarktprinzip für Industrie und Handel

Abbau von Geschäftsvorgängen und Erhöhung der Lieferbereitschaft durch neues Denken und Handeln in der gesamten Materialwirtschaft und Logistikkette von Lieferant bis Abnehmer.

Bei C-Teilen / -Materialien kann das Dispositionsverfahren gelockert werden. Es kann entweder

a) **Nach dem Zwei-Kisten-System gearbeitet werden,**
- Bestandsverantwortung liegt in den Händen des Lageristen

oder

b) **es werden nur komplette Abgänge nach**
- Menge pro Kiste / Lagereinheit / fixe Entnahmemengen

im körperlichen Bestand abgebucht[1]. Nachdispositionen erfolgen über einen festgelegten Wiederbestellpunkt, der großzügig ausgelegt ist. Die Festlegung der Bestellmenge erfolgt nach Vorgaben, z. B. max. Reichweite 3 - 4 Monate.

c) **Oder es wird ein so genanntes Bauhaus- / Regalservice- / KANBAN-Verfahren eingerichtet, das ähnlich dem Auffüllen eines Zigarettenautomaten funktioniert**

Alle IT-gestützten Bestandsführungsverfahren erfordern einen hohen Aufwand in Führung und Pflege der Systeme. Bei niedrigen Beständen kommt noch das Risiko von Fehlmengen / Fehlbeständen hinzu, durch:

- ▶ Bildschirmbestand entspricht nicht dem Lagerbestand vor Ort,

was für die geforderte Flexibilität und Liefertreue ein verhängnisvoller Zielkonflikt ist.

Gelöst werden kann dieser Zielkonflikt durch die Einführung von so genannten Bauhaus- / Regalserviceverfahren und / oder KANBAN-Systemen, wie sie im Handel bereits üblich sind, die Kosten senken (Abbau von Geschäftsvorgängen, wie z. B. Buchungs- und Bestellvorgänge, bei gleichzeitiger Erhöhung der Verfügbarkeit).

Supply-Chain-Management-Verfahren (SCM-Systeme), auch selbst auffüllende Lager genannt, forcieren diesen Trend.

[1] Der Wert der abgebuchten Einheit wird dann im Regelfall auf eine Kostenstelle gebucht, z. B. Montage und erhöht somit geringfügig den Stundensatz.

Bild 4.8: *Darstellung der verschiedenen Ausprägungen von Regalserviceverfahren, auch Bauhaussysteme und KANBAN genannt*

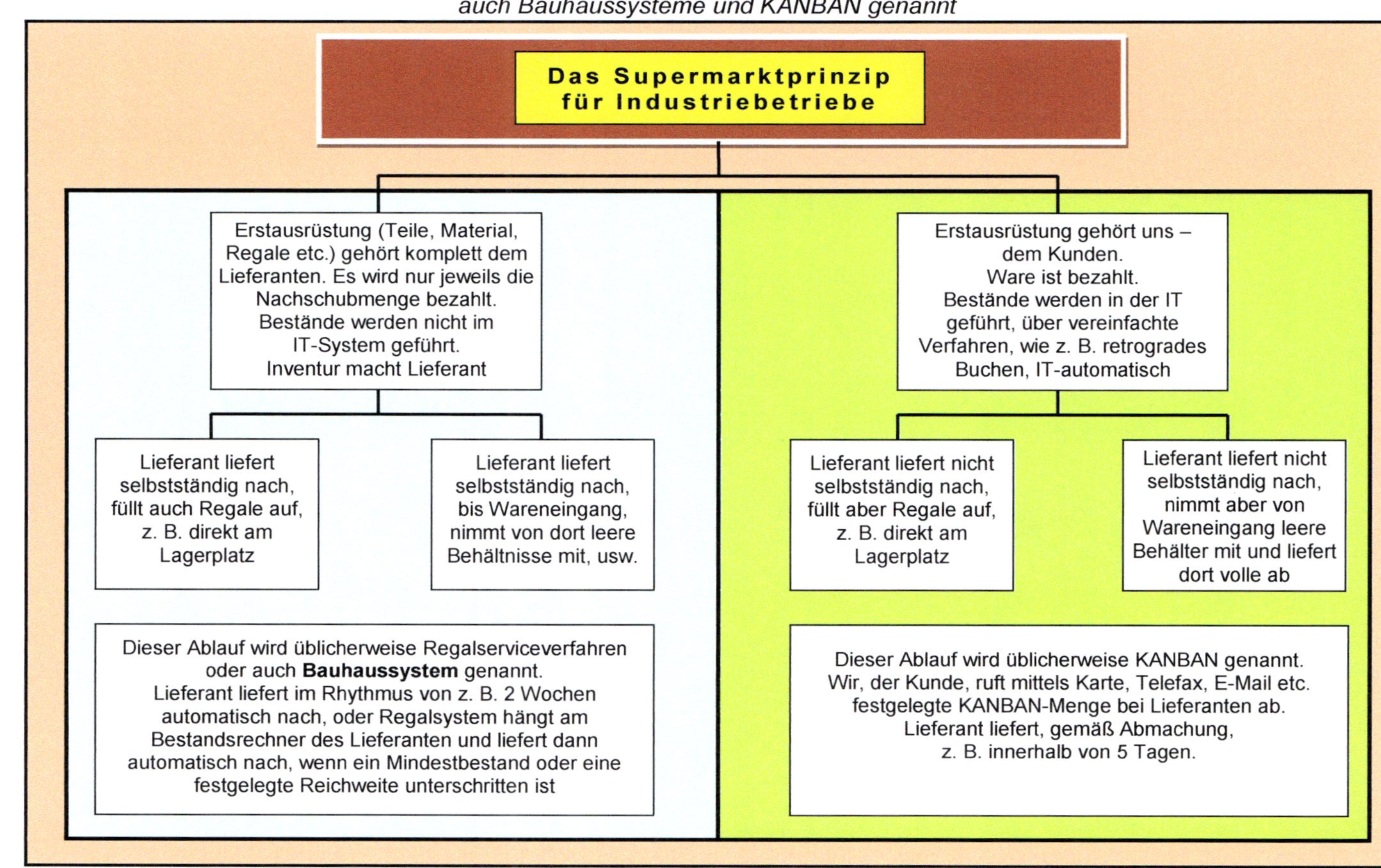

Durch den Einsatz von Waagen und Transponder- / RFID-Systemen können heute die Bestandsdaten über Internet dem C-Teile-Logistiker / der Lieferfirma zugespielt werden, damit er seinen Einsatz variabler gestalten kann (E-Business).

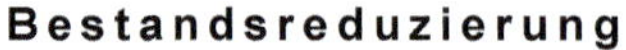

Auswirkungen von Regalservice- / Bauhaus- / KANBAN-Systemen auf die Logistik / Logistikleistung des Unternehmens

Bestandsreduzierung

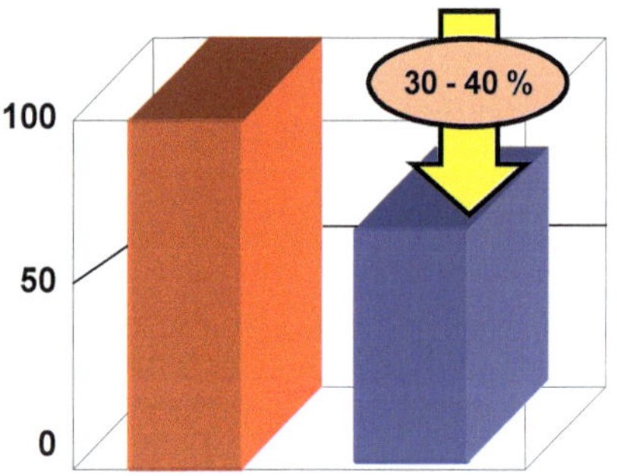

Durchlaufreduzierung

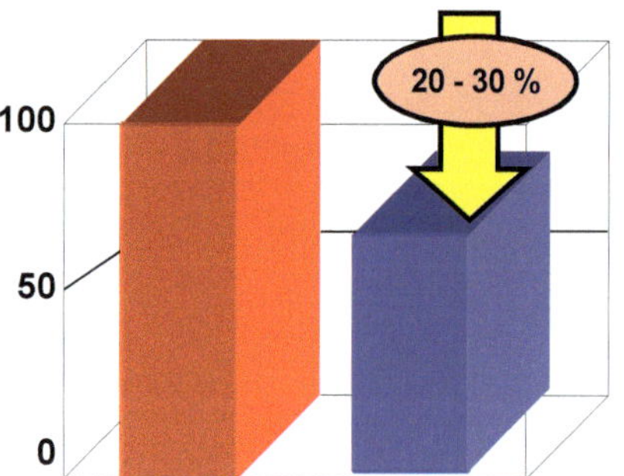

- Konzentration auf wenige Lieferanten
- Keine Disposition
- Erhöhung der Termin- und Liefertreue
- Keine Störungen des Produktionsablaufes
- Erhöhung der Lieferbereitschaft
- Senkung des operativen Beschaffungsaufwandes, keine Bestellung, keine WE-Kontrolle, kein Buchen

- Just-in-time-Lieferung
- Reorganisation der internen Logistik vom Einzelteil bis zur Baugruppe
- Senkung der Wiederbeschaffungszeiten
- Es ist immer das Richtige in richtiger Menge da
- Reduzierung der Logistikkosten

Bei dieser Art der Nachschubautomatik muss eine entsprechende Kennung in den Stammdaten hinterlegt werden und das System wird auf eine rein körperliche Bestandsführung (nur Zugangs- und Abgangsbuchungen) für KANBAN-Teile umgestellt, wobei die Abgangsbuchungen meist so eingestellt sind:

> Zentrallager → Umbuchen auf Produktionslager – bei Fertigstellung retrogrades Abbuchen von PL-Lager, bei paralleler Zugangsbuchung auf Versand- / Fertigwarenlager.

Sofern die Erstausstattung noch dem Lieferanten gehört, entfällt eine Bestandsführung komplett. Es gibt nur eine Dummy-Bestellung, damit die Rechnungen vom Lieferanten bezahlt werden.

Vorteilsrechnung bei Belieferung nach dem Bauhaus- / Regalservice- / Supply-Chain-Verfahren

Weitere Vorteile, außer einer 100 % Verfügbarkeit, sind:

1. Vorteile

Reduzierung der Lagerkosten	**Reduzierung der Logistikkosten**
◆ Lagerfläche	◆ nur noch ein Lieferant
◆ Kapitalbindung	◆ bedarfsorientierte Lagerhaltung
◆ Lieferanten - Kommissionslager	◆ Reduzierung der Artikelvielfalt
◆ Verbesserung der Liquidität	◆ Überarbeitung der Klassifizierung

2. Berechnung der Einsparung von Geschäftsvorgängen auf der Basis von Prozesskosten (berechnet nach Zeitaufwand x 0,50 € / Minute Vollkosten)

2.1 Rechnungsprüfung und Buchung

5,00	€ / RE	Rechnung prüfen (Einkauf)
+ 2,00	€ / RE	Rechnungsduplikat ablegen (Einkauf)
+ 6,00	€ / RE	Rechnung kontieren und buchen (Buchhaltung)
+ 4,00	€ / RE	Zahlungsbeleg erstellen und prüfen (Buchhaltung)
+ 2,00	€ / RE	Rechnung ablegen (Buchhaltung)
19,00	€ / RE	Kosten einer Rechnung

Ergibt Einsparungen:

ohne KANBAN	280 Rechnungen / Jahr x 19,00 / RE	= €	5.320,00
mit KANBAN	12 Rechnungen / Jahr x 19,00 / RE	= €	228,00
Ergibt Summe Einsparung Rechnungsprüfung / Buchung / Jahr		= €	5.092,00

2.2 Lieferantenpflege

300,00 € Pflege eines Lieferanten pro Jahr im Einkauf
100,00 € angesetzt werden 30 % des Betrages bei KANBAN- / Regalserviceverfahren

Ergibt Einsparungen:

ohne KANBAN	28 Lieferanten x	€ 300,00	= €	8.400,00
mit KANBAN	2 Lieferanten x	€ 100,00	= €	200,00
Ergibt Summe Einsparung Lieferantenpflege / Jahr			= €	8.200,00

2.3 Beschaffen

30,00 € / BE Disponieren und Beschaffen, incl. Bestellung auslösen
10,00 € / BE Terminverfolgung
40,00 € / BE für einen Dispo- und Beschaffungsvorgang

Ergibt Einsparungen:

ohne KANBAN	250 Bestellungen x	€ 40,00	= €	10.000,00
mit KANBAN	0 Bestellungen x	€ 40,00	= €	0,00
Ergibt Summe Einsparung für Dispo und Beschaffen			= €	10.000,00

2.4 Buchen / Wareneingang / QS - Sicherung

0,20	€ / Buchung	Abgangsbuchung entfällt, da solche Teile retrograd über Stückliste abgebucht werden
18,00	€ / WE	Annahme und Wareneingangsprüfung (Menge, Identität, Qualität)
3,80	€ / WE	Zugangsbuchung, incl. Ware zur Einlagerung bereitstellen und Lagerortbestimmung
22,00	€ / WE	gesamt Wareneingang und Lager

Ergibt Einsparungen:

ohne KANBAN	950 Position / Jahr x	22,00	= €	20.900,00
mit KANBAN	1.800 Positionen / Jahr x	[1] 0,00	= €	0,00
Ergibt Summe Einsparung für Wareneingang, incl. Einlagern und Zugangsbuchung			= €	20.900,00

[1] Lieferant ist AUDITIERT und liefert direkt an Arbeitsplätze

2.5 Inventur

4,00 € / Artikelnummer Inventurarbeit incl. IT-Eingabe und ggf. Bestandskorrektur
128 Artikelnummern x € 4,00 = € 512,00

Ergibt auch gleichzeitig die Ersparnis, da Inventur nicht mehr notwendig

3. Zinsersparnis

Angenommener Zinssatz 6 % p.a.
∅-Bestand dieser 128 Artikel p.a. insgesamt € 100.000,--
Ergibt Einsparungen:
5 % von 100.000,-- p.a. = € 5.000,--

4. Summe Einsparungen p.a., Pkt. 2.1 - 2.5 + 3 = € 49.704,00

5. Weitere Prozesskosten die eingespart werden können

35.00 € / Reklamation x Anzahl Vorgänge
15.00 € / Falschlieferung erfassen bzw. Fehlmengen bearbeiten
31.00 € / Umpackvorgänge, damit ordentlich eingelagert werden kann
260.00 € Preise verhandeln / Angebote bearbeiten

Sind bei der weiteren Betrachtung außer Acht gelassen, da sehr schwankende Vorgangszahlen

6. Mehrkosten für das eigene Unternehmen

Im Regelfalle null, bzw. manche Lieferanten bezahlen Miete für die von ihren Teilen in Anspruch genommene Fläche.

Grund: Lieferant selbst benötigt weniger Lagerplatz im eigenen Hause.

Und häufig fallen sogar die Teilepreise, da jetzt größere Mengen von einem Lieferant abgenommen werden.

Also weitere Einsparungen – keine Mehrkosten!

4.4 Zusätzliche Dispo-Kennzeichen als Dispositionshilfen – X / Y / Z

Ein weiteres, wichtiges Hilfsmittel zur Verbesserung der Dispositionsqualität ist folgende Zusatzinformation an den Disponenten bzw. das Hinterlegen eines zusätzlichen Dispo-Kennzeichens in den IT-Stammdaten nach der 1- / 2- / 3- bzw. X- / Y- / Z-Methode:

- **1** = Wiederholteil mit Mindestbestand + relativ gleichmäßiger Verbrauch **(X)**
- **2** = Sonderteil mit Wiederholcharakter nur für 1 Kunden, bzw. Verbrauch streut sehr, Mindestbestand 0 **(Y)** Die Fertigung erfolgt nach Reichweitenberechnungen laut Absprache Dispo – Vertrieb – Kunde.
- **3** = Reines Sonderteil oder sehr große Streuung = reine auftragsbezogene Fertigung, ohne Bevorratung, ohne Losgrößenberechnung. **(Z)**
- **4** = Ersatzteil: Interne Lösung je Firma **(ZZ)**

Für den Disponent ergeben sich dadurch folgende eindeutige Dispo-Vorgaben:

Bild 4.9: *Dispo-Kennzeichen nach Teile- / Materialklassifizierung*

<table>
<tr><th colspan="2" rowspan="2">Dispo-Vorgabe</th><th colspan="4">Zusatz-Dispo-Kennzeichen</th></tr>
<tr><th>Wiederholteil
geringe Streuung
1 (X)</th><th>Sonderteil mit Wiederholcharakter
größere Streuung
2 (Y)</th><th>Reines Sonderteil für z. B. nur 1 Kunde
+ große Streuung
3 Z (S)</th><th>Ersatzteil
4
(ZZ)</th></tr>
<tr><td rowspan="4">A - / B - / C - Klassifikation
K - für KANBAN, System geht davon aus, dass Teile immer vorrätig sind</td><td>A</td><td>Vorratshaltung: Ja
Mindestbestand: Lt. Vertriebsplanvorgabe bzw. lt. Servicegrad
Bestellmenge: Lt. echtem Kundenbedarf
Art der Bestellung: Punktgenaue Abrufaufträge</td><td rowspan="4">Vorratshaltung:
Ja

Mindestbestand:
Gemäß Servicegrad

Bestellmenge:
In Abstimmung mit Kunde über Vertrieb max. z. B. 1 - 2 Monate

Losgrößenberechnung möglich, Reichweitenberechnung gemäß freigegebener Liefereinteilungen, nach Rücksprache mit Kunde bzw. vorgegebener Umschlagshäufigkeit</td><td rowspan="4">Vorratshaltung:
Nein,
bzw. in Abstimmung mit Kunde

Mindestbestand:
0

Bestellmenge:

Reine, auftragsbezogene Fertigung, ohne Losgrößenberechnung</td><td rowspan="4">Nach Vorgabe bzw. festgelegtem Servicegrad</td></tr>
<tr><td>B</td><td>Vorratshaltung: Ja
Mindestbestand: Ja, lt. Servicegrad
Bestellmenge: Nach Reichweitenberechnung max. 2 Monate</td></tr>
<tr><td>C</td><td>Vorratshaltung: Ja
Mindestbestand: Ja
Bestellmenge: Lt. Losgrößenberechnung möglich, aber z. B. max. für 6 Monate</td></tr>
<tr><td>K</td><td>Oder besser (KANBAN) / C-Teile - Management, Lieferant liefert automatisch nach</td></tr>
</table>

Die früher praktizierte pragmatische 1- / 2- / 3-Klassifizierung wird heute

X- / Y- / Z-Analyse genannt

und in den ERP- / PPS-Systemen mathematisch auf der Basis große – kleine Bedarfsstreuung ermittelt. Mittels mathematischer Statistik, hier VARIATIONSKOEFFIZIENT (V) genannt, wird die Schwankungsbreite der Bedarfe in der Zeitachse ermittelt und danach Dispositionsverfahren und Servicegradhöhe bestimmt[1)].

Beispiel:

V = Verhältnis Standardabweichung S zu Mittelwert $\overline{X}$
Beispielrechnung (S 6,67 : $\overline{X}$ 20,67 = 0,32 = X-Artikel)
mit folgender Aussage:

- ► je kleiner die Schwankungsbreite = je regelmäßiger der Bedarf
- ► je größer die Schwankungsbreite = je unregelmäßiger der Bedarf

woraus sich folgende Einteilungen / Lieferbereitschaftsgrade für die Praxis ergeben:
(In Anlehnung an Prof. Dr. Ing. Dipl.-Wirtsch.-Ing. Helmut Ables, Fachhochschule Köln)

Schwankungsbreite	Ergibt Teileart [1)]	Andere / frühere Bezeichnung	Höhe des Si-Bestandes
≤ 0,33	X	Im Regelfalle[2)] Einser-Teile	Höher ↑
≤ 0,66	Y	Im Regelfalle[2)] Zweier-Teile	
≤ 1,00	Z	Im Regelfalle Dreier-Teile	↓ Niedriger
Artikel kommen nur sporadisch vor, weiterer Bedarf ist nicht absehbar	Auch S oder ZZ genannt	Immer Dreier-Teile	0 - auftragsbezogene Beschaffung
Alles unter Beachtung saisonaler Schwankungen und Trends. Dann gleiche Zeitfenster zur Berechnung heranziehen.			

Bild 4.10: *Je nach Unternehmen, Variantenfertiger, Auftragsfertiger, können die Anteile X-, Y-, Z- (S-) erheblich streuen [1)]*

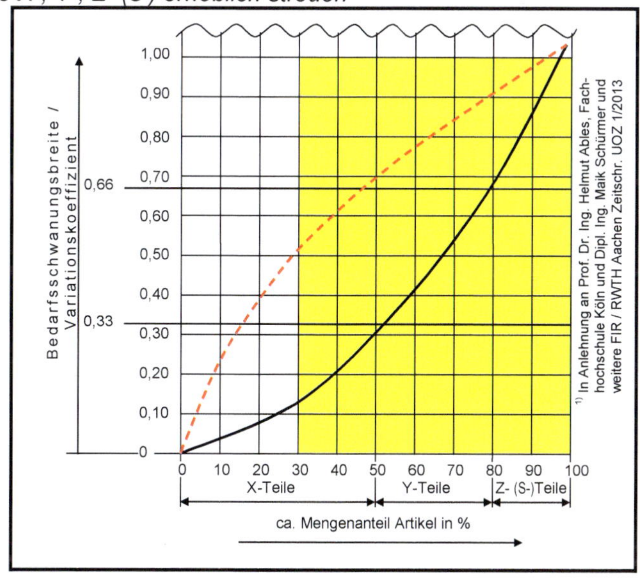

Rechenbeispiel:

Festlegung Teileart mit den Zahlen zur Bestimmung des Sicherheitsbestandes / des Servicegrades mittels mathematischer Statistik

STATISTIK						Man. Hilfsrechnung		
20xx		20xx		20xx		n	m i	mj-m
1	|	1	100	1		1	100	-138
2	|	2	124	2		2	124	-114
3	/	3	328	3		3	328	90
4	92	4	276	4		4	276	38
5	90	5	345	5		5	345	107
6	250	6	324	6		6	324	86
7	150	7	251	7		7	251	13
8	180	8		8		8	180	-58
9	200	9		9		9	200	-38
10	250	10		10		10	250	12
11	150	11		11		11	150	-88
12	330	12		12		12	330	92
	Berechnung der mittleren Abweichung ohne Berücksichtigung der Vorzeichen					Σ	2858	Σ 874
	m=2858:12=238	874:(n-1)=79,45				m	238	79,45
	Mittlere Abweichung (= n - 1)					79,45		
	Servicegrad für 84 % Sicherheit					m x 1,25=(S)		99,31
	Bearbeiter				Weber	s : m = V		0,42

Festlegung Teileart X - Y - Z

Werte	Mittelwert	Standard-abweichung S	Variations-koeffizient V	Ergibt Teileart
Von manueller Hilfsrechnung	99,31	238,00	0,42	Y
Mit Excel gerechnet	86,21	238,20	0,36	

Die Dispo muss in den Änderungsdienst mit eingebunden sein

Bild 4.11: *Berücksichtigung weiterer Wertigkeiten / Auftragsarten*

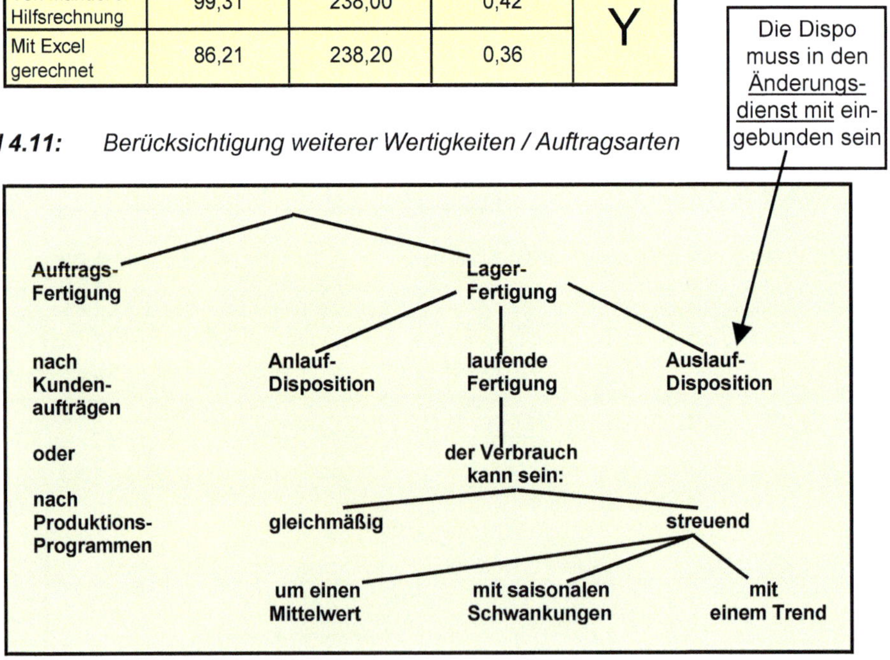

Auftrags-Fertigung

nach Kunden-aufträgen

oder

nach Produktions-Programmen

Lager-Fertigung

Anlauf-Disposition

laufende Fertigung

Auslauf-Disposition

der Verbrauch kann sein:

gleichmäßig

streuend

um einen Mittelwert

mit saisonalen Schwankungen

mit einem Trend

4.5 Ermittlung des Sicherheitsbestandes (Servicegrad-Faktor)

Der Sicherheitsbestand kann auf mehrere Arten berechnet werden. Diese reichen von einer einfachen Festlegung einer Zeitspanne, die mit dem Bedarf multipliziert wird (z. B. Eindeckung für einen halben Monat), bis zu statistischen Methoden, die die mittlere, absolute Abweichung als Sicherheitsfaktoren heranziehen. Siehe Punkt „Servicegrad – Mathematische Bestimmung".

Speziell im Bereich des Sicherheitsbestandes befinden sich hohe Ansätze zur Bestandssenkung.

In der Praxis wird als Sicherheitsbestand häufig die Eindeckung für 1 - 2 Wochen[1)] verwendet.

			Wird verwendet bei
a)	Sicherheitsbestand =	Eindeckung für 1 - 2 Wochen [1)]	termintreuen Lieferanten

Hier ist besonders darauf zu achten, dass bei steigendem Bedarf und Verlängerung der eigenen Lieferzeit die Reserven über z. B. Lagerbestand **:** Ø Verbrauch/Monat die Größe von zwei Monaten nicht übersteigt, bei z. B. einem gewollten Lagerumschlag von 6 x / Jahr, also das Sicherheitspolster beim Lieferanten hinterlegt wird.

Weitere gebräuchliche Grobverfahren sind:

			Wird verwendet bei	
b)	Sicherheitsbestand =	50 % des Verbrauches während der Wiederbeschaffungszeit	weniger termintreuen Lieferanten	
c)	Sicherheitsbestand =	100 % des Verbrauches während der Wiederbeschaffungszeit	sehr lieferuntreuen Lieferanten	2)

Wobei, je nach Lieferant, entweder nach a), b), c) verfahren bzw. bei der Durchrechnung eines Zahlenbeispiels ersichtlich wird, dass Fall c) den Wiederbestellpunkt und somit die Verzinsung so in die Höhe treibt, dass es eigentlich unsinnig wird, bei solch einem Lieferanten einzukaufen.

1) oder 1 - 2 Tage, je nach Liefertreue der Lieferanten und Anlieferzyklus.
2) neuer Lieferant erforderlich!

Mathematische Bestimmung des Sicherheitsbestandes oder der Servicegrad als das wesentliche Kriterium zur Bestimmung der Bestandshöhe

Jeder Disponent hat das Bedürfnis, gegenüber dem Verkauf möglichst immer lieferbereit zu sein. Dies bedeutet in der Praxis, dass er häufig mit überhöhten Beständen und hohen Sicherheitsreserven arbeitet.

Insbesondere dann, wenn bei Unterdeckung dem Disponenten Fehlverhalten vorgeworfen wird. Die tatsächlichen Gründe können aber sein:

- hohe Mengenschwankungen in den Bedarfen,
- hohe Schwankungen in den Wiederbeschaffungszeiten,
- vom Vertrieb zu kurzfristig zugesagte Liefertermine mit der Auswirkung: **„Die Teile wegstehlen"**, von Auftrag A für neuen Auftrag X.

Diese Problematik ist u. a. lösbar, mit dem Instrument „Servicegrad".

Der Servicegrad in Abhängigkeit der Bedarfsschwankungen kann mathematisch ermittelt und somit vorgegeben werden.

Bild 4.12: *Servicegradfaktoren zur Bestimmung des Servicegrades nach Gaußscher Normalverteilung*

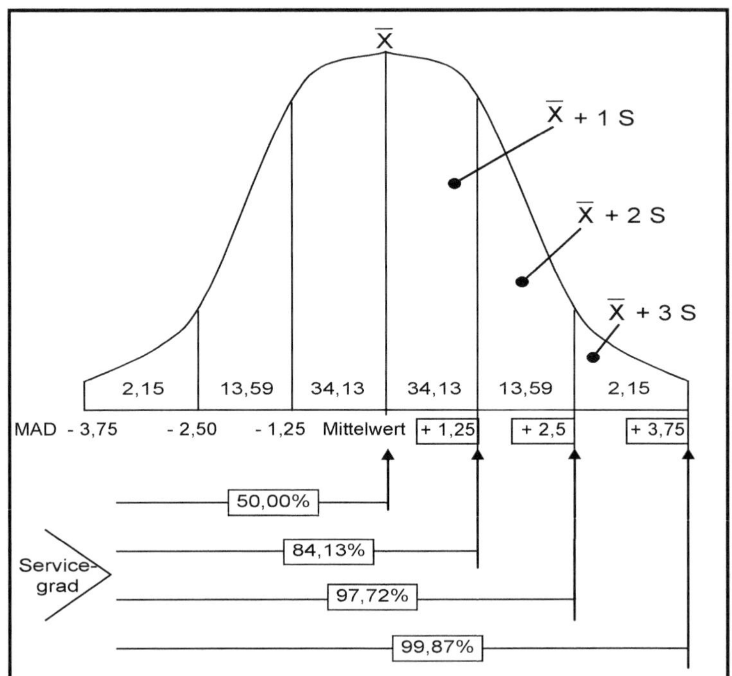

Mit dieser Messzahl des Lagerservices ist es möglich:

1. Den gewünschten Servicegrad in Form der zulässigen Unterdeckung pro Jahr festzusetzen, oder

2. den Prozentsatz der Bestellabläufe, die keine Unterdeckung aufweisen sollen, zu berechnen und diesen Prozentsatz zur Ermittlung des richtigen Sicherheitsfaktors heranzuziehen.

Sofern diese Art der Si-Bestandsrechnung nicht in Ihrem Warenwirtschaftssystem enthalten ist, kann dies mit Hilfe einer Excel-Tabelle am einfachsten berechnet werden.

Achtung: Hohe Sicherheitsbestände treiben die Bestände um das X-fache nach oben, insbesondere bei langen Wiederbeschaffungszeiten und hohen Bedarfsschwankungen. Deshalb:

- Legen Sie eine vertretbare Lieferbereitschaft je Artikel / Warengruppe fest
- Akzeptieren Sie in Einzelfällen Null-Bestand

Ziel muss sein, Lieferanten halten für uns Vorräte, wir rufen nach KANBAN-Regeln ab. Senkt Bestände und steigert Servicegrad auf 100 %, ohne Mehrkosten. Der Sicherheitsbestand im eigenen Lager kann auf null gesetzt werden.

Art der Sicherheits- / Mindestbestandsabsicherung bei den Lieferanten ergibt:

Lieferbereitschaftsgrad	↓	Niedriger	
Ware liegt bei Lieferant / über Sicherheitsbestand abgesichert	**NIEDRIG**		Über Sicherheits-bestand abgesichert
Ware liegt bei Lieferant, körperlich reserviert für uns	**MITTEL**		Bei Lieferant körperlich für uns reserviert
Ware liegt bei uns im Unternehmen, gehört noch Lieferant Konsignationslager	**HÖHER**		Gehört noch Lieferant
In Abstimmung mit Kunde Ware liegt bei uns im Unternehmen, gehört uns, Lieferant liefert nach Min.- / Max.-Prinzip selbstständig nach	**OPTIMAL FÜR LIEFERANT + KUNDE**	Hoch	Lieferant liefert nach Min.- / Max.-Prinzip selbstständig nach

4.6 Ersatzteilmanagement / Disposition von Ersatzteilen

Für die Disposition / Lagerhaltungshöhe von Ersatzteilen lassen sich kaum Regeln aufstellen. Die Handhabung hängt größtenteils von der Unternehmensphilosophie / dem Zwiespalt ab, was will das Unternehmen:

- Eine hohe Verfügbarkeit, damit eine umgehende, termingerechte Versorgung sichergestellt ist.
  Mit dem Ergebnis: Hohe Lagerhaltungskosten, aber geringe Maschinenstillstandszeiten.
- Eine geringere Verfügbarkeit, mit dem Risiko, dass höhere Maschinenstillstandszeiten im Schadensfalle in Kauf genommen werden müssen.

Es sei denn, es können mit den Lieferanten / Maschinenherstellern KANBAN- / Konsignationslager oder besser, ein so genanntes Zentrales Informationsmanagement mittels IT-Plattform, *„BEI WEM LIEGT WAS?"* eingerichtet werden.

Bild 4.13: *Die gesamte Problematik kann am einfachsten anhand eines Entscheidungsmodells dargestellt werden:*

Kriterium	Ausprägungen[1] (mit beispielhaften Gewichtungsfaktoren)		
	hoch	mittel	niedrig
Wiederbeschaffungszeit	4	2	1
Preis	1	2	3
Bedarfsregelmäßigkeit	1	2	3
Lagerhaltungskosten	1	2	3
Haltbarkeit	4	2	1
Lieferzuverlässigkeit	1	2	3
Stillstandskosten	6	3	1
Funktionsrisiko	6	3	1

1) Quelle: Zeitschrift ZWF 12 / 03
Carl Hanser Verlag,
Autor Dipl.-Ing. K. Kaiser,
Dipl.-Ing. M. Vogel, Dipl.-Ing.
A. Werding

Nach der Höhe der Punktezahl wird dann die Lagerhaltungsstrategie für einzelne Teile oder Teilegruppen festgelegt.

Natürlich müssen noch weitere Einflussfaktoren Beachtung finden, wie z. B.:

- Lagerkapazität / Lieferant Helfer in der Not
- sowie Liquiditätsfragen grundsätzlicher Art
- Vertragliche Regelungen mit Kunden

Kenntnisse über Anzahl eingesetzter Anlagen, deren Laufstunden bzw. planmäßige Wartungen / Generalüberholungen, also Daten, wie sie aus modernen Instandhaltungsprogrammen geliefert werden, erleichtern die Arbeit wesentlich.

Eine völlig andere Strategie ist, das Ersatzteillager gegen null zu setzen und mit Unternehmen in der Nähe vertraglich zu vereinbaren, dass notwendige Reparaturen / Ersatzteile innerhalb von z. B. 24 Stunden, oder weniger, hergestellt / in einwandfreier Qualität geliefert werden. Ein höherer Stundensatz in der Bezahlung kann das Lockmittel sein.

4.7 Problem Minusbestände im verfügbaren Bestand bei Vorratswirtschaft

Problem: System reserviert innerhalb der WBZ im verfügbaren Bestand ins Minus bei Vorratswirtschaft

Manche Warenwirtschaftssysteme sind so eingestellt, dass bei **Vorratsteilen** innerhalb der Wiederbeschaffungszeit ins Minus reserviert werden kann. Es entsteht bei terminlich nachfolgend bereits zugesagten Aufträgen innerhalb der Wiederbeschaffungszeit **UNTERDECKUNG**. Dies bedeutet, es werden Teile für einen bereits bestätigten Auftrag weggestohlen. Dies ist **NICHT** zulässig und führt zu Problemen in der Liefertreue (Flexibilität bedeutet nicht Chaos). Es sei denn, der Artikel wird rein *auftragsbezogen* beschafft / gefertigt. Dort wird ins Minus reserviert (Stammdateneinstellung).

Bild 4.14: *Artikelkonto eines Vorratsteiles*
Kennung z. B. B 1 (B X)

Mat.-Nr. 030.0507.0	von Termin Wo.20 xx	bis Termin Wo.30 xx		
Bezeichnung:		TRANSFORMATOR EI 30/12.5 220/24 V 1,2 VA		Datum: 13.06.xx
Lagerbest. 355,00		Verf. Bestand -38.645,00	Wiederbestellpunkt 1.500,00	
Termin		**Bedarf**	**Bestellt**	**Verfügbar**
20	xx	0,00	4.000,00	4.355,00
21	xx	3.000,00	0,00	1.355,00
22	xx	0,00	0,00	1.355,00
23	xx	2.500,00	0,00	-1.145,00
23	xx	0,00	5.000,00	3.855,00
25	xx	3.000,00	0,00	855,00
↓	↓	↓	↓	↓
42	yy	4.000,00	0,00	-23.645,00
43	yy	0,00	0,00	-23.645,00
44	yy	0,00	0,00	-23.645,00
45	yy	3.000,00	0,00	-26.645,00
46	yy	0,00	0,00	-26.645,00
47	yy	0,00	0,00	-26.645,00
48	yy	0,00	0,00	-26.645,00
49	yy	0,00	0,00	-26.645,00

In dieser Zeitachse, WBZ 20 AT, darf nicht automatisch ins Minus reserviert werden
Hinweisfeld **KLÄRUNG** notwendig

Merksatz:
Im verfügbaren Bestand darf bei *Vorratsteilen* innerhalb der Wiederbeschaffungszeit nicht ins Minus reserviert werden. Bei *Sonderteilen* (kein Vorrat gewollt) muss ins Minus reserviert werden.
Stammdateneinstellung je Artikelnummer

Je Artikelnummer kann in den Stammdaten hinterlegt werden, ob dies zugelassen werden soll [J] [N]
Haken entsprechend setzen

4.8 Restmengenmeldungen verbessern die Bestandsgenauigkeit und senken die Bestände

Niedrigere Bestände erfordern genauere Bestandsführung über die aktuelle Situation.

Die Einführung von so genannten Restmengenmeldungen, die automatisch vom PPS System in den Barcode-Scanner eingestellt werden, oder vom Lagerverwalter bei Erreichen einer überschaubaren Bestandsmenge im Warenwirtschaftssystem überprüft werden, erhöht die Sicherheit, dass

a) die Bestände stimmen, die Kontenauskünfte also glaubhaft sind,

b) Bestandsdifferenzen zwischen Buchungsbestand und körperlichem Bestand am Lager frühzeitig erkannt, rechtzeitig reagiert werden kann und es so nicht zu ärgerlichen Fehlbeständen überhaupt kommt.

Bildquelle: *Datalogic GmbH, 73268 Erkenbrechtsweiler*

Außerdem kann das System Restmengenmeldung so ausgebaut werden, dass es eine ähnliche Funktion wie das KANBAN-System erhält. In Verbindung mit der permanenten Inventur erhöht dies wesentlich die Genauigkeit der Bestandszahlen.

Differenzkonto

Bei dieser Organisationsform führt der Lagerleiter auch das Differenzkonto in eigener Verantwortung.

Durch Vorgabe von Obergrenzen:

- Die Gesamtabweichung darf über das Jahr gesehen nicht mehr als X % vom Gesamtbestand überschreiten

und

- eine einzelne Abweichung über X € muss gemeldet und genehmigt werden (Ursachenforschung ist angesagt).

Außerdem kann mit diesem System, das letztlich funktioniert wie eine permanente Inventur, auf eine so genannte Stichtagsinventur verzichtet werden, sofern die IST-Meldungen als Inventurdatum entsprechend vermerkt werden und dieses Verfahren mit der Finanzbehörde/dem Wirtschaftsprüfer abgesprochen ist. Für die Bilanzierung reicht dann eine so genannte Stichprobeninventur / -prüfung durch das testierende Wirtschaftsprüfungsinstitut.

Sicherheitsbestand auf null setzen

Wenn eine Lagerbestandsgenauigkeit von 98 % sichergestellt ist, kann der Sicherheitsbestand auf null gesetzt werden bzw. auf 1 - 2 AT reduziert werden, was eine weitere Bestandsreduzierung bedeutet. (Je nach Liefertreue der Lieferanten.)

Weitere Bestandsarten / Kennungen

Der Disponent muss zum Zwecke einer geordneten Materialwirtschaft mit minimierten Beständen Kenntnis haben über

- den Bestellbestand, getrennt nach Eigenfertigung und Fremdbezug je Artikelnummer im terminlichen Zeitraster,
- Werkstattbestand (Bestand, der aus dem Lager zwar entnommen ist, aber im Rahmen einer Bereitstellung, z. B. nach KANBAN-Prinzipien (ein voller Behälter / Palette wird bereitgestellt), nicht in voller Höhe für den Auftrag benötigt wird),
- Wareneingangsbestand (Warenzugang, der noch nicht freigegeben ist[1)]),
- Bestände im Sperrlager laut Qualitätskontrollmerkmalen[1)],
- Sicherheits- / eiserner Bestand: Dies ist der Bestand, der eigentlich nicht unterschritten werden darf und der eine sofortige Nachschub-Anmahnung auslösen muss,
- (bei flexibler (chaotischer) Lagerführung) Gesamtbestand sowie Bestand pro Lagerfach / -ort,
- Bereitstellbestand (bei Versandlager bereits entnommen, für Kunde reserviert, aber noch nicht verladen).

Sowie für die tägliche Arbeit, gemäß Bestellvorschlagsübersicht (Mindestanforderung):

- Verfügbarer Bestand im terminlichen Zeitraster
- körperlicher Bestand / Sicherheitsbestand
- Mengeneinheit (Stück, kg, Liter, oder ... ?)
- Reichweite und aktuelle Wiederbeschaffungszeit
- Bei Abrufaufträgen (bei Lieferanten) Restabrufmenge
- Min- / Max.-Bestand / Soll-Drehzahl / Umschlagshäufigkeit
- Farbige Hinweisfelder mit Datum für Vorziehen / Hinausschieben von Bestellungen / Fertigungsaufträgen, entstanden durch kurzfristige Kundenänderungen in Menge und Termin
- A-, B-, C- / X-, Y-, Z-Teil / Ersatzteil
- Verkettungshinweis
- Menge / Verpackungseinheit / Losgröße / Fixe Bestellmenge
- Trend / Prognosefaktor
- Verbrauch der letzten Perioden mit größtem und kleinstem Wert und Streuung sowie vergleichbare Perioden in der Vergangenheit
- aktuelle Wiederbeschaffungszeit

[1)] Ware darf nicht länger als ein Arbeitstag im Wareneingang, bei der QS-Abteilung, auf dem Sperrlager liegen. Sofortiges bearbeiten, klären ist Pflicht. Wenn Feierabend ist, muss der Wareneingang / das Sperrlager „besenrein“ sein.

4.9 Festlegen und Pflegen der Teile-Stammdaten für die erforderlichen IT-Systemeinstellungen / Dispositions- und Beschaffungsregeln

Voraussetzung für eine zeitgemäße Materialwirtschaft, Auftrags- und Terminplanung / Fertigungssteuerung mittels PPS- / ERP-System, ist eine nutzwertorientierte Parametrisierung der Stammdaten. Eine regelmäßige Pflege, Anpassung an veränderte Gegebenheiten ist für die zuständigen / verantwortlichen Sachbearbeiter ein MUSS.

- Falsch eingestellte bzw. nicht gepflegte Stammdaten / Arbeitsdatenmanagement erzeugen Überbestände, Fehlleistungskosten und ungenügende Lieferbereitschaft. Es fehlt immer etwas.

- Nicht gepflegte Arbeitsgrundlagen, extern / intern, überholte Losgrößen-, Mindestbestellmengenvorgaben tun ein Übriges.

- Abgestimmte Lieferbereitschaftsgrade (Servicegrade) / das Denken in Wellen, bezogen auf das jeweilige Endprodukt mit den darunter liegenden Baugruppen / Einzelteilen helfen, die richtigen Einstellungen zu finden.

- Stellen Sie Ihr System auf „Disponieren nach Reichweiten“ ein. Bei dieser Dispo-Art ist das Denken in Wellen sichergestellt und die Bestellmengen passen sich dem tatsächlichen Bedarf / Verbrauch an. Bei der Dispo-Einstellung / Nachschubautomatik mittels Meldebestand / Wiederbestellpunkt wird über Baugruppen / Unterbaugruppen etc. eine Bedarfslawine erzeugt, die mit der realen Bedarfswelt nichts zu tun hat. Die Kunden bestellen doch anders als gedacht. Die Bestände werden nach oben getrieben und die Fertigung verstopft.

- Lassen Sie das Warenwirtschaftssystem bei Vorratswirtschaft innerhalb der Wiederbeschaffungszeit nicht ins Minus reservieren. Flexibilität und Chaos liegen nahe beieinander.

- Prüfen Sie, was für Ihre Belange das bessere Dispo-System ist:

  - Bedarfsorientiert – Push-System
  - Verbrauchsorientiert – Pull-System, auch SCM - KANBAN genannt

  Je nach Randbedingungen in Fertigung bzw. Lieferant kann dies pro Produkt / Stücklistenposition unterschiedlich sein.

- Korrigieren Sie Ihre Durchlaufzeiten nach unten, mittels auf null setzen von so genannten Liege- / Pufferzeiten im ERP- / PPS-System.

  Kurze Wiederbeschaffungszeiten / Durchlaufzeiten vermindern das Working Capital in der Fertigung, erhöhen die Flexibilität, reduzieren die Bestellmengen und Bestände. Der Teufelskreis

  mehr Umsatz → mehr Lagerbestand wird durchbrochen.

- Nutzen Sie Ihr IT-System besser, lassen Sie Ihre Lieferanten für Sie disponieren, mittels Supply-Chain-Möglichkeiten in der Warenwirtschaft.
  Ein Gewinn für Kunden und Lieferant.

- Geben Sie Fertigungsaufträge so spät wie möglich und nicht so früh wie möglich frei.

  Und stellen Sie Ihre Fertigungssteuerung von einer reinen Start- und Endterminbetrachtung um in ein Priorisierungssystem nach Punkten, von z. B. 1 - 10, und legen Sie danach Ihre Produktionspläne fest.

  Es wird nur das gefertigt, was auch tatsächlich gebraucht wird. Die Bestände und Durchlaufzeiten werden weiter reduziert, bei wesentlicher Verbesserung der Liefertreue.

- Zu prüfen ist auch, ob der Vertrieb durch frühzeitige / schematisierte Freigabe von einmal festgelegten Planmengen[1)] und die Disponenten durch zu große Lose das Unternehmen in Liquiditätsengpässe treiben,

  d e s h a l b

- schulen und qualifizieren Sie Ihre Mitarbeiter in den Bereichen Auftragsabwicklung, Disposition, Beschaffung, Arbeitsvorbereitung / Fertigungssteuerung in Theorie und ERP- / Systempraxis. Nur so können Sie erkennen, wo in den Stammdaten und durch logisches / verantwortungsbewusstes Arbeiten angesetzt werden muss, damit das System optimal funktioniert,

  u n d

- Stammdatenverwaltung, wer ist für welche zuständig, eindeutig festlegen

  dass erkannt wird, was durch schludriges Arbeiten / *Es-sich-zu-einfach-Machen*, in der MAWI bezüglich Liquidität angerichtet werden kann.

  Beispiel:

  ▶ Abrufe / Liefereinteilungen der Kunden, werden ohne Rückfrage, ob der Kunde die Ware zu diesem Zeitpunkt in der Menge überhaupt benötigt, in Fertigungsaufträge umgesetzt. Eine Katastrophe bezüglich Bestände und Kapazitätsauslastung.

Beispielhafte Auszüge *„Stammdaten zielorientiert Einrichten und Pflegen, Datenqualität verbessern“*,
finden Sie unter Punkt 7. dieses Buches.
Ob diese Infos / Arbeitsanweisungen direkt im jeweiligen Stammdatenfeld hinterlegt, oder in Papierform erstellt sind, ist nicht das Wesentliche.
Die Mitarbeiter müssen sich daran halten.

[1)] ohne Prüfung, ob die Planmengen in Menge und Termin auch tatsächlich so benötigt werden.

4.10 Einbeziehung der zukünftigen Trendentwicklung in die Bestellmengenrechnung

Wird von einem bestimmten Teil zu wenig erzeugt, können Aufträge verloren gehen. Wird zu viel produziert, wird Geld vergeudet, also scheint eine Vorhersage unentbehrlich, um den zukünftigen Bedarf während der Wiederbeschaffungszeit von Teilen zu bestimmen.

Es gibt zwei grundsätzliche Methoden zur Vorherbestimmung des Bedarfes:

SCHÄTZUNG und VORHERSAGE.

- Die Schätzung ist eine begründete Annahme und umfasst nicht die geordnete Verwendung numerischer Daten.
- Die Funktion der Vorhersage liegt in der Untersuchung des Bedarfsverlaufes der Vergangenheit und in der Vorausbestimmung für einen gewünschten Planungszeitraum, z. B. Saison oder ein Jahr.
- In neueren Dispo-Programmen sind Vorhersage- / Trendprogramme installiert, die meist auf mathematischen Beziehungen zwischen den Mittelwerten aus der Vergangenheit, mit dem Mittelwert der Gegenwart aufbauen und durch entsprechende Gewichtung dieser Werte, eine zukünftige Trendentwicklung errechnen.

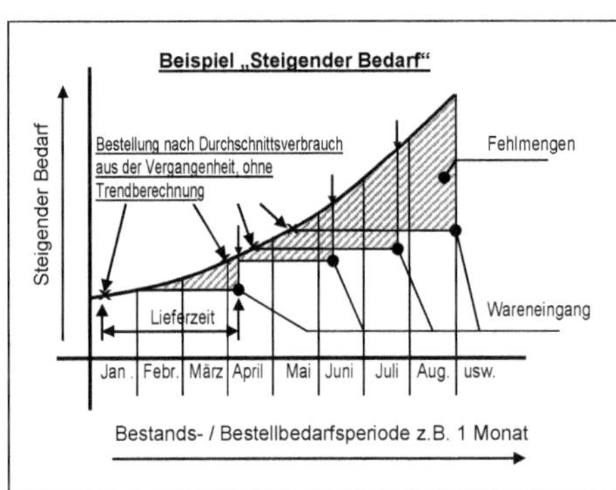

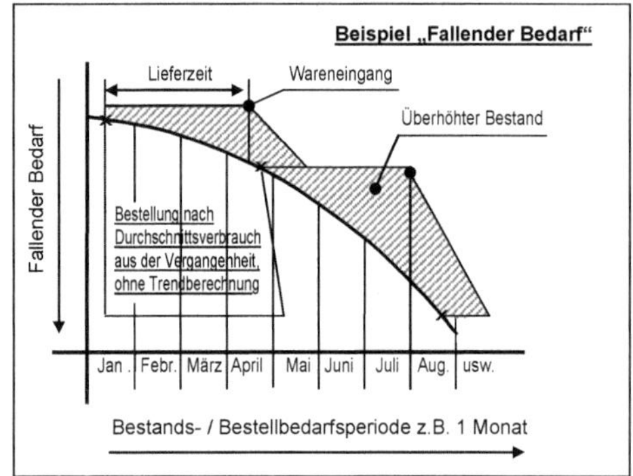

Z. B. Trendberechnung aus Gewichtung der letzten Monate

Eine Möglichkeit der mathematischen Trenddarstellung, ist die Ermittlung des Durchschnittsverbrauches aus den letzten 12 Monate (oder vergleichbare Perioden, bei Artikel mit saisonalen Schwankungen), mit einer Gewichtung der letzten drei Monate.

Beispiel:

Monat	1	2	3	4	5	6	7	8	9	10	11	12
Ø-Verbr./Mo.	20	22	30	15	13	25	28	16	20	23	30	29
Ø	**Ø 21,0**									**Ø 27,3**[1)]		

[1)] ggf. gewichtet mit einem Trendfaktor, z. B. mode- / saisonbedingt.

Bild 4.15: *Trendberechnung mittels exponentieller Glättung*

Darstellung: *Gewichtung der Daten bei Glättungskonstante 0,1 (je nach Trend / saisonal / Mode etc. können die Gewichtungsfaktoren nach Teileart unterschiedlich hinterlegt werden)*

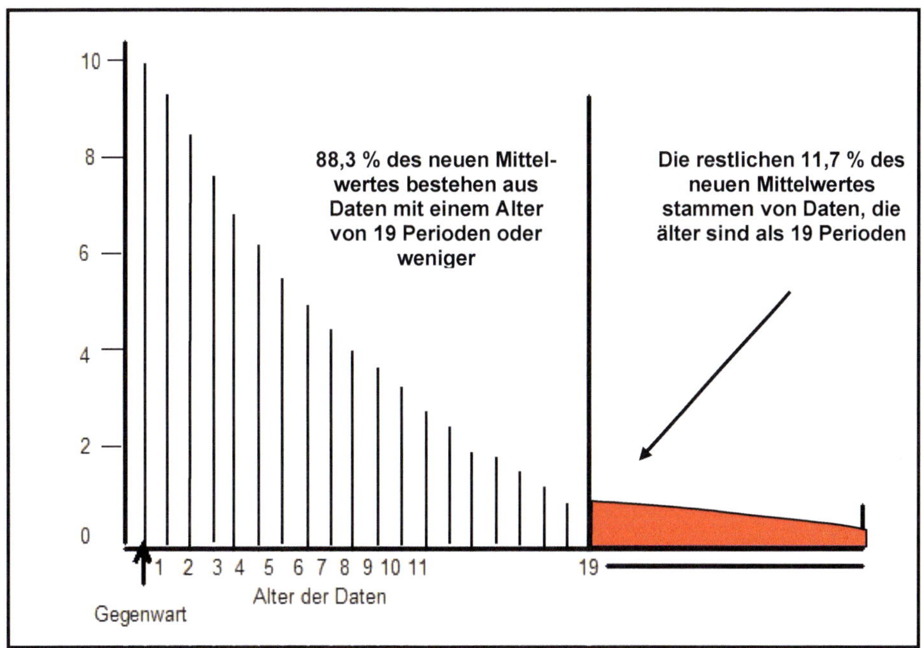

Beispielrechnung: Auswirkung der Einbeziehung von Trends (hier Faktor 0,1) in die Bestellmengenrechnung

(1) Monat	(2) Lagerabgang (kg)	(3) Bewertungs-faktor	(4) Gewichteter Wert (2) x (3)
Januar	400	0,66	264
Februar	350	0,73	256
März	420	0,81	340
April	480	0,90	432
Mai	450	1,00	450
SUMME	**2100 : 5 = 420**	**4,10**	**1742 / 4,10 = 425**

Nach dem arithmetischen Mittel beträgt der durchschnittliche Monatsverbrauch 2.100 : 5 = 420. Für die Festlegung der Bestellmenge sollte aber als Trend / Aktualitätsbewertung von 425 ausgegangen werden.

Nicht beachtet werden aber bei den üblichen Dispositionsverfahren und Losgrößenfestlegungen (besonders bei Disponieren mittels Bestellpunkt- / Meldebestandverfahren mit Sicherheitsbestand und Trendberücksichtigung), die negativen Auswirkungen auf das Working Capital / die Cashflow Entwicklung

Mit der damit einhergehenden, gewollten Anpassung der Bestellmengen an den Umsatz, wird die unsägliche Verbindung ***„Mehr Umsatz – Mehr Materialbestand"*** nicht durchbrochen.

Schemabild: Darstellung Prozentanteil Working Capital bei bedarfsgesteuerter Nachschubautomatik über z. B. Wiederbestellpunkt und Trendberechnung zu verbrauchsgesteuert, z. B. mittels KANBAN- / SCM-System

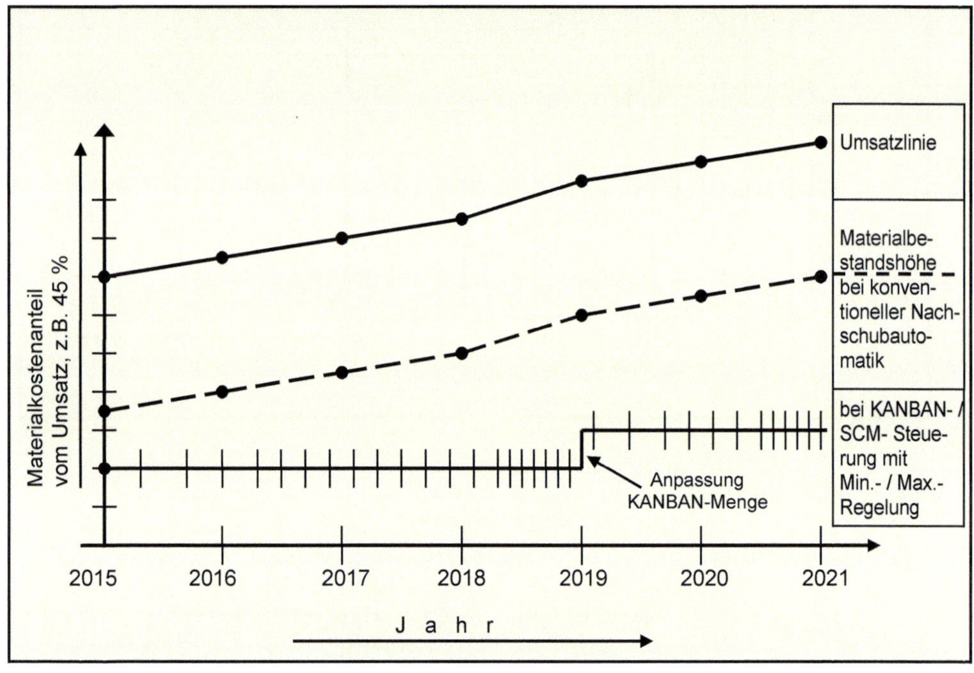

Bei einer SCM-KANBAN oder Dispositionsart mit Min.- / Max.-Bestand und kleineren Losgrößen / Anliefermengen, wird dieser unsägliche Zusammenhang durchbrochen.

Die Nachschubautomatik wird über die Frequenz geregelt. Natürlich müssen bei gravierenden Abweichungen mittelfristig auch bei diesen Verfahren die Losgrößen / Anliefermengen erhöht / vermindert werden.

Hinweis: Alle mathematischen Modelle, die für die bedarfsgesteuerte Nachschubautomatik entwickelt wurden, entstanden in früheren Jahren, als die Variantenvielfalt unbedeutend und der Just-in-time-Gedanke unbekannt war. Das Unternehmen hat seine Ware / Lieferungen dem Kunden zugeteilt.

4.11 Losgrößenmanagement und Mythos Rüstzeiten

4.11.1 Gefahren durch die Anwendung von Losgrößenformeln

Ermittlung der optimalen Bestellmenge nach Losgrößenformeln – Ist dies immer richtig?

Die Entscheidung, wie viel von einem Teil / Rohmaterial bestellt werden muss, ist eine der wichtigsten Gesichtspunkte für die Bestandsführung. Die Mengen der gefertigten oder gekauften Teile / Materialien stehen in direkter Beziehung a) zum Verbrauch während eines bestimmten Wiederbeschaffungszeitraums und b) zu den allgemeinen Kosten des Einkaufs, der Fertigung und des Einlagerungszeitraumes.

Die Entscheidung über die Größe der Bestellmenge beeinflusst die Kosten somit wesentlich. Hier können wesentliche Einsparungen erzielt werden, wobei die Herabsetzung der Bestellmenge weder den Arbeitsablauf im Betrieb stören noch eine Erhöhung anderer Kosten mit sich bringen darf.

Nachfolgende Abbildung zeigt den Zusammenhang zwischen Lagerbestand und Bestellmenge. Der gesamte Durchschnittsbestand kann z. B. von 600 auf 300 Einheiten herabgesetzt werden, wenn die Bestellmenge von 900 auf 300 Einheiten sinkt. Das Teil müsste mittels Liefereinteilungen nachbestellt werden, wodurch sich die Zahl der zu verarbeitenden Wareneingänge bzw. die Zahl der Rüstvorgänge für ein Fertigungsteil in der Produktion erhöht, aber nicht unbedingt die Rüstzeit in Stunden pro Jahr. Grund: Verkettungsmöglichkeiten vor Ort steigen, auch der Prüfaufwand im Wareneingang kann durch vereinfachte Prüfmethoden minimiert werden.

Bild 4.16: *Abhängigkeit des durchschnittlichen Lagerbestands von Bestellmenge*

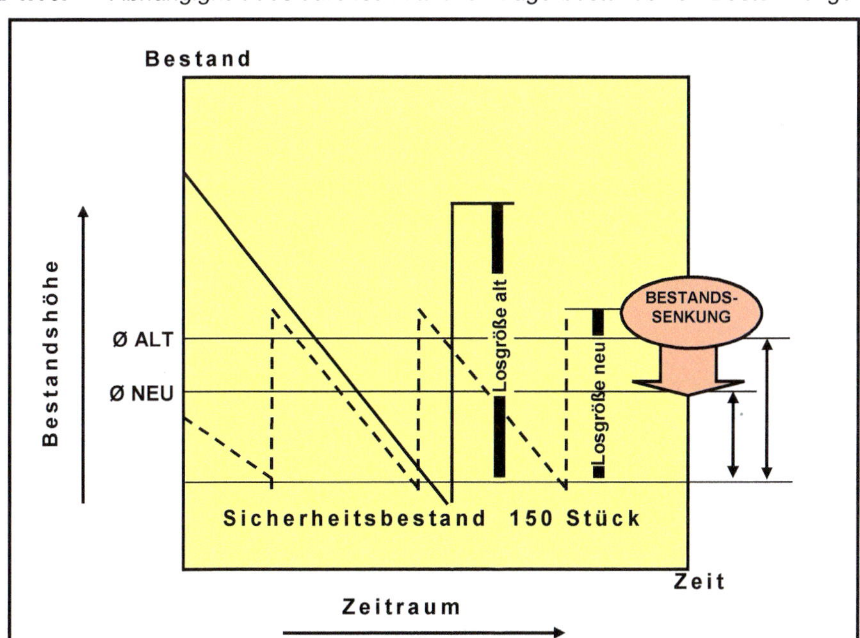

Quelle: *Prof. Dr. Ing. Brankamp, aus Projekt „Prozess Monitoring Technologie“*

Kleine Lose sind gefordert / keine Kapazitätsverschwendung zulassen

Ermittlung der optimalen Bestellmenge bzw. Losgröße, ist dies noch richtig?

Die Kosten, die mit der Bestellung zur Ergänzung des Lagerbestandes verbunden sind, steigen mit abnehmender Losgröße. Sie umfassen die Rüstkosten, Bestell- und Ausfertigungskosten, einen Anteil der Kosten für Transport, Wareneingang, Versand usw. Die mit der Höhe des Lagerbestandes zusammenhängenden Kosten sinken, wenn die Losgröße abnimmt. Sie werden als Lagerhaltungskosten bezeichnet und umfassen den Wert des gebundenen Kapitals, die Lagerungskosten, die Kosten für Veralterung, Zinsen etc.

Es sollte ein wirtschaftliches Gleichgewicht bestehen, zwischen den Kosten, die sich bei Veränderung der Bestellmenge erhöhen bzw. verringern. Diese Festlegung ist der ursprüngliche Ansatz der Berechnung der optimalen Losgröße.

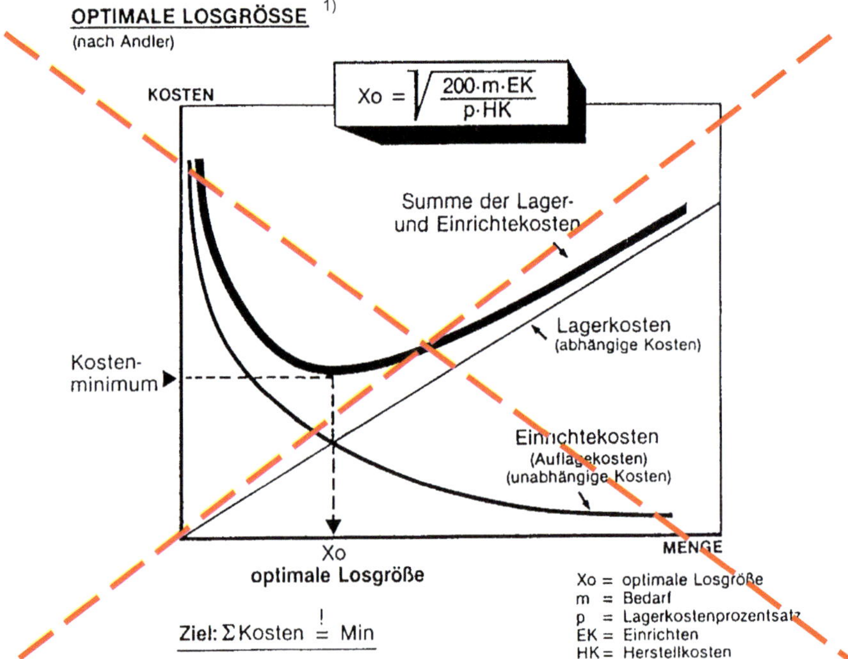

Diese Einzelbetrachtung kann dazu führen, dass bis zu 1/3 des Umsatzes in Beständen gebunden ist, große Lose zu langen Durchlaufzeiten in der Fertigung führen und trotz der hohen Vorräte immer wieder Fehlteile entstehen. Grund:

Die Kunden bestellen anders als geplant / gedacht war.

Hat diese Betrachtung – ***REINES EINZELOPTIMA*** – je Artikelnummer heute noch Bestand? Oder fehlen viele weitere Einflussgrößen zu einem ***GESAMTOPTIMA***? Wie z. B.:

„Hohe Liquidität / Flexibilität / kurze Durchlaufzeiten ist auch Leistung“[1)]

Die Variantenvielfalt, der Just-in-time-Gedanke mit Ziel *niedrigere Bestände, hohe Umschlagshäufigkeit* setzt andere Regeln.

[1)] Die steigende Variantenvielfalt, Just-in-time-Denkweise bedeutet das Aus, das Ende von Andler.

Bild 4.17: *Losgrößenmanagement und Mythos Rüstzeiten*

Auswirkungen von hohen Losgrößen nach Prof. Dr. Ing. Brankamp

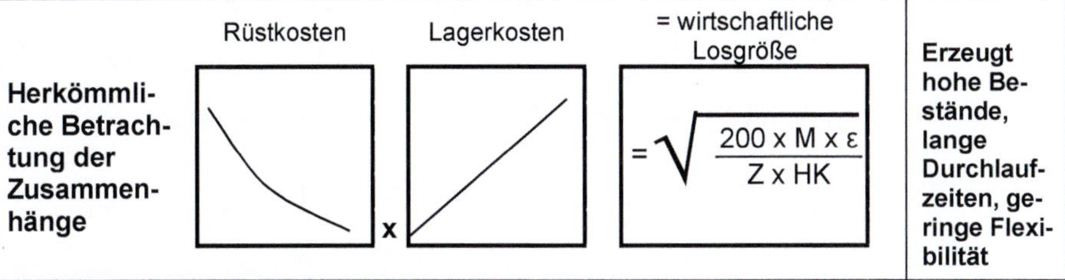

Fehlende / weitere Einflussgrößen mit gravierenden Auswirkungen auf Bestände, Flexibilität und Durchlaufzeiten:

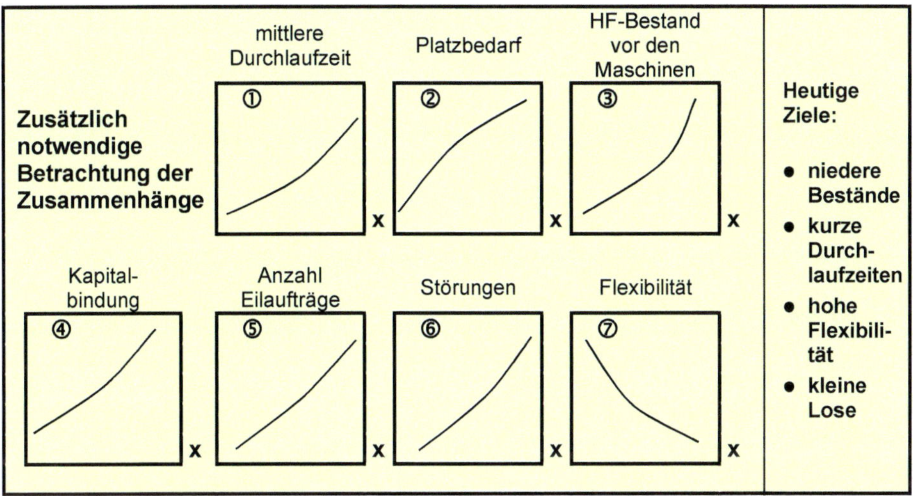

Sowie weitere fehlende Einflussgrößen:

- **Umschlagshäufigkeit, Verschrottungs- / Abwertungskosten**
- **Und welche Mehrkosten entstehen tatsächlich, wenn z. B. bei Kaufteilen kleinere Mengen beschafft werden, durch moderne Denk- und Handlungsweisen? SCM-Organisation**

Merksatz:

Wenn etwas produziert wird, was im Moment nicht gebraucht wird, dafür aber etwas nicht gefertigt werden kann, was gebraucht wird, ist dies pure Verschwendung.
Leistung ist nur das, was gefertigt und auch umgehend, termintreu verkauft werden kann.

Und was für einen Industriebetrieb besonders wichtig ist:

Große Lose und viele Aufträge gleichzeitig in der Fertigung verstopfen die Fertigung, erzeugen lange Lieferzeiten, beeinträchtigen die Flexibilität, treiben die Bestände in die Höhe.

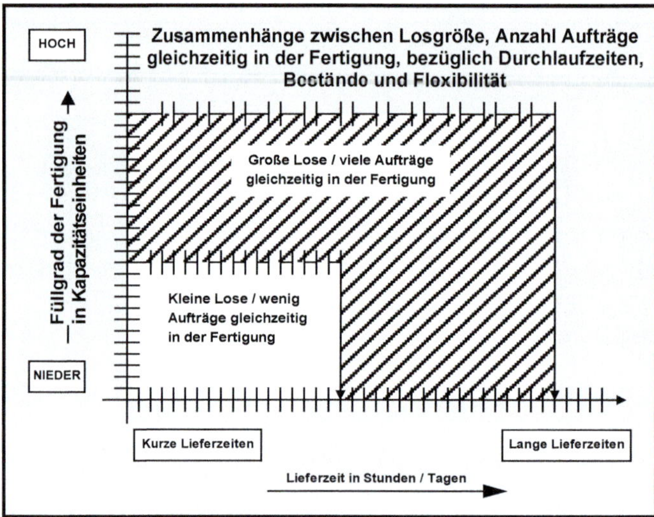

Mittels Bestandscontrolling / Kennzahlensystemen wird mehr und mehr eine bestimmte Umschlagshäufigkeit der Artikel gefordert, z. B. soll sich das Lager 8- bis 10-mal, oder mehr, pro Jahr umschlagen (unterschieden nach Wertigkeiten Fertigungs- / Einkaufsteil, A-, B-, C-Gliederung etc.).

Eine Berechnung nach der immer noch gelehrten Losgrößenformel wird dadurch unmöglich.

Beispiel:

A) Ein Fertigungsteil soll sich pro Jahr 6 x umschlagen

B) Wenn die Losgröße nach wirtschaftl. Losen errechnet wird, ergibt sich:

Basiszahlen		**Ergibt nach Formel**
Artikel-Nr. xxxx		$\sqrt{\frac{200 \times m \times EK}{P \times HK}} =$
- Jahresverbrauch:	5.000 Stück	
- Rüstzeit:	2 Stunden	
- Stundensatz der Anlage:	80,-- € / Std.	
- Herstellkosten des Artikels:	2,50 € / Stück	eine Losgröße von 2.530 Stück, die aufgelegt werden sollte
Zins für Kapital und Lagerkosten:	10 %	

C) Wenn sich dieser Artikel 6 x p. a. umschlagen soll, darf der Ø-Bestand (5.000 : 12 x 2 Monate) = 833 Stück nicht übersteigen (ohne Berücksichtigung eines Si-Bestandes). Die Losgröße / Bestellmenge sollte also die Stückzahl 833 bis max. 1.666 nicht übersteigen

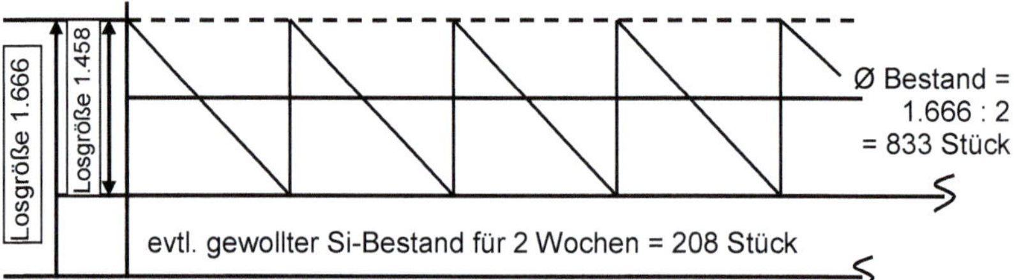

D) Sofern ein Sicherheitsbestand von z. B. zwei Wochen vorgehalten werden soll, muss die Losgröße nochmals um 208 Stück reduziert werden.

Höhere Flexibilität und steigende Anzahl Varianten bedingt kleinere Lose in der Fertigung

A) Aus Liquiditätsgründen, für eine Bank ist im Prinzip ein Lager nichts wert, siehe auch Regelwerk der Banken, Basel II, bzw. Basel III

B) Aus Flexibilitätsgründen, große Lose verstopfen die Fertigung = unflexibel. Kleine Lose machen das Unternehmen zum Kunde hoch flexibel

<u>**Beispiel:**</u>

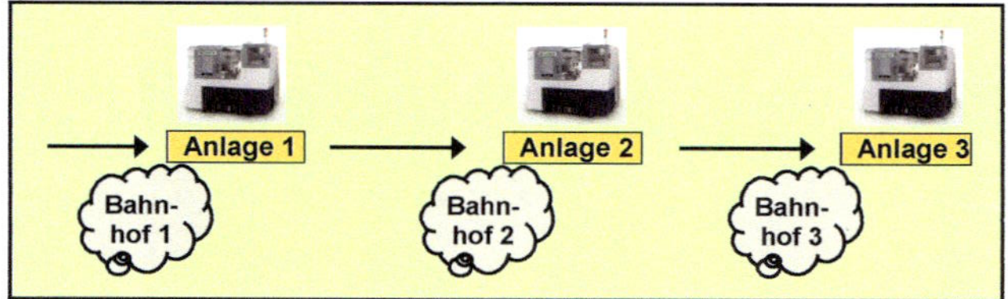

Fall 1 Über diese drei Anlagen müssen **40 verschiedene Artikel** gefertigt werden

Eine **Ø Losgröße** belegt diese Anlagen **0,5 Tage = Kapazitätsverzehr**

Dies bedeutet, dass **40 x 0,5**
also im Ø ein Artikel erst wieder in **20 Arbeitstagen** gefertigt werden kann.

Fall 2 Steigende Anzahl Varianten, es müssen jetzt **60 verschiedene Artikel** über diese Anlage gefertigt werden.

Bei gleichbleibender Losgröße bedeutet dies **60 x 0,5**
also im Ø ein Artikel erst wieder in **30 Arbeitstagen** gefertigt werden kann.

Fall 3 Das Unternehmen will zum Kunde flexibler werden, bzw. die Bestände reduzieren

a) ein Teil der Artikel wird zugekauft

oder

b) die Losgröße wird z.B. halbiert, also der **Kapazitätsverzehr / Los** beträgt im **Ø nur noch 0,25 Tage**

Was bedeutet: **60 x 0,25**
die Artikel können im Ø alle **15 Arbeitstage**
neu hergestellt werden.

Natürlich kann ein Artikel immer vorgezogen werden, dann kommen andere aber erst später an die Reihe, Ø bleibt.

Können Sie sich vorstellen wie viel zusätzliche Umrüstvorgänge pro Jahr im Betrieb getätigt werden können, ohne dass im Unternehmen Mehrkosten entstehen, wenn folgende, nicht direkt in die Stückkosten einfließenden Kosten ermitteln und in Rüstvorgänge umsetzen – UNTERSCHIED EINZELOPTIMA – GESAMTOPTIMA

Pos.	Bezugsgröße Fertigungsteile	ca. Kosten pro Jahr in €	Bemerkung
1	Höhe der jährlichen Verschrottungskosten		
2	Höhe der jährlichen Abwertungen		
3	Höhe der Kosten, die durch Sonderfahrten entstehen, wegen Fertigen von großen Losen an Engpassmaschinen		
4	**Summe Kosten Pos. 1 + 2 + 3**		**Und was kostet ein Umrüstvorgang einer Maschine *"in Euro absolut"*, wenn diese Maschine kein Engpass ist?**
5	Durchschnittlicher Stundensatz der Anlagen		
6	Pos. 4 : Pos. 5 ergibt zusätzlich verfügbare Stunden für Umrüsten		
7	Durchschnittliche Rüstdauer in Stunden		
8	Pos. 6 : Pos. 7 ergibt ca. Anzahl "Mögliche zusätzliche Rüstvorgänge"		
9	Anzahl ungeplante Rüstvorgänge, die wegen Eilaufträgen getätigt werden, die nicht in die Stückkostenkalkulation einfließen		
10	Pos. 8 + Pos. 9 ergibt gesamt ca. Anzahl möglicher Zusatz-Rüstvorgänge		

Also Losgrößen pragmatisch festlegen

Bewährt hat sich:

a) **Nach dem 20-80-Prinzip belegen ca. 20 % der zu produzierenden Artikel ca. 80 % des Kapazitätsbedarfs der Anlagen / Arbeitsplätze.** Diese Lose z. B. halbieren. Der zusätzliche Rüstaufwand ist im Regelfalle minimal, kann von der Produktion problemlos aufgefangen werden. Auch wird dadurch häufig ungeplantes Umrüsten wegen Eilaufträgen vermieden. Kleinst-Lose werden nicht verändert.

b) Die Losgrößen werden so berechnet, dass z. B. in einer Zeiteinheit „2 Wochen" (oder „4 Wochen"?) alle Artikel wieder neu produziert werden können.

Nivelliert die Produktion, Spitzen werden vermieden. Die Mitarbeiter vor Ort verinnerlichen diesen Rhythmus. Rüstzeiten werden durch stetiges Umrüsten (Einübungseffekt) verringert.

Beide Varianten steigern die Produktivität durch „rückstandsfreies Produzieren". Und was wichtig ist:

Es gibt pro Jahr zwar mehr Rüstvorgänge, aber nicht unbedingt mehr Rüstzeit in Stunden.

UND

Engpässe werden vermieden. Teilweise kann von 3-Schicht-Betrieb auf 2-Schicht-Betrieb reduziert werden.

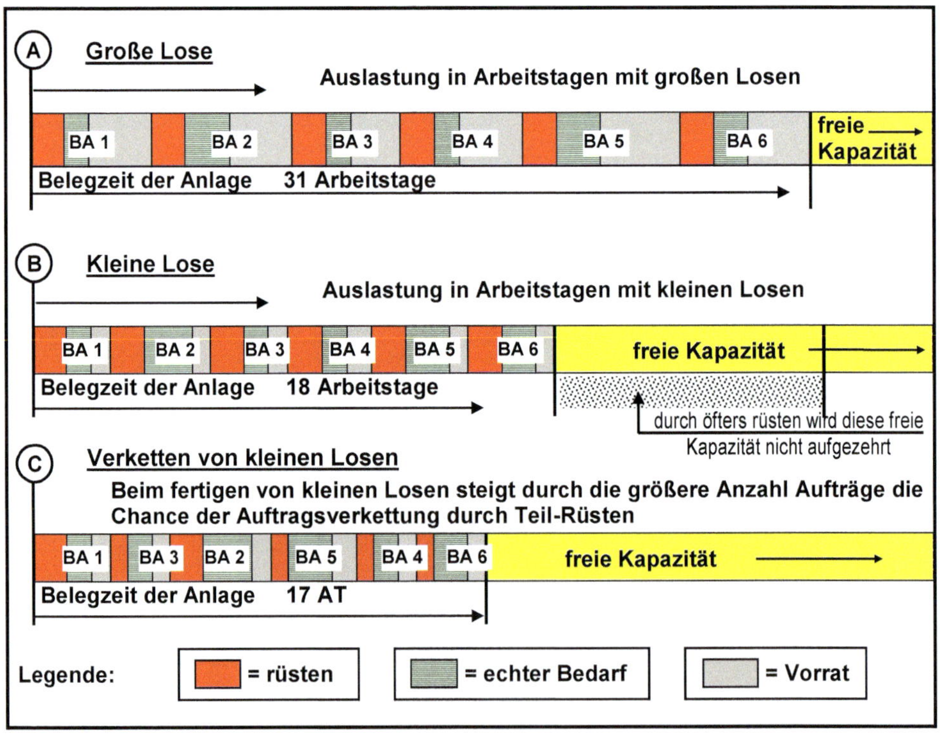

4.11.2 *Reale* Einsparungen von *fiktiven* unterscheiden lernen / Die hausgemachte Konjunktur

Die hausgemachte Konjunktur ist eine Katastrophe bezüglich Flexibilität und Lieferzeit.

Durch die reine Betrachtung von Einzeloptima, z. B. Erreichen hoher Maschinennutzungsgrade, oder Verhältnis Rüstzeiten / Beschaffungskosten zu Lagerkosten, wurde den Mitarbeitern beigebracht, dass Maschinen ständig laufen müssen und in *„wirtschaftlichen Losgrößen“* produziert werden soll. Dies führt dann dazu, dass bei einem Bedarf von 50 Stück, 200 Stück oder mehr gefertigt werden, weil dann die kalkulatorischen Stückkosten stimmen. Was anschließend mit den restlichen 150 Stück geschieht, ist „Hoffnung“.

So lange also Produktivität in Form von Anlagennutzung oder am Leistungsgrad pro Mitarbeiter und nicht am marktgerechten Verhalten gemessen wird, wird der Verschwendung bezüglich:

- **es wird etwas produziert was man im Moment nicht braucht,**
- **die Fertigung wird verstopft, es gibt Warteschlangenprobleme**
  Ergebnis: Terminprobleme, Mehrkosten aller Art,
- **Verschrottungsaktionen und Abwerten von wirtschaftlich gefertigten Teilen am Inventurstichtag,**

weiter Vorschub geleistet.

Betriebliche Leistung und damit verbundene Motivationsziele müssen aber bezüglich heutiger Kundenanforderungen und Banken-Zielen

„Marktorientiert produzieren“

„Hohe Eigenkapitalquote / Liquidität“

neu definiert werden. *LIQUIDITÄT IST AUCH LEISTUNG*.

Leistung ist nur das, was hergestellt und auch umgehend verkauft werden kann. Nicht, was an Lager geht, oder als Arbeitspuffer zwischen den Maschinen liegt. Betriebliche Untersuchungen haben gezeigt, dass bis zu 50 % der gefertigten Mengen in absehbarer Zeit nicht benötigt werden.

Durch das Produzieren kleinerer Lose und nur fertigen was gebraucht wird, erreichen Sie folgende Ziele:

- **Rückstandsfrei produzieren**
- **Reduzierung des Umlaufvermögens**
- **Reduzierung der Lagerbestände**
- **Reduzierung der Durchlaufzeit / höhere Termintreue**
- **Steigerung der Flexibilität**

Daraus resultiert weiter: Liefereinteilungen aus Kundenabrufen dürfen erst nach Rückfrage beim Kunden, welche Mengen tatsächlich und überhaupt gebraucht werden, also AKTUALISIERT / ANGEPASST, in Fertigungsaufträge umgesetzt werden.

Andere Losgrößenformeln / -festlegungen

A) Reichweitenbetrachtungen / -vorgaben

Die Reichweite der Bestellmenge plus vorhandener Bestand darf z. B. zwei Monate nicht überschreiten.	Ziel: Umschlagshäufigkeit 6 x pro Jahr

Die Disposition nach Reichweiten erzeugt u. a. auch keine Einzeloptima je Teil, sondern fördert das Denken in Wellen. Entweder ist alles in gleichen Mengen vorhanden, oder alles fehlt (ohne C-Teil-Betrachtung). Es kann immer nur die Menge geliefert werden, die das Teil mit der niedrigsten Bestandszahl zulässt.

B) Losgrößenfestlegung nach der A-, B-, C- / 1-, 2-, 3-Analyse

Anstelle von Losgrößenformeln wird häufig die Anwendung des A-, B-, C- / 1-, 2-, 3-Prinzips bei der Losgrößenbildung vorgegeben.

Beispiel: A-Teile werden nach Bedarf disponiert bzw. aus der rollierenden Planung genommen, bei B-Teilen wird der Bedarf z. B. für 6 Wochen zusammengefasst, bei C-Teilen der Bedarf von 3 Monaten. Zusätzlich werden für einzelne Teile oder Teilegruppen Höchst- und Mindestgrenzen festgelegt.

C) Gleitende wirtschaftliche Losgröße / Bestellrhythmusverfahren

Die über die Stücklistenauflösung aus den Kundenaufträgen ermittelten Bedarfe werden in festgelegten Zeitintervallen zu einem Fertigungslos zusammengefasst, mit dem Ziel, die Lose durch *„sammeln"* zu einer größeren Einheit zu bekommen.

Der Nachteil der WILO liegt darin, dass durch das Sammeln Lieferzeiten entstehen können.

Beispielzahlen	**1. Periode**	**2. Periode**	**3. Periode**	**4. Periode**
Bedarf nach Zeitraster	**100**	**150**	**20**	**250**
Bedarfszusammenfassung:	**250**	**? (250) ?**	**270**	**? (250) ?[1)]**

Der Vorteil ist, dass verschiedene Bedarfe zu einem vertretbaren / wirtschaftlichen Los zusammengefasst und gefertigt werden können. Wobei auch hierbei die gleichen Zusatzüberlegungen, wie bereits zuvor beschrieben, angewandt werden sollten.

D) Auftragsbezogen Fertigen – Der sicherste Denkansatz

Bestände können am sichersten gesenkt werden, wenn die Vorratswirtschaft komplett abgeschafft wird. Also alle Bedarfs-/ auftragsbezogen nachgeordert werden.

- Sofern bei Eigenfertigungsteilen die Durchlaufzeit kürzer ist als die gewünschte Lieferzeit des Kunden und „Rüsten vermeiden" nicht als oberstes Unternehmensziel betrachtet wird, muss dies möglich sein.

Und was besonders wichtig ist:

Wird die gewonnene freie Kapazität beim Fertigen von kleineren Losen durch mehr Rüstvorgänge tatsächlich aufgezehrt? Und wenn dies geringfügig so wäre, was ist dem Unternehmen die Verkürzung der Lieferzeit / Steigerung der Flexibilität wert?

1) Oder so, dann ergeben sich lange Lieferzeiten, so macht dies z. B. die Möbelindustrie.

4.12 Rüstoptimierung und Mythos Rüstzeiten durchbrechen

Kleine Lose effizient produzieren

Eine Forderung zum Erfolg in der heutigen Just-in-time-Gesellschaft

- **Erfolgsfaktor 1 – Halbierung der Losgröße nach dem 80-20-Prinzip und Mitarbeiter helfen sich gegenseitig beim Umrüsten (anderer Mitarbeiter übernimmt Maschine solange mit)**
- **STUFEN DER RÜSTOPTIMIERUNG**

TECHNIK

↳ Werkzeug / Maschinen / Vorrichtungskonzepte / -auswahl
↳ Schnellspanneinrichtungen / Instandhaltung

ARBEITSPLANUNG

↳ Ähnliche Teile immer auf gleiche Maschine / Standardisierung / Produkt-Clustering
↳ Maschinenauswahl, keine Engpassbildung
↳ Werkzeuge / Spannmittelauswahl / -festlegung

BETRIEBSMITTELVORBEREITUNG

↳ Was kann außerhalb der Maschine vorgerüstet werden?
↳ Vollständige und rechtzeitige Bereitstellung (Info-System)
↳ Komplett vorgerüstete Werkzeuge bereitstellen
↳ Werkzeuginstandhaltung (schnelle Kasse)
↳ Bei Einzelfertigung „Rüstsätze", die benötigten Werkzeuge / Spannmittel etc. werden rüstfertig an den Maschinen vorgehalten, alles in einer Kiste

ARBEITSORGANISATION

↳ Führen von Rüstlogbüchern (Zeitfresseranalyse)
↳ Einrichten von Verkettungsnummern
↳ Dezentrale Strukturen, Mitarbeiterqualifikation / Teambildung (z. B. 4 Mitarbeiter sind für 7 Maschinen verantwortlich)
↳ Patendenken (1 Mitarbeiter = für z. B. 2 Maschinen Qualitätspate)
↳ Qualität, stabile Prozesse / Nullfehlerstrategie
↳ Info, was ist Engpassmaschine (steht nie offen, wird sofort umgerüstet)
↳ Alle notwendigen Werkzeuge in einen Behälter

AUFTRAGSSTEUERUNG – PRODUKTIONSLOGISTIK

↳ Bilden von Rüstfamilien in Disposition und Auftragsfreigabe (Schaffen von Möglichkeiten der Rüstverkettung im Rahmen der Produktionsplanerstellung)
↳ Reichweitenanalysen / Unterschied darstellen *„Was ist ein Kunden- bzw. ein Vorratsauftrag"*
↳ Reihenfolgenbildung durch entsprechende Info-Systeme vor Ort

FERTIGUNG

↳ Verketten von Aufträgen
↳ Rüstdokumentation / Bedienerkonzepte / Fotos / Videos
↳ Laufwege reduzieren mittels Wegediagramm
↳ Einrichter rüsten Pausen durch / geben selbst frei
↳ Zielvorgaben / Produktivitätskennzahlen / Rüstzeitvorgaben
↳ Einen Auftrag auf einer langsameren Maschine mitlaufen lassen, wenn diese leer steht

Wird Rüsten / Rüstkosten überbewertet?

Eine nachhaltige Verkürzung der Rüstzeiten, insbesondere bei Engpassmaschinen, wirkt sich unmittelbar auf eine verbesserte Lieferfähigkeit mit niedrigeren Stückkosten und Beständen aus. Wobei sich die Frage erhebt: Hat das Unternehmen überhaupt echte geldwerte Nachteile, wenn Lose nach dem 80-20-Prinzip verkleinert werden, oder kann dies vernünftig gemacht, von der Fertigung problemlos aufgefangen werden?

I Was ist Rüstzeit?

Ist Rüstzeit die Zeit (tr) lt. Arbeitsplan oder ist dies die Zeit, die eine Maschine „offen" steht?

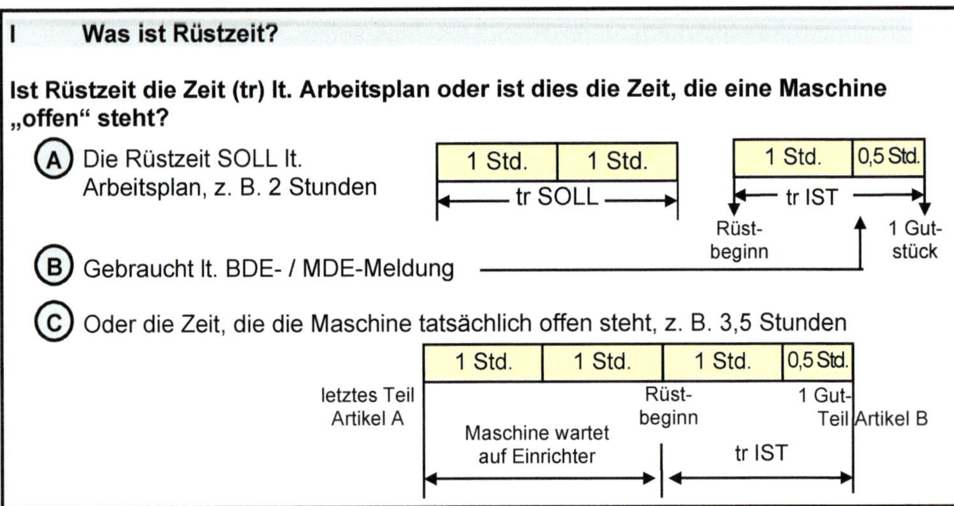

II Analyse Einrichter – Tätigkeitszeiten / Tatsächliche Auslastung, bezüglich Rüst-Tätigkeit:

a)	Anwesenheitszeit pro Jahr x 5 Einrichter	1.500 Std. x 5	= 7.500 Std
b)	Summe Rüstzeit in Std. lt. BDE- / MDE-Meldungen pro Jahr:		= 3.500 Std.[1)]
c)	Summe aller SOLL-Rüstzeiten der in diesem Jahr produzierten Fertigungsaufträge		= 4.000 Std.
d)	Was ist mit den restlichen Zeiten zu 7.500 Stunden? Transport, QS–Arbeit, oder?		

III Reale Einsparungen von fiktiven unterscheiden lernen!

a) Wie viele Stunden müssten tatsächlich mehr umgerüstet werden, wenn die Lose der 20 % der Artikel, die die Maschinen zu ca. 80 % belegen, um 50 % reduziert würden? Werden die wenigen, zusätzlichen Rüstvorgänge überhaupt kostenrelevant?[2)] (Die restlichen 80 % der Teile, die die Anlage nur zu 20 % belegen, bleiben in der festgelegten Losgröße.) Also pro Jahr zwar mehr Rüstvorgänge anfallen, aber null Stunden zusätzliche Rüstzeit und die Chance besteht, dadurch mehr Rüstverkettungen zu erreichen.

b) Und wie fließen die sogenannten „ungeplanten Umrüstvorgänge", u. a. wegen Eilaufträgen, in die Formel ein? Lassen Sie über Monate eine Strichliste vor Ort führen. Die Erkenntnis könnte sein, dass große Lose mehrmals unterbrochen werden. Dann können die Lose gleich minimiert werden.

1) Kürzer als SOLL, da häufig Aufträge verkettet werden können.
2) Realer Geldfluss gemeint.

Schnell wirksame Rüstzeitminimierungsmaßnahmen

Darstellung des Potenzials als Tätigkeitsanalyse der einzelnen Rüstprozesse in Minuten und Prozentanteilen

Tätigkeit Rüst-Prozess-Kategorie	Rüsten / Rüsttätigkeit		Messen / Prüfen	Nachjustieren / messen/ prüfen	Freigabe	**Laufen / Wege/ Transportieren**	Störungen / Unterbrechungen z.B. Hilfestellung an anderem Arbeitsplatz	Gesamt	Warten auf Umrüsten (Maschine steht)
	Abrüsten	Aufrüsten							
Zeit in Minuten	15 '	25 '	5 '	8 '	9 '	**41 '**	17 '	120 '	36 '
%	12,5%	20,8%	4,2%	6,7%	7,5%	**34,2%**	14,1%	100%	30%
Anteil wertschöpfend / nicht wertschöpfend	**Wertschöpfend** **37,5 %**			**Nicht wertschöpfend** **62,5 %**				**Ges. 100%**	

Daraus resultiert:

Erste Schritte

- **Was kann außerhalb der Maschine vorgerüstet werden**
- Engpassmaschinen kennzeichnen, müssen sofort umgerüstet werden
- Rüstzeitenminimierungsmaßnahmen nur an Engpassmaschinen im ersten Schritt
- Pausen durchrüsten[1)] / zwei Personen rüsten um / Teambildung in der Fertigung einführen, z. B. fünf Mitarbeiter betreuen 8 Maschinen (helfen sich gegenseitig beim Rüsten und Störungen beheben)
- **Laufwege, nicht wertschöpfende Tätigkeiten u. a. mittels Laufwege-Diagramm und Video-Aufnahmen[2)] reduzieren (Spaghetti-Diagramm)**
- **Verkettungsnummern einführen / Rüstpersonal gibt selbst frei**
- Teile auf andere (langsamere) Maschinen legen, wegen Warteschlangenproblematik (welche Mehrkosten entstehen tatsächlich, wenn z. B. eine andere Maschine noch freie Kapazität hat und sie abgeschrieben ist?)
- **Alle Rüstwerkzeuge in einem Behälter**

1) Arbeitsgesetze / Betriebsverfassungsgesetzt beachten.
2) Mitbestimmungspflichtig.

Einführung einer so genannten Verkettungsnummer[1] zur Bildung von Teile- / Rüstfamilien reduziert Rüstzeiten wesentlich

Bildschirme / Auslastungsübersichten vor Ort, in der Werkstatt je Fertigungsgruppe, die den permanenten Abruf des Produktionsplanes plus eine Zeiteinheit X ermöglichen, haben sich bewährt, um Rüstzeiten zu minimieren. Alle Betriebsaufträge können nach Suchbegriffen hintereinander angezeigt werden, die bei der Erstellung des Produktionsplanes zu so genannten Fertigungslosen zusammengefasst werden könnten.

Bild 4.18: *Arbeitsabläufe bei Teilefamilien / Rüstfamilien mit Ziel – Bilden von Rüstfamilien in der Fertigung durch die Mitarbeiter selbst*

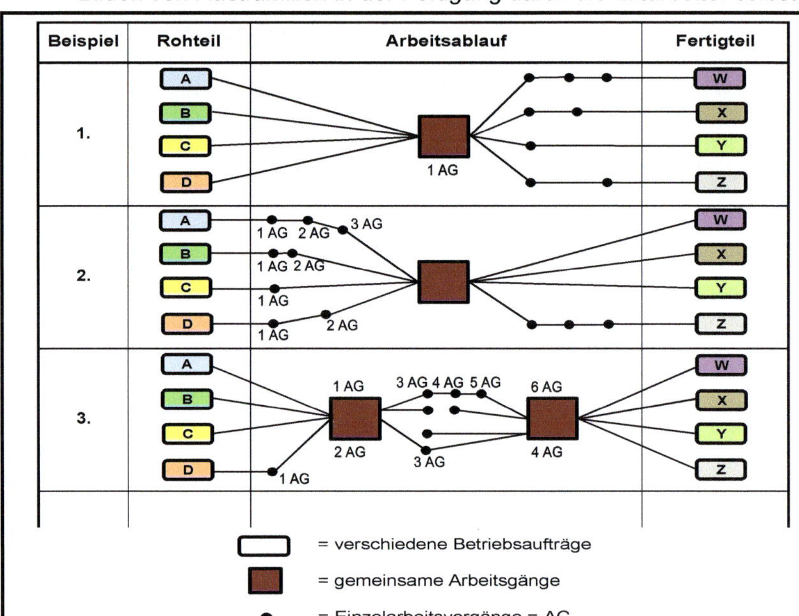

Eine Verkettungsnummer kann auf einfachste Weise eingerichtet werden (ist im Arbeitsplan, in den Stammdatenhinterlegt hinterlegt):

I Zusammengestellt über Filter, auf Basis Werkzeugbereitstellstücklisten

- Maschine bzw. der Maschine zugeordnete Werkzeuge / Werkzeugträger etc., gemäß Werkzeugbereitstellstücklisten
- mittels Filter und Prio-Vorgabe selektieren, welche Artikel haben z. B. ↳ gleiche Werkzeugträger / Werkzeuge / Spannelemente etc.

II Wird von Fachleuten vor Ort für Arbeitsgänge an Engpassmaschinen vergeben

Welche Teile sollten idealerweise zusammen in einer Folge gefertigt werden?

Die Nummerierung ist ein fortlaufender Zähler, AA / AB / AC usw.

[1] Kann auch für die Prüfung der Materialverfügbarkeit auf Basis körperlicher Bestand für Folgeaufträge genutzt werden.

Hohe Bestände binden Kapital, benötigen Platz (Fläche – Volumen), kosten also viel unnötiges Geld und verbessern, wie Untersuchungen gezeigt haben, meist die Lieferbereitschaft nicht wesentlich, da irgendetwas immer fehlt.

Insbesondere die steigende Variantenvielfalt mit immer kurzfristigeren Lebenszyklen, bei gleichzeitig sinkender Risikobereitschaft der Kunden / Abnehmer eine eigene Vorratshaltung zu führen, stellt die Produktionsbetriebe vor große Herausforderungen. Bisher erfolgreiche Regelwerke / IT-Organisationswerkzeuge funktionieren nicht mehr zufrieden stellend und müssen in Frage gestellt werden.

Bildquelle: *www.pexels.com*

Auch werden viele Dispositions- und Beschaffungsanforderungen durch ein veraltetes Wirtschaftlichkeitsdenken beeinflusst. Das Einzeloptima und nicht das Gesamtoptima / der Unternehmenserfolg steht im Vordergrund.

Z. B. wurde den Mitarbeitern beigebracht, dass es wichtig ist, dass die Maschinen im Betrieb ständig laufen müssen und in *„wirtschaftlichen Losgrößen"* produziert werden soll. Dies führte dann dazu, dass bei einem Auftrag von 50 Stück, 200 Stück oder mehr gefertigt wurden, weil dann die wirtschaftliche Losgröße, bzw. die kalkulatorischen Stückkosten stimmen. Was anschließend mit den restlichen 150 Stück geschah, war dann weniger von Interesse, sie wurden an Lager gelegt.

Wegen hoher Lagerbestände, zu niedriger Eigenkapitalquote, also Rating bezüglich Basel II (Basel III), haben deshalb viele Unternehmen Schwierigkeiten mit den Banken

Und mit Abwertung kommt man heute auch nicht mehr weiter. Siehe verschärfte steuerliche Bewertungsrichtlinien der Bestände, die u. a. zu erheblichem Liquiditätsabfluss führen können.

Betriebliche Leistung und damit verbundene Unternehmensziele müssen aber bezüglich heutiger Anforderungen

ERFOLG AM MARKT / KURZE LIEFERZEITEN / HOHE EIGENKAPITALQUOTE / LIQUIDITÄT

neu definiert werden.

Leistung ist nur das, was hergestellt und auch umgehend verkauft werden kann. Nicht, was an Lager geht, oder als Arbeitspuffer zwischen den Maschinen liegt.

A) Durch eine ca. 20%ige Verringerung der Lagerbestände, können die Verbindlichkeiten der Unternehmen zu den Banken bis zu ca. 30 %[1)] verringert werden.

LIQUIDITÄT IST AUCH LEISTUNG

Eine völlig andere Darstellung ergibt ein ähnliches Bild:

B) Vergleichbarer Gewinnbeitrag bei einer Material- / Logistik- / Bestandskostenreduzierung in Prozent zu einer vergleichbaren Umsatzsteigerung in Prozent

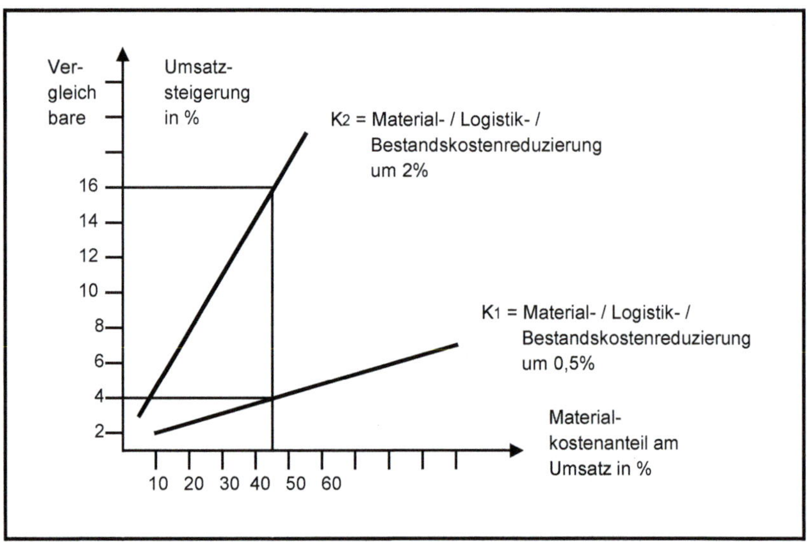

Quelle: *Erfolgsorientierte Materialwirtschaft durch Kennzahlen von Prof. Dr. Dr. h.c.mult. Erwin Grochla, Dr. Robert Fieten, Dipl.-Kfm. Manfred Puhlmann, Dipl.-Kfm. Manfred Vahle, FBO-Verlag, Baden-Baden*

1) in Abhängigkeit des Materialeinsatzes zum Umsatz.

5.1 Bestandstreiber sichtbar machen und eliminieren

1.) Führen Sie eine Artikelanalyse auf Überbestände und Null-Dreher durch, am einfachsten mittels Reichweitenanalyse zu aktuellen Wiederbeschaffungszeiten, z. B. gegliedert nach A- / B- / C-Selektion, Disponent sowie getrennt nach Fertigungs- / Kaufteilen und Handelsware

Disponent:	X Y	Kaufteil		Halbzeug		Baugruppe		A	✓
								B	
Handelsware		Fertigungsteil	✓	Einzelteil	✓	Fertigprod.		C	☒

Artikel-nummer	Bestand in Stück oder in € am Stichtag	∅-Verbrauch / Mo. der letzten Perioden, z. B. 12 Monate, in € oder Stück	∅-Reichweite in Wochen	Wiederbeschaffungszeit in Wochen	Überbestand [1] Bestand in Reichweite doppelt so hoch wie die Wiederbeschaffungszeit	
					J	N
1	**2**	**3**	**4 = 2 : 3 x 4**	**5**	**6**	**7**
A	4.000,-- €	1.000,-- €	16 Wo.	6 Wo.	✓	—
B	6.500,-- €	4.000,-- €	6,5 Wo.	6 Wo.	—	✓

2.) Danach je Analyse-Block eine Hitliste erzeugen = höchste Überbestände nach oben, niedrigste Überbestände nach unten (Null-Dreher nach Jahren letzter Verbrauch gegliedert).

3.) Durchgang der Überbestände nach dem 80-20-Prinzip (im ersten Schritt), zusammen mit den Verantwortlichen *„Wie ist es zu diesen Überbeständen gekommen?“*[1]
Bei den Null-Drehern: *„Warum ist dies ein Null-Dreher geworden?“*[1]

4.) Ordnen Sie die Ergebnisse der Analyse, zusammen mit den Fachabteilungen, nach Gründen und stellen Sie die Häufigkeiten der „WARUM?“, wieder gegliedert nach Wertigkeiten dar, in einer Statistik geordnet, siehe nachfolgend.

5.) Stellen Sie Gründe nach einer Hitliste durch entsprechende Maßnahmen auf Dauer ab.

UND: Reduzieren Sie die Mehrstufigkeit, wie im entsprechenden Abschnitt beschrieben.

[1] geordnet nach einem Gründekatalog (eindeutige Merkmale).

Bild 5.1: *Analyse nach Bestandstreiber*

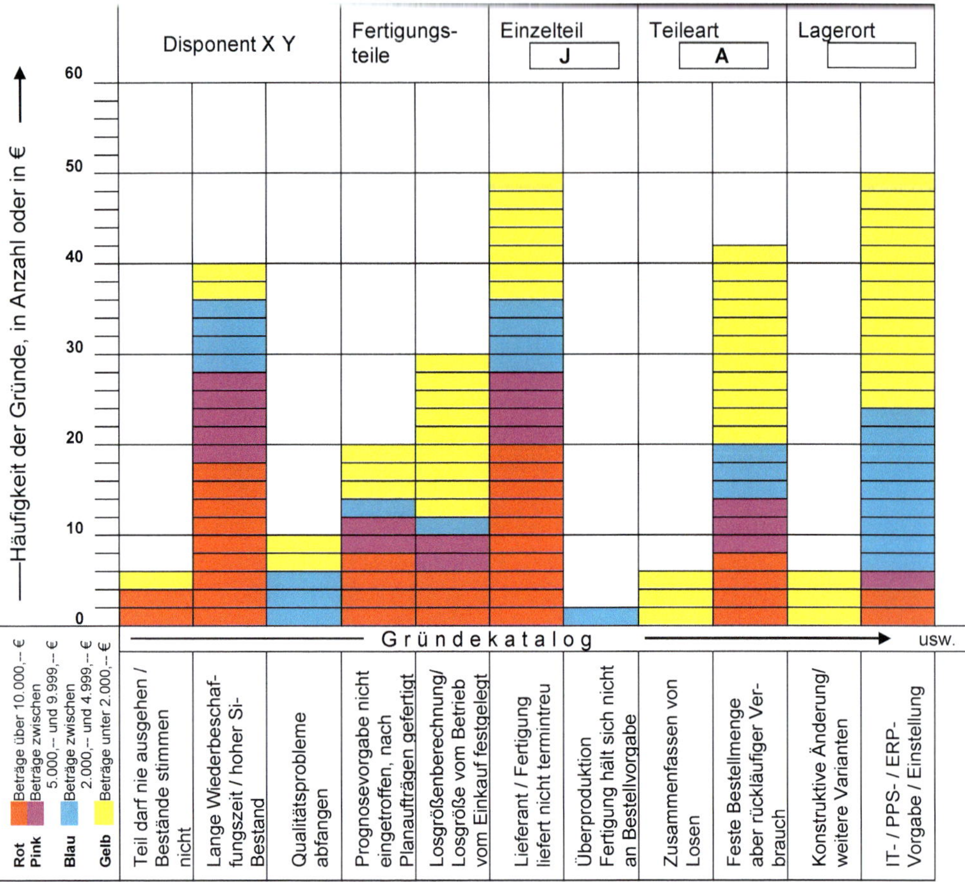

Das Ergebnis ist die Erkenntnis *„Was sind die Haupt-Bestandstreiber im Unternehmen?“*, die dann Schritt für Schritt in einem Projekt Bestandsreduzierung, Ziel z. B. minus 30 %, bei verbesserter Lieferfähigkeit im Team gegen null gebracht werden müssen.

Und denken Sie daran:

Eine Erhöhung des Lieferbereitschaftsgrades von z. B. 95 % auf 99 %, kann je nach Wiederbeschaffungszeit und nach Streuung der Bedarfe eine Verdopplung des Bestandes bewirken.

Praxis-Tipp:

Eine rein auftragsbezogene Fertigungs- / Beschaffungspolitik senkt Ihre Lagerbestände auf null! Mehrkosten durch Kapazitätsvorhalt müssen dagegengehalten werden. Meist rechnet es sich. Das oberste Ziel muss also sein:

„Kürzeste Durchlaufzeiten in der Fertigung herstellen und Materialsicherheit auf der untersten Stücklistenebene herstellen“.

Bild 5.2: *Analyse der Stammdateneinstellungen auf Zeitreserven*

Die eingebauten Zeitreserven in den Stammdaten haben in der Zeitstrecke der Terminierungen, wie z. B. Si-Bestand, Wiederbeschaffungs- / Durchlaufzeiten etc. und Bestandshöhe, große Auswirkungen auf die Bestände. Hier liegen hohe Reserven zur Reduzierung der Durchlaufzeit, Bestände, des Working Capitals.

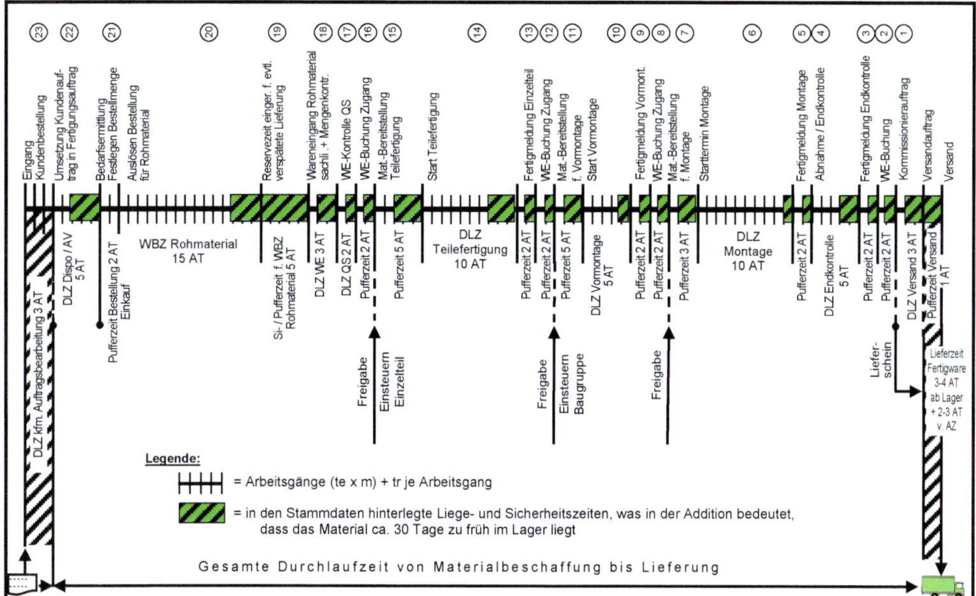

Beispielhafte Aufzählung von Zeitreserven / Sicherheiten im ERP-System

Zeit für Wareneingangsbearbeitung		IST 3 AT	SOLL 1 AT
Zeit für Bereitstellung von Teile / Baugruppe etc. für Montage / Versand	Teilelager für Vormontage	IST 2 AT	SOLL 1 AT
	Komponentenlager für Endmontage	IST 2 AT	SOLL 1 AT
	Fertigwarenlager / Versand / Endkontrolle	IST 2 AT	SOLL 1 AT
Zeit für Einlagern von	Fertigungsteilen	IST 2 AT	SOLL 0,5 AT
	Baugruppen	IST 2 AT	SOLL 0,5 AT
	Fertigwaren	IST 2 AT	SOLL 0,5 AT
Zusätzliche Zeitreserve wegen evtl. unpünktlicher Lieferung von Ware, in den Lieferanten-Stammdaten hinterlegt		IST 5 AT	SOLL 0 da in Si-Bestand hinterlegt
Zeitreserve bei Umsetzen von Planbedarf in Fertigungsaufträge		IST 5 AT	SOLL 0
Übergangsmatrix = hinterlegte Liegezeiten, Transportzeiten etc., bei den Arbeitsgängen von Arbeitsgang 1 zu Arbeitsgang 2 usw., zu großzügig ausgelegt		z. B. 2 AT x 6 Arbeitsgänge = 12 AT Liegezeit	bei 0,5 AT ergibt dies bei 6 Arbeitsgängen = 3 AT
Durchlaufzeiten sind 1-schichtig hinterlegt / berechnet, Firma arbeitet aber 2-schichtig, also 50 % Reserve in der DLZ hinterlegt, Berechnungsbasis (te x m) + tr		1-schichtig 5 AT	2-schichtig 2,5 AT
Summe Zeitreserve		**42 AT**	**11 AT**
Dies ist gleichbedeutend mit einem zu frühen Materialeingang für Rohmaterial (unterste Lagerstufe) von		**31 Tage**	

Die Optimierung des Material- und Werteflusses, in Verbindung mit reduzierten Rüstzeiten und einer verbesserten Produktions- und Fertigungssteuerung, reduziert zudem das Working Capital im Unternehmen wesentlich.

Schemadarstellung: Geld- und Wertefluss ALT und ZUKÜNFTIG NEU für ein mehrstufiges Produkt

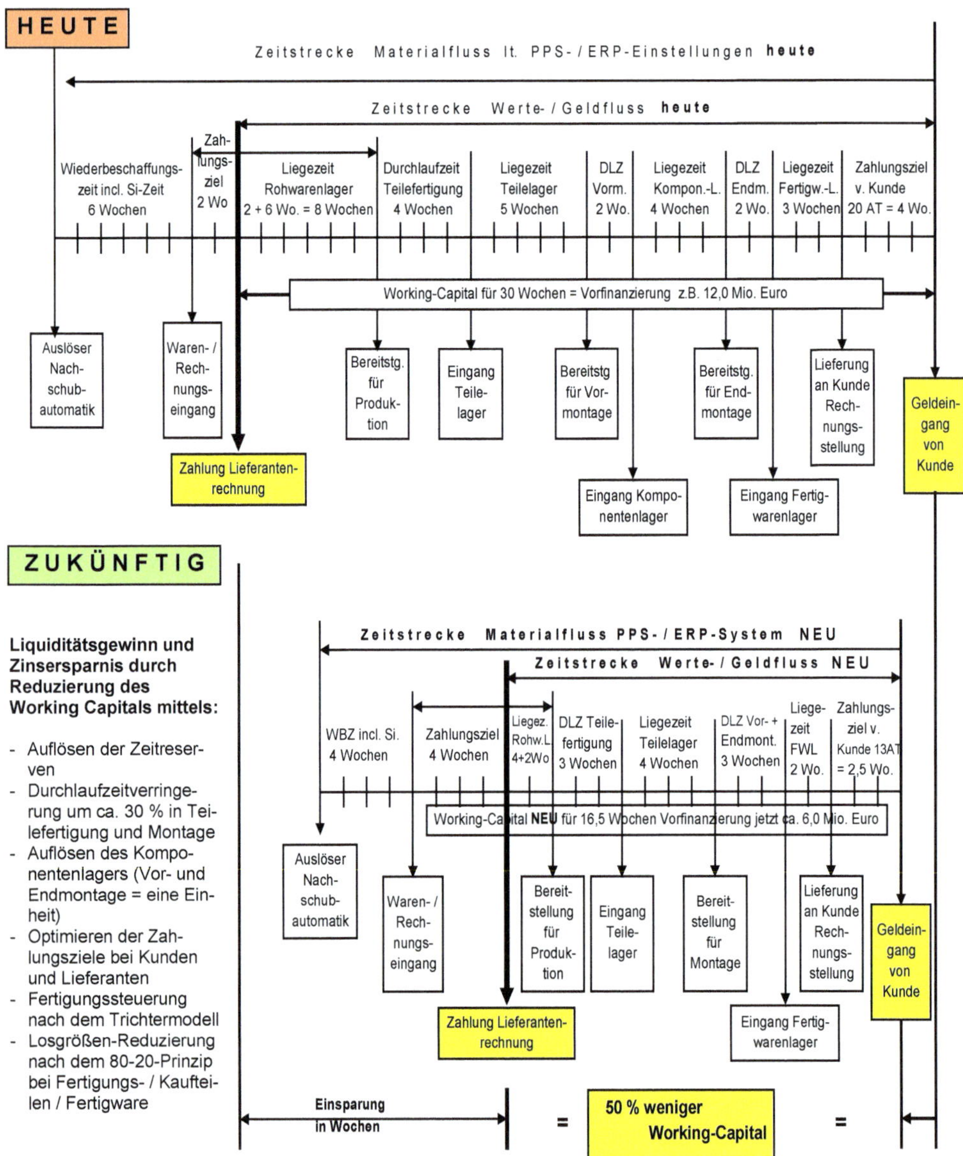

5.2 Darstellung eines Werkzeugkastens / Praktische Tipps / Bewährte Methoden zur Senkung der Bestände und Logistikkosten

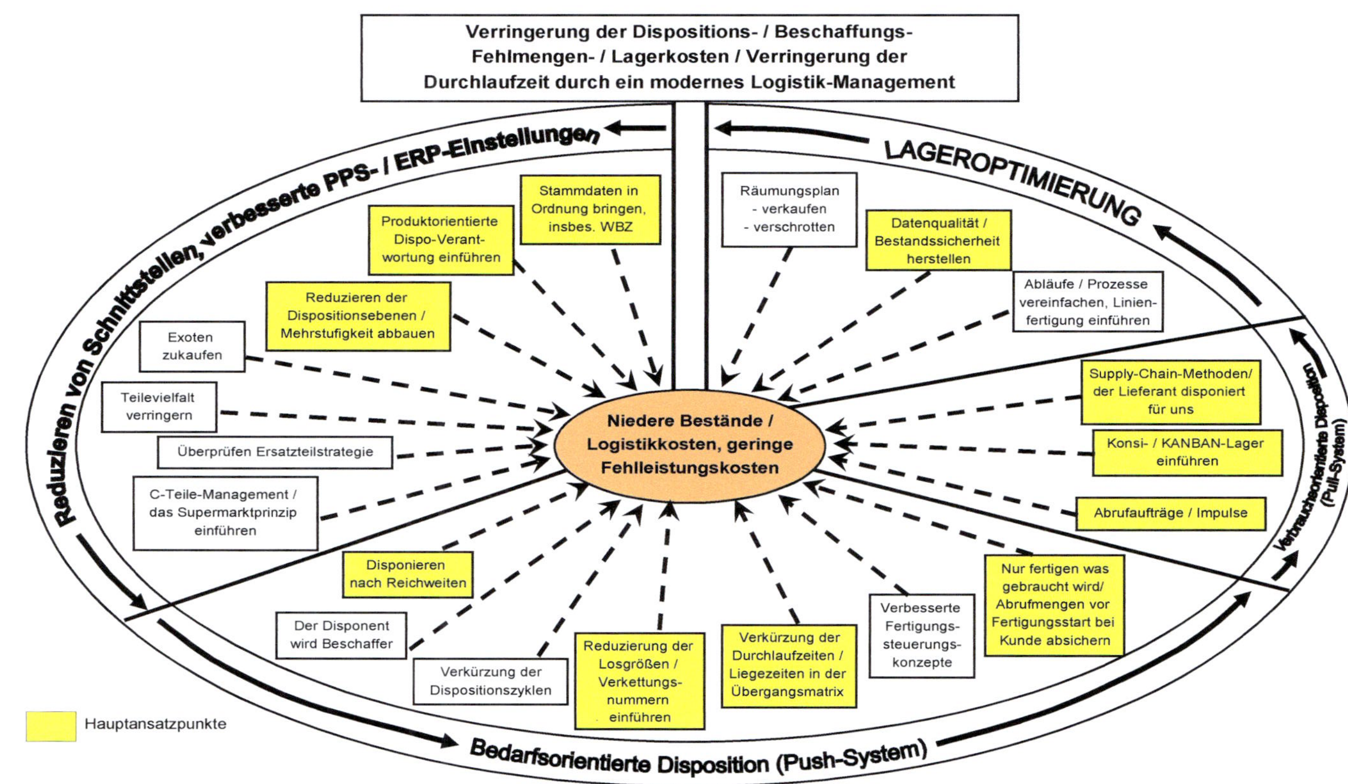

5.3 Sonstige Instrumente und Maßnahmen zur Bestandssenkung / Reduzierung von Logistikkosten

Aufbauend auf den Regeln der Materialwirtschaft und Fertigungssteuerung, können Bestände / Logistikkosten, ohne Beeinträchtigung der Lieferbereitschaft, zusätzlich gesenkt werden durch:

Reduzierung der Variantenvielfalt / Teilevielfalt

Untersuchungen der Bestände in vielen beratenden Unternehmen haben gezeigt, dass es einen direkten Zusammenhang gibt zwischen

→ Anzahl Teile zu → Höhe der Bestände

Als Hauptverantwortlicher kann hier in großem Maße die Konstruktion / Entwicklung genannt werden. Auch der Vertrieb mit all seinen Sonderwünschen, siehe Varianten- und Produktvielfalt, hat hier seinen Anteil.

Diese bedeutet, dass eine unter vielen anderen Forderungen an die Konstruktion lauten muss:

Rüst- und bestandsgerechtes Konstruieren.

Da in der heutigen „Sofortgesellschaft" die Variantenvielfalt auf die Endproduktebene erhalten bleiben muss, ist es zwingend, mittels Standardisierung / Werkstücksystematisierung, die Teilevielfalt auf der Einzelteilebene zu reduzieren bzw. die Artikel sollen so konstruiert werden, dass die Varianten in der spätmöglichsten Fertigungsabfolge entstehen und die Einführung ausgereifter Produkte ist wichtig.

Die Einführung nicht ausgereifter Produkte und nicht erfüllte Qualitätsanforderungen wirken sich negativ auf die Bestände aus, zum Beispiel durch:

- Verlängerung der Fertigungseinführung,
- verspätete Serienreife / Lieferungen,
- häufige Änderungen und Nacharbeit / Ausschuss,
- mangelhafte Verfügbarkeit der Teile und Baugruppen,
- umfangreicheren Ersatzteildienst.

Diese Auswirkungen erhöhen das Sicherheitsdenken in der Disposition, um zum Beispiel Reklamation hinsichtlich einer eingeschränkten Lieferfähigkeit abzuwenden, was in Bezug auf Lagerkosten katastrophale Folgen hat.

Produzieren von Überbeständen konsequent abstellen

Fertigungsaufträge in Menge / Stückzahl zu Soll-Stückzahl erheblich zu überschreiten, muss konsequent abgestellt werden. Dies ist eine Katastrophe bezüglich

- ➢ Material wegstehlen für Folgeaufträge,
- ➢ Bestandshöhe und Lagerplatz,
- ➢ Kapazitätswirtschaft / Auslastungsübersichten.

Verkürzung der Dispositionszyklen

Bestände können gesenkt werden durch Verkürzen der Dispositionszyklen. Unsicherheiten in der Disposition werden durch Sicherheitsbestände abgedeckt. Diese Sicherheitsbestände können durch kurze Dispositionszyklen abgebaut werden.

Je häufiger disponiert wird, um so

- besser ist das Dispositionsergebnis,
- kleiner sind die Losgrößen,
- kleiner ist das Änderungs- / Ausschussrisiko,
- kleiner ist das Dispositionsrisiko (Bilden von Lagerhütern).

Aus diesen Gründen ist anzustreben, eine permanente, täglich mehrmalige Stücklistenauflösung / -bedarfsrechnung einzurichten.

Abbau von ungeplanten Lagern in der Fertigung

Die Nachteile von ungeplanten / wilden Lagern sind gravierend:

1. Es entstehen dadurch große Bestandsabweichungen zwischen den Angaben auf den Konten und den effektiven Teilebeständen.
2. Es wird zu viel Kapital gebunden.
3. Es entstehen mit Sicherheit hochwertige Lagerhüter.
4. Es fehlen Teile / Baugruppen für bereits zugesagte termingenaue Lieferungen, da Wiederholteile bereits verbaut sind.
5. Es ist keine genaue Kapazitätswirtschaft und Auftragsterminierung möglich.

Verbesserte Ersatzteilstrategie

Hier können folgende Leitfragen für eine Bestandssenkung, ohne Verschlechterung der Ersatzteil-Nachlieferqualität, angesetzt werden:

- ➢ Welche Teile sind Ersatzteile und wer legt dies fest?
- ➢ Wie sieht die Regelung vor und nach Produktionsanlauf aus?
- ➢ Wo wird gelagert?
- ➢ Wer legt diese drei obigen Punkte fest und wer ist dafür verantwortlich?
- ➢ Vermeiden wir Mehrfachlagerungen, insbesondere in Verbindung mit der laufenden Produktion?
- ➢ Vermeiden wir Mehrfachdispositionen, erfolgt die Disposition also an einer Stelle?
- ➢ Können wir die Ersatzteilproduktion auslagern? Bei einer Belieferung innerhalb 1 - 2 AT geht der Ersatzteilvorhalt gegen null.

Wobei besonders der Abbau von Doppellagern und die Zusammenführung der Disposition in eine Hand, zusammen mit der normalen Produktion, zu einer merkbaren Bestandssenkung führen. *Voraussetzung dazu aber ist, dass das Dispo-Programm im verfügbaren Bestand so eingestellt ist, dass es nicht ins Minus reservieren kann (Gefahr des Teile-Wegstehlens für andere Aufträge ist sonst zu groß).*

5.3.1 Konzept der Wertanalyse in der Materialwirtschaft bezüglich *„make or buy"* von verkaufsfähigen Endprodukten

Ziel der Untersuchung ist es, Möglichkeiten zur Bestands- / Kostensenkung zu finden und somit auch zwangsläufig zur Senkung der Teileanzahl und Vielfalt, ohne die Lieferfähigkeit einzuschränken. Ein möglicher Weg ist die Wertanalyse, die sich gliedert

in die bekannte

Produkt-Wertanalyse (über Produkte der laufenden Fertigung)

bzw. in die so genannte

Konzept-Wertanalyse (auf Basis Prozesskostenrechnung).

Ihr kommt immer größere Bedeutung zu, da sie die Kosten und Anzahl neuer Teile bereits im Planungs- und Entwicklungsstadium berücksichtigt.

Folgende Kennzahlen überwachen die Wirksamkeit der geforderten Maßnahmen Reduzierung der Teilevielfalt und der Geschäftsvorgänge.

Artikel-Nr. (End-produkt)	**Umsatz in € p.a.**	**Ø Lager-bestand in €**	**Anzahl Einzelteile Baugruppen (Sachnummern)**	**Ø Umsatz je Sachnummer**	**Ø Lager-bestand je Sachnummer**
	1	**2**	**3**	**1 : 3 = 4**	**2 : 3 = 5**
ABC	100.000,00	10.000,00	100	1.000,00	100,00
XYZ	10.000,00	8.000,00	20	500,00	400,00
↓			↓		↓

mit folgender Aussage:

Je höher der Umsatz pro Sachnummer, je niedriger sind im Regelfalle die Bestände und die Anzahl Geschäftsvorgänge, bezogen auf z. B. eine Einheit von € 1.000,--

Je niedriger der Umsatz pro Sachnummer, je höher sind im Regelfalle die Bestände und die Anzahl Geschäftsvorgänge, bezogen auf z. B. eine Einheit von € 1.000,--

Prüfen, ob die 30 % der Artikel / Endprodukte, die den niedrigsten Umsatz je Sachnummer, aber gleichzeitig den höchsten Lagerbestand je Sachnummer haben, nicht besser komplett zugekauft werden können. Ergebnis: Erheblich weniger Geschäftsvorgänge / Gemeinkosten und erheblich weniger Bestand.

5.3.2 Berechnung des Bestandsrisikos in Disposition und Beschaffung

Auch die Berechnung des Bestandsrisikos für Sonderteile / -artikel die nur ein Kunde abnimmt, ist eine sinnige Methode, um Überbestände zu reduzieren.

		A	B	C
		X	Y	Z
Teile-Nr.	**Bezeichnung**	**Teileart**		

A	Ausgangsdaten für Jahr	**xxxx**
1	Jahresbedarf ca.	120.000 Stück
2	∅ Wochenbedarf ca.	2.400 Stück
3	Wiederbeschaffungszeit (in Wochen)	4 Wochen
4	Festgelegte Bestellmenge / Losgröße	12.000 Stück
5	Festgelegter Sicherheitsbestand (in Wochen)	1 Woche
6	Wiederbestellpunkt / Meldebestand (2 x 3) + (2 x 5) =	12.000 Stück
7	Maximale Bestandsreichweite in Wochen am Lager	10 Wochen
8	Mindestbestand im Lager	9.600 Stück
9		

B	**Berechnung des Bestandsrisikos**	Datum
10	Maximalbestand (2 x 7) =	24.000 Stück
11	Bestellmenge in Produktion/bei Lieferant (maximal 1 Auftrag)	12.000 Stück
12	Maximalbestand insgesamt (10 + 11)	36.000 Stück
13	Bei Lieferant abgesicherter Vorrat von Vormaterial / Halbzeug umgerechnet in Stück	24.000 Stück
14	Zwischensumme (12 + 13) =	60.000 Stück
15	– Von Vertrieb, bzw. Kunde abgesicherte Abnahmemenge	40.000 Stück
16	Bestandsrisiko in % $\frac{14 - 15}{15}$ x 100 =	**150 %**

5.3.3 Problem Lagerhüter (Null-Dreher) lösen

Die steuerliche Betrachtung der Abwertung / des Abverkaufs von Null-Drehern ist wichtig, wobei Null-Dreher erst gar nicht entstehen sollten, z. B. durch folgende Maßnahmen:

- Restmengen sofort verschrotten, sie reichen für den nächsten Auftrag doch nicht aus
- Kundenaufträge incl. Restmengen ausliefern

MASSNAHMELISTE – RÄUMUNGSPLAN			
Kriterium (Beispielhafte Aufzählung)	**Zu erledigen von:**	**Zu erledigen bis:**	**Informations-stand:**
– Null-Dreher-Analyse des Fertigwarenlagers aufstellen lassen nach Modell, Lagerbestand Menge, Wert, letzter Zugang, letzter Abgang und nach fallenden Jahren – Wie hoch ist der Bestand unverkäuflicher Ware? – Ausverkaufs- bzw. Räumungsplan aufstellen a) Wer ist dafür verantwortlich? b) Welche Artikel müssen verschrottet werden? - Ist Ausschlachten möglich? - Was kostet das? c) Wie muss der Schrott behandelt werden? (z. B. unkenntlich machen) – Welche Sonderverkäufe sollen einsetzen? Zielkunden / Zeitpunkt / Preis / Werbeaufwand? – Ist Umbau möglich? Welche Kunden beziehen ähnliche Artikel? Wer spricht mit Ihnen über Abnahme? – Gibt es die Weiterverwendungsmöglichkeit in neuen, verkaufsfähigen Produkten? – Wird in absehbarer Zeit ein erneuter Verkauf möglich? – Können Posten exportiert werden? – Was kann über eBay verkauft werden? – Zeitplan für Verschrottungsaktion festlegen			

Ein Räumungsplan ist wichtig, denn auf Dauer können nur die lebenden Artikel beeinflusst werden. Der Sumpf bleibt ansonsten konstant (Beispiel)

Lagerbestandsanalyse:

Anzahl Artikel	Wert in €	Anteil in % von Gesamtbestand
4.000 Stck. lebend	750.000,-- €	75 %
1.000 Stck. 0-Dreher	250.000,-- €	25 %
5.000 Stck. Gesamt	1.000.000,-- €	= 100 %

Erforderliche Zielbestandssenkung: 30 %

A)	Ziel: 30 % von 1.000.000,-- € = 300.000,-- €
B)	Die lebenden Artikel, Wert 750.000,-- € sollen um 300.000,-- € reduziert werden
C)	Ergibt Zielbestandssenkung für die lebenden Artikel von $\frac{300.000,\text{-- €}}{750.000,\text{-- €}} \times 100 = 40\ \%$

Eine Zusammenführung der Erhebung **„Überbestände warum?“** und deren Analyse nach dem 80-20-Prinzip, gemäß Gründekatalog mit dem aufgezeigten Werkzeugkasten **„Einzelschritte zur Bestandssenkung“**, zeigt den Weg, damit Überbestände / Fehlleistungskosten **dauerhaft minimiert** werden können. Eine Maßnahmeliste mit Datum und Name, *„WER MACHT BIS WANN WAS“*, erleichtert die Umsetzung im Unternehmen.

Null-Dreher / Lagerhüter müssen verschrottet oder über andere Wege eliminiert werden. Ein Vorhalt nach dem Grund *„Es kann doch noch irgendwann benötigt werden“*, ist u. a. bei Berücksichtigung steuerlicher Auswirkungen, der teuerste Weg.

Natürlich muss der Erfolg von Maßnahmen, bezüglich Bestandsreduzierung, auch sichtbar gemacht werden. Kennzahlen sind dann das richtige Mittel.

Bestands- / Teileart			**Ø Umschlagshäufigkeit am Stichtag bzw. Lagerbestand in € nach Teileart**				
Art des Bestandes	Wertigkeit	Teileart	**2017**	**2018**	**2019**	**2020**	**2021**
Fertigware	A	Handelsware	5,0				
		Eigenfertigung	6,3				
	B	Handelsware	4,8				
		Eigenfertigung	4,5				
	C	Handelsware	2,6				
		Eigenfertigung	2,8				
	KANBAN/ SCM	Handelsware	16,0				
		Eigenfertigung	19,2				
Baugruppen	A	Kaufteile	3,0				
		Eigenfertigung	6,2				
	B	Kaufteile	3,5				
		Eigenfertigung	4,1				
	C	Kaufteile	2,2				
		Eigenfertigung	1,8				
	KANBAN/ SCM	Handelsware	18,0				
		Eigenfertigung	22,0				
Einzelteile	A	Kaufteile	1,9				
		Eigenfertigung	4,4				
	B	Kaufteile	2,2				
		Eigenfertigung	3,0				
	C	Kaufteile	0,9				
		Eigenfertigung	1,6				
	KANBAN/ SCM	Kaufteile	17,6				
		Eigenfertigung	20,3				
Halbzeug / Rohmaterial	A	Kaufteile	2,1				
		Eigenfertigung	--				
	B	Kaufteile	1,5				
		Eigenfertigung	--				
	C	Kaufteile	0,8				
		Eigenfertigung	--				
	KANBAN/ SCM	Kaufteile	--				
		Eigenfertigung	--				
Umlaufkapital	Werkstattbestand	Teilefertigung	0,8 Mio. €				
		Vor- / Endmontage	0,5 Mio. €				
		Versand	0,1 Mio. €				

Formel:

$$\frac{\text{Verbrauch / Jahr in € od. Stck.}}{\text{Bestand am Stichtag in € od. Stck.}} =$$

U N D / O D E R

Bestand je Stichtag in €

Monatlich, quartalsweise oder jährlich 1 x =

Wobei die Umschlagshäufigkeit die aussagekräftigere Kennzahl ist. Durch Neuteile / neue Produkte können die Bestände in €-absolut steigen, obwohl die Drehzahl eine Verbesserung aufzeigt.

5.4 Supply-Chain-Management in der Materialwirtschaft (Pull-System)

Null Dispo- und Logistikaufwand und null Bestand, bei absoluter Flexibilität und Liefertreue.

Wie kann dieses visionäre Ziel erreicht werden?

A) Traditionelle Arbeitsweise / Lieferung nach Bestellung / Lange Lieferzeiten

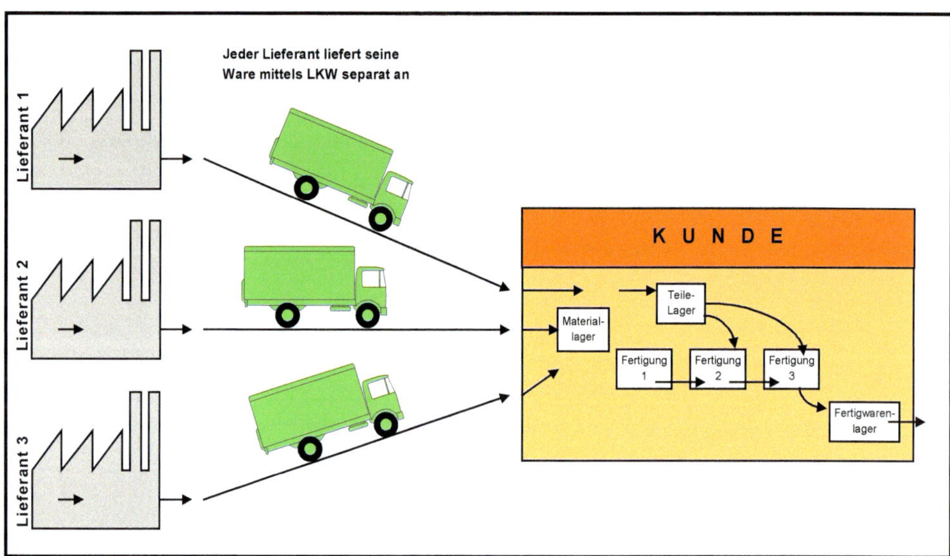

B) Lieferung (in Logistiklager) mittels Abrufaufträge / Kurze Lieferzeiten, aber 2-stufige Lagerhaltung, oder Lieferant lagert selbst

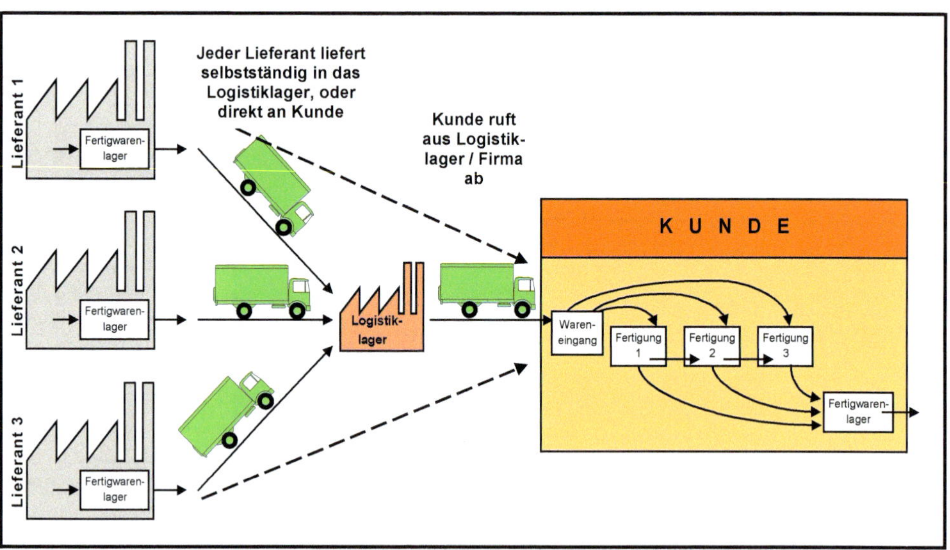

C) Oder einfacher, über KANBAN- / KONSIGNATIONSLAGER-ORGANISATION

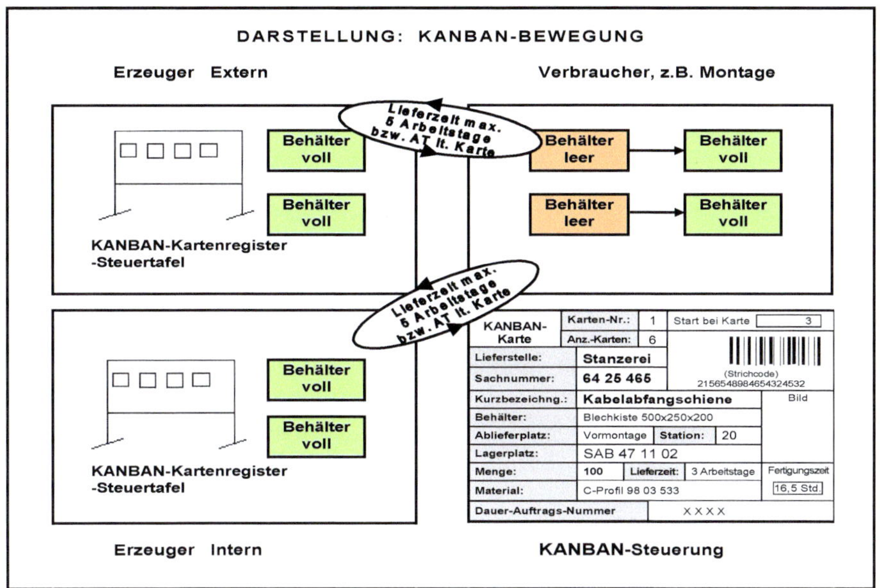

D) Ziel:
Supply-Chain-System / Selbst auffüllendes Liefer- und Lagersystem nach dem Min.- / Max.-Prinzip, über Internet-Plattform, als Konsignationslager

Es wird eine Internet-Plattform eingerichtet. Es wird vereinbart, was jeweils im Lager zu liegen hat = Mind.- / Maximalbestand. Was vom Kunden entnommen wird, wird *ONLINE* abgebucht. Lieferant hat direkt Zugriff auf die Bestände über Plattform; disponiert und liefert in eigener Verantwortung eigenständig, gemäß Mindest- / Maximalbestand nach.

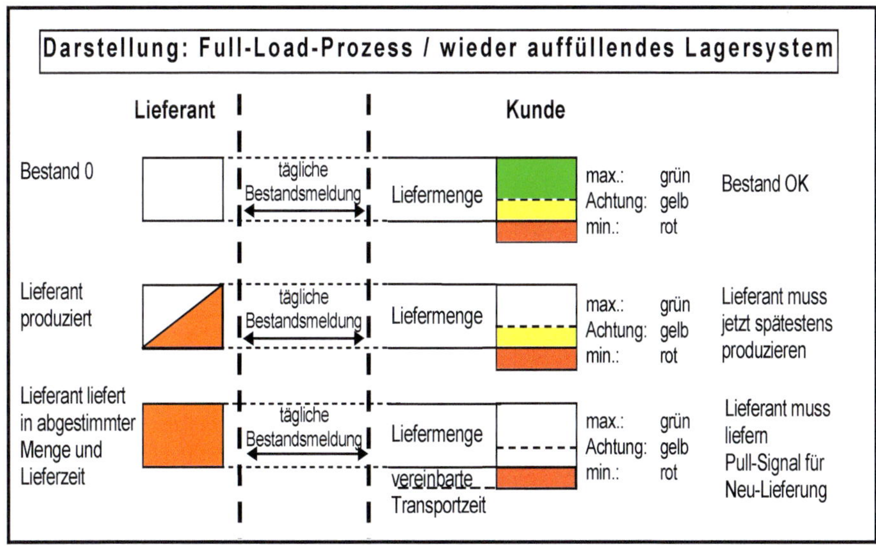

Internet–Infomaske

Arti-kel-Nr.	Be-zeich nung	Ände-rungs-Index	Bestand in Stück		Aktueller Lager-bestand in Stück		Stan-dard-Liefer-menge	Liefer-zeit in Tagen	Dauer-Auf-trags-Nr. Lief.-Kenng.	Aktuel-ler Zu-stand Bestand
			Min.	Max.	Datum	Menge				
X Y	A A	19.08.xx	2.500	10.000	06.06.xx	2.900	2.000	2	XXXX/08	gelb

Einfache Nachschubautomatik mit minimierten Prozessen, auf höchstem Niveau

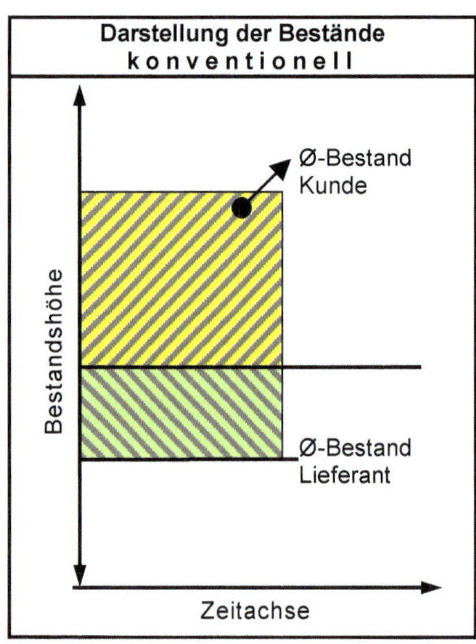

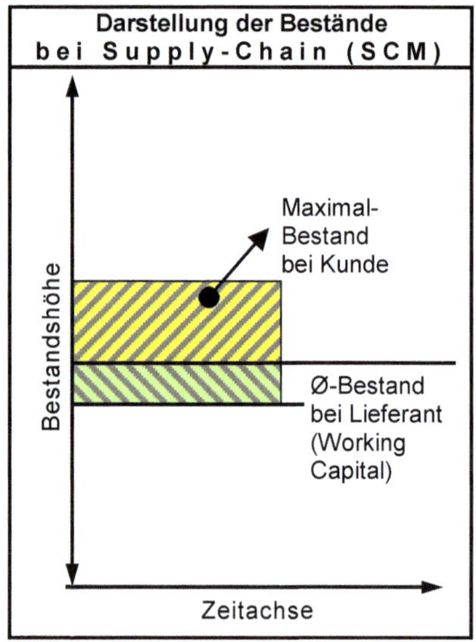

Vorteile für den Lieferanten	
1.	Weniger Bestände / Working Capital / weniger Kosten
2.	Weniger Lagerfläche / höhere Flexibilität
3.	Es kann das produziert werden, was der Kunde benötigt
4.	Weniger dispositive Arbeit / weniger Prozesskosten
5.	Weniger Transportkosten, LKW wird mittels verschiedener Artikel optimal ausgelastet

Vorteile für den Kunden	
1.	Weniger Bestände / Working Capital / weniger Kosten
2.	Es kann am flexibelsten gefertigt werden, hohe Verfügbarkeit
3.	Alle Artikel sind immer in ausreichender Menge da. Keine Sonderfahrten, keine Eilschüsse notwendig
4.	Keine Abrufe / kein Disponieren / weniger Prozesskosten
5.	Weniger Fehlleistungskosten, hoher Servicegrad

E) Milk-Run-System

Kosten minimieren → Leistung maximieren, bei verbessertem Informations-, Material- und Wertefluss, minimiert die Beschaffungs- / Anlieferkosten mittels Milk-Run-System / ein Spediteur oder eigener LKW sammelt, bringt die Ware zum Kunden / zu uns.

Vorteil: Weniger Frachtkosten, weniger LKW-Anliefertakte / Tag, weniger Warteschlangenprobleme

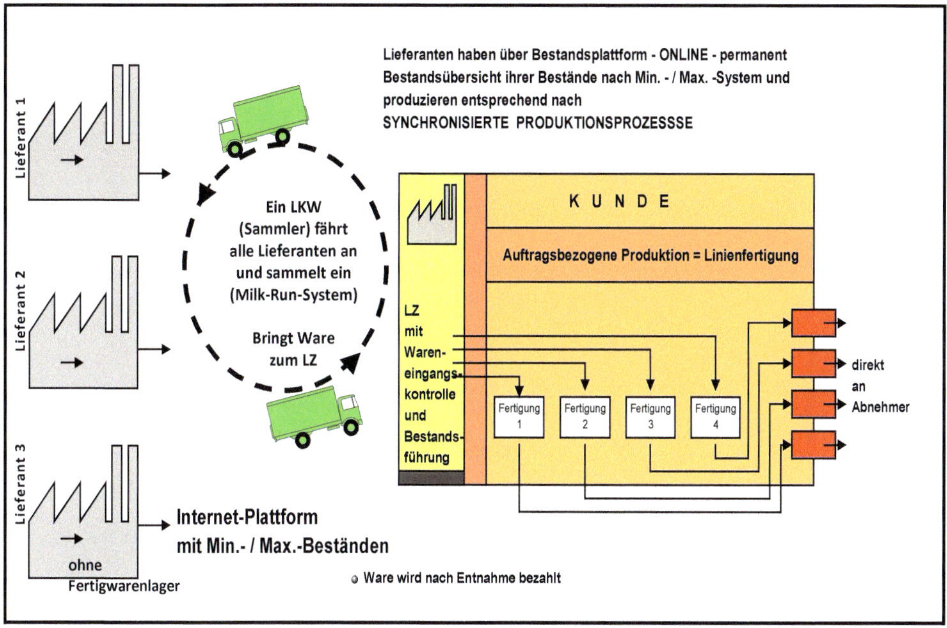

In Verbindung mit dem Supply-Chain-System / Selbst auffüllendes Liefer- und Lagersystem nach dem Min.- / Max.-Prinzip und der permanenten Bestandsübersicht beim Kunden über das Internet, bezüglich *„einfache Nachschubautomatik mit minimierten Prozessen"*, ergibt sich ein Deal für Lieferant und Kunde, u. a. mit geringeren Transport- und Lieferkosten.

6. Verbrauchsgesteuerte Disposition
KANBAN (Pull-System)
Supply-Chain-Methoden in der Nachschubautomatik

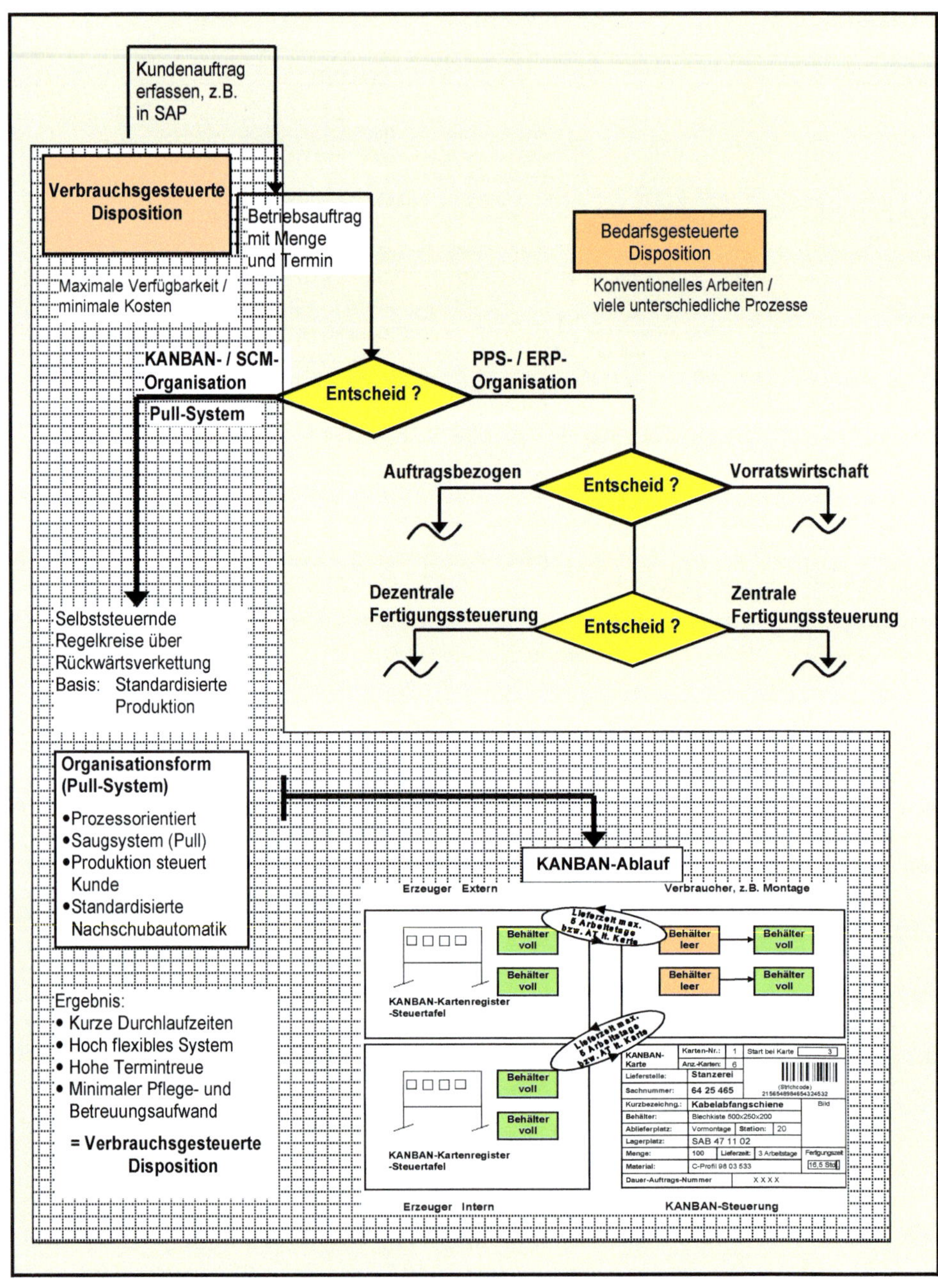

Was will das Unternehmen?

Analyseblatt zur Entscheidungsfindung der passenden Organisationsform:

Welche Teile- / Materialnachschubart bzw. welches Steuerungssystem ist für das Unternehmen, bezogen auf eine bestimmte Artikel- / Produktgruppe, die / das geeignete?

Kriterium, wie wichtig ist	**Bedeutung / Zielsetzung**		
	gering	***wichtig***	***sehr wichtig***
Ein hoher Lieferservicegrad	1	3	5
Eine hohe Liefertermintreue	1	3	5
Eine kurze Lieferzeit	1	3	5
Eine kurze Durchlaufzeit	1	3	5
Ein niedriger Sicherheitsbestand	1	3	5
Ein niedriger Lagerbestand	1	3	5
Ein geringer Werkstattbestand	1	3	5
Eine hohe Liquidität	1	3	5
Eine hohe Flexibilität	1	3	5
Niedrigste Kosten in der Beschaffungslogistik	1	3	5
Niedrigere Kosten in der Produktionslogistik	1	3	5
Minimierte Rüstkosten durch Verketten vor Ort	1	3	5
Eine hohe Bestandssicherheit	1	3	5
Geringe Abwertungs- / Verschrottungskosten	1	3	5

Wenn mehrheitlich „sehr wichtig – 5“ angekreuzt wird, dann sollten KANBAN- / SCM-Nachschubregeln genutzt werden.

KANBAN / SCM-Systeme, mehr Flexibilität, niedrige Bestände, kürzere Lieferzeiten,
vom Push- zum Pull-System

- **Wenn die Logistik funktioniert – funktioniert ALLES**
- **Mit SCM KANBAN Prozesse systematisch verbessern, Lieferzeiten verkürzen, Fehlteile, Fehlleistungskosten minimieren**
- **Lager / Bestände / Abläufe / Datenqualität optimieren**

6.1 KANBAN-System

Grundsätzliche Organisationsprinzipien für einen reibungslosen KANBAN-Ablauf nach Just-in-time-Gesichtspunkten

Steigender Aufwand in der Produktions- / Beschaffungslogistik, trotz ERP- / PPS-Einsatz

Produktionsbetriebe stehen vor großen Herausforderungen. Bisher erfolgreiche IT-Regelwerke funktionieren nicht mehr zufriedenstellend und müssen in Frage gestellt werden.

Denn wenn Ihre Kunden auch die Bestände senken, bestellen sie bei Ihnen später und unregelmäßiger. Die Bedarfsschwankungen und kurzfristigen Änderungen in Menge und Termin werden größer, bringen die im System geplanten Annahmen und Prozesse völlig durcheinander, machen schnelle, teilweise manuelle Eingriffe notwendig.
In der Folge entsteht bei der bedarfsgesteuerten Disposition eine mehr oder weniger große Diskrepanz zwischen SOLL- und IST-Situation, was tatsächlich beschafft / gefertigt werden muss. Permanente Umplanungen sind notwendig, Termine können nicht, oder nur unter erheblichen Mehrkosten eingehalten werden. Die Bestände und Rückstände steigen. Was morgens geplant / eingeteilt wurde, ist nachmittags bereits hinfällig / überholt. Auch der enorme Zeitaufwand für Stammdatenpflege macht den Anwendern das Leben schwer.

Somit stellt sich die Frage: Was ist besser, ein PPS- / ERP-gestütztes Push-System, oder das von Toyota entwickelte Pull-System, das wie das ALDI-Prinzip funktioniert? Leere Behältnisse werden von der vorausgehenden Arbeitsstufe (Lieferant genannt) automatisch, selbst regulierend aufgefüllt, also es wird nur das nachproduziert, was auch tatsächlich gebraucht wird.

SCHEMADARSTELLUNG: PULL-PRINZIP KANBAN-BEWEGUNG

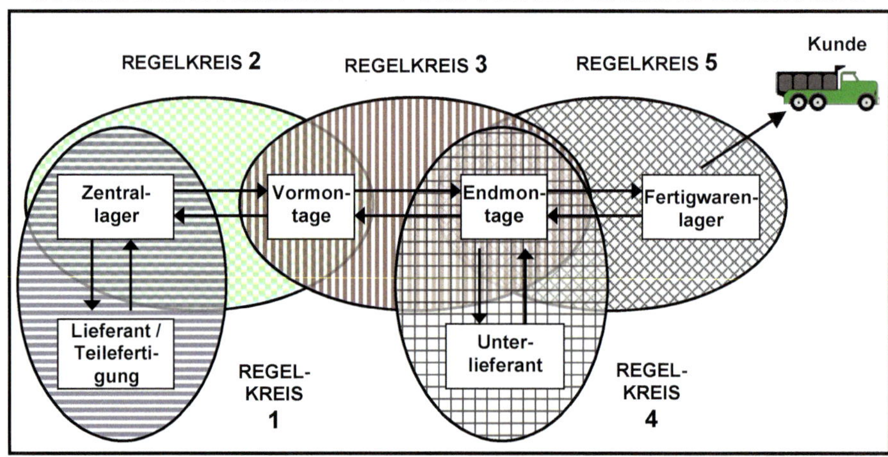

KANBAN-ABLAUF	
Der Markt steuert die Anlagen und Mitarbeiter unmittelbar Es gibt keine Produktions-pläne mehr	KANBAN-Behälter mit Fertigerzeugnissen leer KANBAN-Karte an Lieferant (intern / extern) Selbstorganisation und Fertigungszelle für Produktion und Qualitäts- und Funktionsprüfung Einlagerung im KANBAN-Lager Versand an Kunden

Ein Zahlenbeispiel soll diese Problematik verdeutlichen

Durch die ständig steigende Anzahl Betriebsaufträge, die täglich in die Fertigung eingesteuert werden, verbunden mit der ebenfalls stetig steigenden Anzahl Änderungen in Menge und Termin, ist auch bei einer noch so optimalen ERP-Organisation / leitstandgestützten Fertigung nicht mehr sichergestellt, dass das Richtige zum richtigen Zeitpunkt „punktgenau" in der Montage / dem Versand ankommt.

Anzahl täglich einzusteuernde Betriebsaufträge	Anzahl Arbeitsgänge	Durchlaufzeit in Tagen	Anzahl zu steuernde Arbeitsgänge
früher 10	10	10	1.000
heute 100	10	10	10.000

Dies führt bei einer Fertigung / Produktionssteuerung nach dem tayloristischen Prinzip, nach dem Push-System, zu einer sehr aufwendigen und im Detail nur bedingt beherrschbaren Produktion, siehe auch Abschnitt 4.2.2.2, Bestellpunktverfahren.

Unterschied – Traditionelle Arbeits- und Organisationsstrukturen = Bring-System / Schiebeprinzip

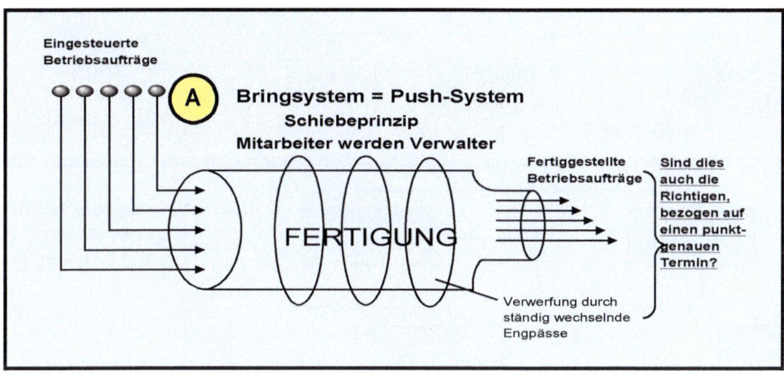

Zu Toyota-System =Produkt- und teamorientiert zum Kunden / Saug-System

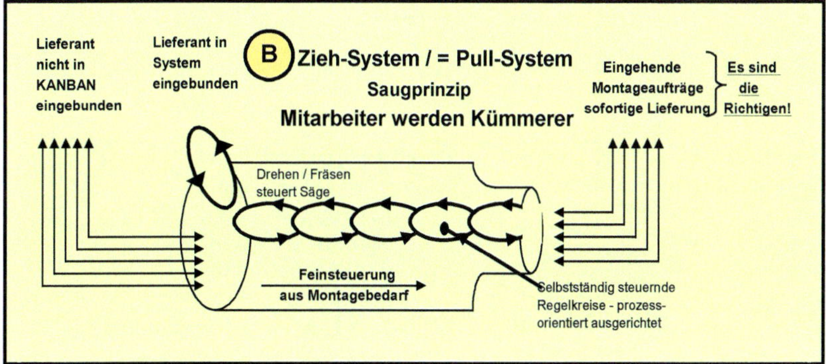

Bei einem Pull-System werden zwar grundsätzlich vorhandene Engpässe nicht beseitigt, aber es wird sichergestellt, dass zumindest das Richtige zum richtigen Zeitpunkt in der Montage / im Versand ankommt und es erfolgt ein schneller Durchlauf mit geringen Umlaufbeständen und hoher Flexibilität.

Mehrstufig eingerichtete Stücklistenstrukturen (Baugruppen-System) mit unterschiedlicher Dispo-Verantwortung nach Personen, Material und Teilearten (ERP- / PPS-Systematik), eine Schwachstelle

Nachfolgend ist die Dispositions- und Terminverantwortung, ERP- / PPS-gestützt, auf Basis konventioneller Stücklistenorganisation beispielhaft dargestellt:

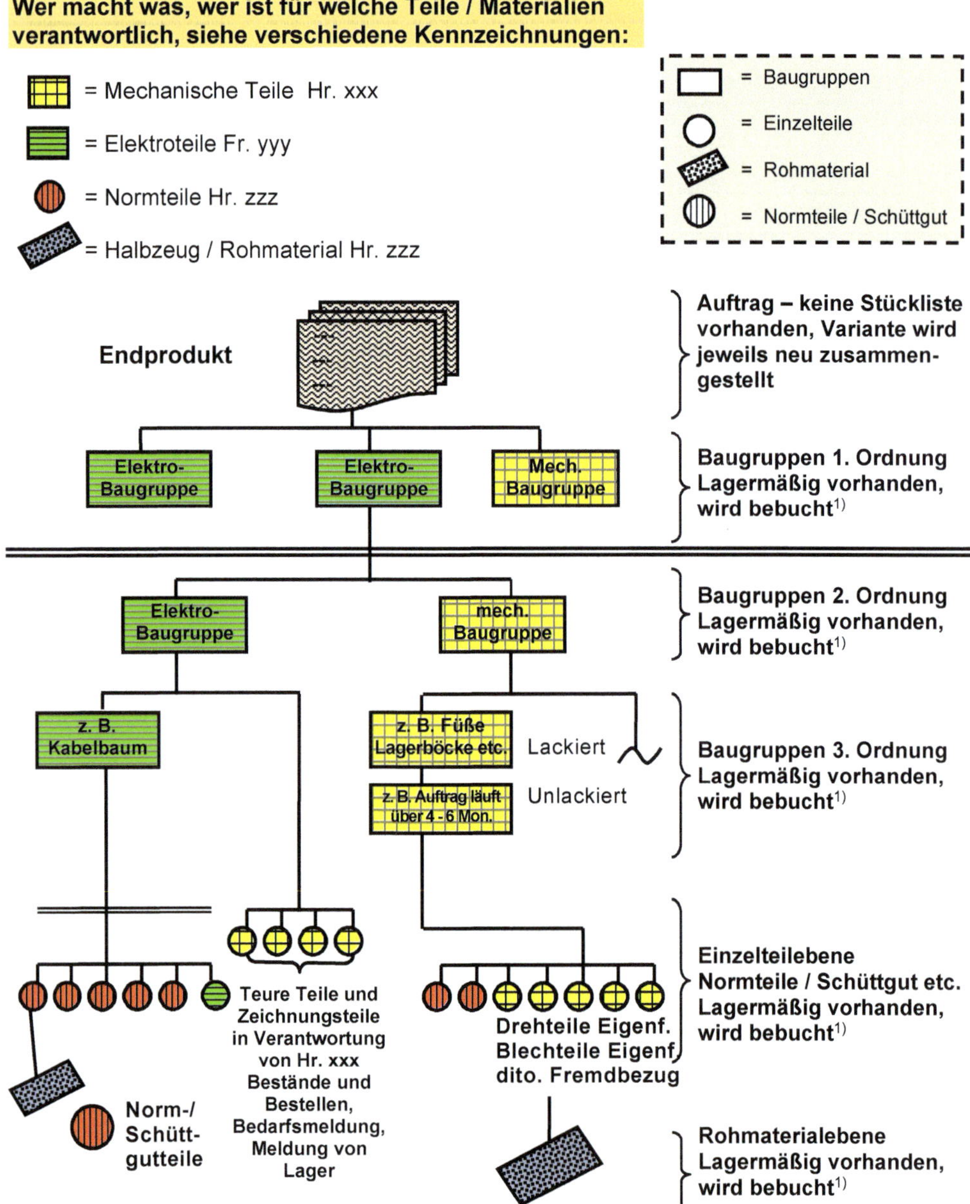

[1] und jeweils Arbeitspapiere erstellt bis Fertigung.

Dieser viel zu fein gegliederte Stücklistenaufbau und die nach dem Verrichtungsprinzip gegliederte Zuordnung von Tätigkeiten / Verantwortlichkeiten auf verschiedene Personen bedeuten:

- ⇨ Die Durchlaufzeit für Disposition und Beschaffen ist viel zu lange.
- ⇨ Der Lagerist nimmt alle Teile 4 x 2 (Zugang / Abgang) = 8 x über alle Ebenen, in jeweils anderen Veredelungsstufen in die Hände. Die Buchungen vervielfachen sich.
- ⇨ Die Bestände werden um das drei- bis Vierfache mehr als notwendig nach oben getrieben, insbesondere wenn die Nachschubautomatik mittels Bestellpunktverfahren vorgenommen wird.
- ⇨ Nach Bereitstellen und Durchführen eines Arbeitsganges wird wieder gelagert.
- ⇨ Die Teile / Baugruppen werden x-fach transportiert, ein- / ausgelagert, was der Qualität nicht gerade dienlich ist.
- ⇨ Wiederholteile, die in mehreren Baugruppen vorkommen, sind in zwei bis drei Ebenen eingebaut und auch lose, einzeln vorhanden – treibt die Bestände in die Höhe.
- ⇨ Es entstehen lauter Einzeloptima und kein Gesamtoptima. Gesamtoptima soll bedeuten, es ist alles für z. B. 100 Varianten vorhanden (nicht mehr / nicht weniger, außer Schüttgut und sonstigen Billigteilen). Das Denken in Wellen kann nicht eingerichtet werden.
- ⇨ Letztendlich fühlt sich niemand für das ganze Produkt / für den Auftrag voll verantwortlich. Jeder kann alles auf einen anderen schieben, wenn z. B. etwas fehlt, wenn ein Auftrag nicht rechtzeitig fertig wird.
- ⇨ Es wird viel zu viel Papier in Form von Betriebsaufträgen erzeugt, was insgesamt die nicht wertschöpfende Arbeit in den Dienstleistungsabteilungen nach oben treibt.

Hinzu kommt der permanent steigende **Zeitaufwand**, der sich aus dem **Nachpflegen der Auftragsänderungen** in Menge und Termin, von Seiten der Kunden, im ERP- / PPS-System ergibt. Alle Einplanungsvorgänge davor waren somit Blindleistungen bzw. es wird eventuell das *„Falsche“* zum *„falschen Zeitpunkt“* produziert.

Und sofern mittels Bestellpunktverfahren gearbeitet wird, erzeugt das System je Dispo- / Lagerstufe bei Unterschreiten des Bestellpunktes einen Fertigungsauftrag. Erzeugt in der Fertigung eine hausgemachte Konjunktur, hohe Bestände im Lager.

6.2 Analyse der Produktstruktur auf KANBAN-Fähigkeit – welche Teile müssen an den Arbeitsplätzen nach KANBAN Regeln vorrätig sein, damit das System funktioniert

Hilfreich für die Visualisierung dieser zeit- und buchungssaufwendigen Arbeitsweise eines falsch verstandenen ERP-Anwendungskonzeptes ist eine Produktstrukturanalyse mit der Erfassung der auftragsneutralen Teile und Varianten als Mengengerüst je Baugruppenstruktur.

So kann einfach und übersichtlich dargestellt werden: Aus wie viel **Einzelteilen und Baugruppen** werden die verschiedenen Endprodukte hergestellt und wie arbeitsaufwendig laufen die Dispositions- und Fertigungsabläufe ERP-gesteuert ab.

Bild 6.1: *Analyse der Produktstruktur Artikelgruppe Typ XX*

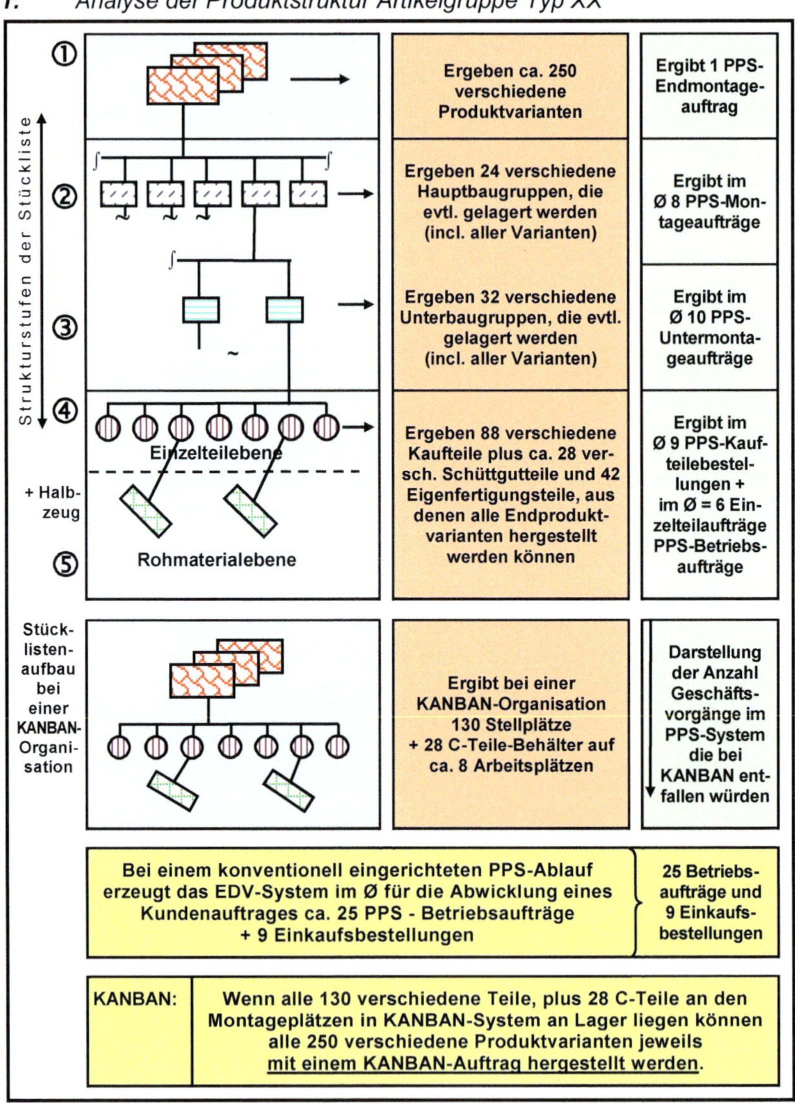

6.3 Was ist KANBAN?

Das Wort ***KANBAN***

japanisch: Pendelkarte / Anzeigekarte auf der alle teilespezifischen Informationen, wie z. B. Teilenummer / Bezeichnung, Lieferant, Lagerort, Kunde, Bestimmungsort, Lagerplatz, Menge, Lieferzeit in Tagen, Behälterart / -größe etc. vermerkt sind.

Was ist KANBAN? / Vorteile von KANBAN in der Just-in-time-Gesellschaft

KANBAN ist ein in Japan, von Toyota entwickeltes dezentrales Produktionssteuerungssystem, das auf dem Pull-Prinzip basiert. Das bedeutet, eine Produktion wird nur durch Verbrauch in der Vorstufe ausgelöst. Ausgangspunkt für einen Lieferauftrag ist somit der Kunde – die Produktion erfolgt kundenorientiert. Dies geschieht über Selbststeuerung der produzierenden Bereiche, Kunden-Lieferantenprinzip, und visuelle Anzeigen mittels Steuertafeln und so genannten KANBAN-Karten, Behälter voll → Behälter leer.

Durch elektronische Unterstützung, z. B. Barcode oder RFID-System, kann KANBAN selbst über große Entfernungen realisiert werden. Die Datenübertragung lässt sich durch Nutzung von Wireless-LAN und Internet mit einfachen Mitteln realisieren, mit folgenden Vorteilen für die Kunden-Lieferantenbeziehung (intern – extern):

- ► Reduzierung der Abwicklungsvarianten und Kosten:
  - ♦ Prozesskosten (über die gesamte Lieferkette)
  - ♦ Kapitalkosten (Bestände und Umlaufvermögen)
  - ♦ Fehlleistungskosten (Qualität, Liefertreue)
- ► Verbesserung der Teile- / Lieferantenbeziehung in der Leistung, bezüglich
  - ♦ Materialverfügbarkeit bei minimalen Beständen
  - ♦ Verbesserte Liefertreue und Flexibilität
  - ♦ Verbesserung des Informationsflusses

KANBAN-Philosophie

KANBAN ist ein selbst steuerndes System, d. h. eine KANBAN-Steuerung benötigt im Normalfall keine besondere IT-Unterstützung oder Überwachung, beispielsweise für das Anstoßen einer Teilefertigung in Losgrößen oder für das Ordern von Nachschub für die Teilefertigung oder für die Montage. Dies geschieht durch die Mitarbeiter selbst.

1. Es existiert ein Informationskreis zwischen einer Fertigungsgruppe und seinem vorgelagerten Pufferlager. Das Informationshilfsmittel ist die KANBAN-Karte.

2. Das KANBAN-System arbeitet nach dem Ziehprinzip, d. h. der Anstoß für einen Arbeitsgang oder Auftrag wird durch einen leeren Behälter ausgelöst.

3. Bei der Einführung des KANBAN-Systems befinden sich in allen Lagern für jedes Teil mindestens zwei gefüllte KANBAN-Behälter. Jedes Teil ist einem bestimmten Behälter zugeordnet.

4. Jeder KANBAN-Behälter ist mit einer KANBAN-Karte versehen. Auf dieser KANBAN-Karte befinden sich alle wichtigen Informationen, wie KANBAN-Menge, Fertig-, Teile-Nr., Behälterart, Lagerort und Empfängerlager.

5. Wird nun ein Behälter z. B. in einem Fertigwarenlager leer, so kommt dieser Behälter in das Montagelager und muss von der Montage 1 - 5 Tage später, mit montierten Artikeln aufgefüllt, an das Fertigwarenlager zurückgeliefert werden.

6. Durch diesen Montagevorgang werden ein oder mehrere Einzelteilbehälter in der Montage leer, die vom Zentrallager aufgefüllt und an die Montage geliefert werden. Werden im Zentrallager Behälter leer, müssen diese Teile vom Lager in der Teilevorfertigung, oder beim Lieferanten in der vorgegebenen Menge nachbestellt werden. Die Lieferungen müssen spätestens 1 - 5 Tage nach Bestellung pünktlich eintreffen.

7. Da von jedem Teil mindestens zwei gefüllte KANBAN-Behälter vorhanden sind, und sofort, wenn einer dieser Behälter geleert wurde, der Anstoß zum Füllen des Behälters mittels KANBAN gegeben wird, ist der Warenkreislauf und damit die Lieferbereitschaft gesichert.

8. Die Steuerung mittels KANBAN erfolgt jeweils nur für einen KANBAN-Kreislauf. Existieren mehrere Kreisläufe, so sind diese in ihrer Steuerungs- und Produktionsfunktion unabhängig voneinander. Auch die Behälterzahl / Teilemengen können verschieden sein.

9. Auch die Bereitstellarbeit im Lager wird wesentlich reduziert, da nur nach festen Mengen, sortenrein bereitgestellt wird. Auch die Produktivität[1)] in der Fertigung steigt, da immer das richtige Teil im sofortigen Zugriff ist.

Somit kreist zwischen vor- und nachgeschalteten Fertigungsgruppen eine Reihe von KANBAN-Karten mit den entsprechenden Behältnissen und es entsteht eine reibungslose Nachschubautomatik, die sich selbst steuert. Die Anzahl der KANBAN-Kreise hängt davon ab, inwieweit die Produktion eines Artikels aufgesplittet werden muss. Größe und Anzahl der Teile, lt. KANBAN-Menge, ist ausschlaggebend.

Versand / Fertigteilelager bestellt bei Endmontage, Endmontage bestellt bei Vormontage, Vormontage bestellt bei Zentrallager bzw. Lieferant, usw.

- Außer einer höheren Produktivität und Flexibilität, die durch Wegfall von so genannten *„nicht wertschöpfenden Tätigkeiten“* entsteht, verkürzt sich die Durchlaufzeit wesentlich. Auch das Auftreten von Fehlteilen / fehlende Baugruppen läuft gegen null, bei gleichzeitiger Senkung der Bestände.
- KANBAN glättet und nivelliert die Produktion, minimiert Wege
- Gleichzeitig erschließt KANBAN das Ideenpotential der Mitarbeiter. Durch Identifikation und Motivation wird Verantwortung und Leistung gefördert.
- KANBAN stellt den Produktionsprozess in den Vordergrund und ist für folgende Anwendungsbereiche geeignet:

  Serien- und Variantenfertiger, insbesondere auch Kleinserien- / Variantenfertiger sowie für Zulieferer die fertigungssynchron anliefern müssen, in allen Branchen.

[1)] Grund: Für die dort herzustellenden Artikel wird ein Teilelager eingerichtet. Der Weg für den Entnahme-Pick sollte nicht weiter sein als ca. 5 Meter, besser weniger.

Wichtige Varianten dieses KANBAN-Grundsystems sind:

a) Für Zukaufware wird anstatt eines so genannten Fertigungs- oder Transport-KANBANS, ein Lieferanten-KANBAN benutzt. Dieses KANBAN gilt gleichzeitig als Bestellschein, wobei es noch die gewünschte Lieferzeit und den entsprechenden Lieferanten beinhaltet.

b) Werden außer den genannten zwei Behältern (Mindest-KANBAN-Menge) weitere Behälter eingesetzt, so muss der Bestellpunkt durch einen zusätzlichen Hinweis auf den KANBAN-Karten dargestellt werden. Dies erreicht man am besten, indem die KANBAN-Karten den Hinweis beinhalten *„Es gibt 6 Karten – Start bei der dritten Karte (dritter Behälter leer)“*. Dies also den Mindestbestand darstellt, und somit in der vorgelagerten Stufe den Produktionsprozess auslösen soll.

Wird nur das normal übliche KANBAN-System als Zweibehälter-Rotation benutzt, so ist die Behältermenge so ausgerechnet, dass Wiederbeschaffungszeit plus Sicherheitsbestand dann die entsprechende KANBAN-Menge ergibt. (Hinweis: WBZ max. 5 Tage, besser weniger Tage.)

Der große Erfolg des KANBAN-Systems liegt darin, dass Bestände radikal gesenkt werden und eine automatische Nachschubautomatik in Gang gesetzt wird, wodurch der Warenkreislauf und die Lieferbereitschaft gesichert sind.

Allerdings erfordert der erfolgreiche Einsatz von KANBAN gleichzeitig eine Umorganisation in der Fertigung, durch z. B. Einrichten von Fertigungszellen oder prozessorientierte Linienfertigungen. U. a. auch aus reinen Platzgründen erforderlich. Die Teile sollten im Idealfall nicht weiter als 5 m vom Arbeitsplatz entfernt liegen.

Insbesondere die Regelkreise von Zentrallager zu Produktion, zu den dortigen KANBAN-Regalen, vermindern den Bereitstellaufwand im Lager (reduziert die Anzahl Picks) bis zu 50 % und erhöht die Produktivität in der Fertigung bis zu 10 % und mehr.

<u>*Grund:*</u> Es wird immer sortenrein bereitgestellt. Was das Montagepersonal benötigt, liegt in den Behältern immer oben auf.

Kein Sortieraufwand in der Montage notwendig, alles liegt griffbereit.

Mittels Ablaufuntersuchungen wurde ermittelt, dass das Sortieren (bei auftragsbezogener Bereitstellung der Teile), bis der Monteur das nächste benötigte Teil gefunden hat, in etwa die gleiche Zeit benötigt, wie der Mitarbeiter im Lager für den Pick, den Bereitstellvorgang.

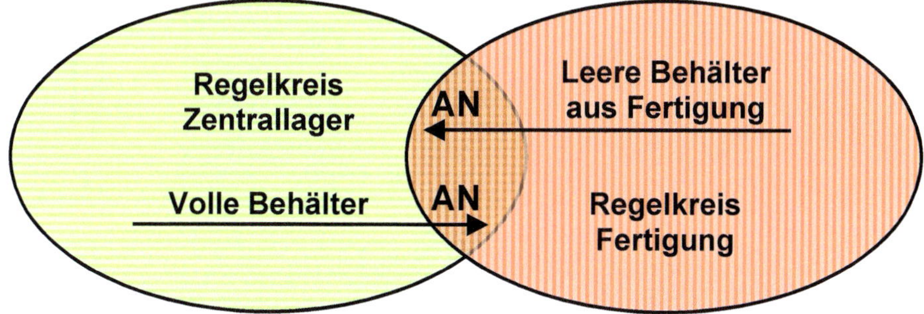

KANBAN kann in verschiedenen Ausprägungen eingerichtet / geführt werden:

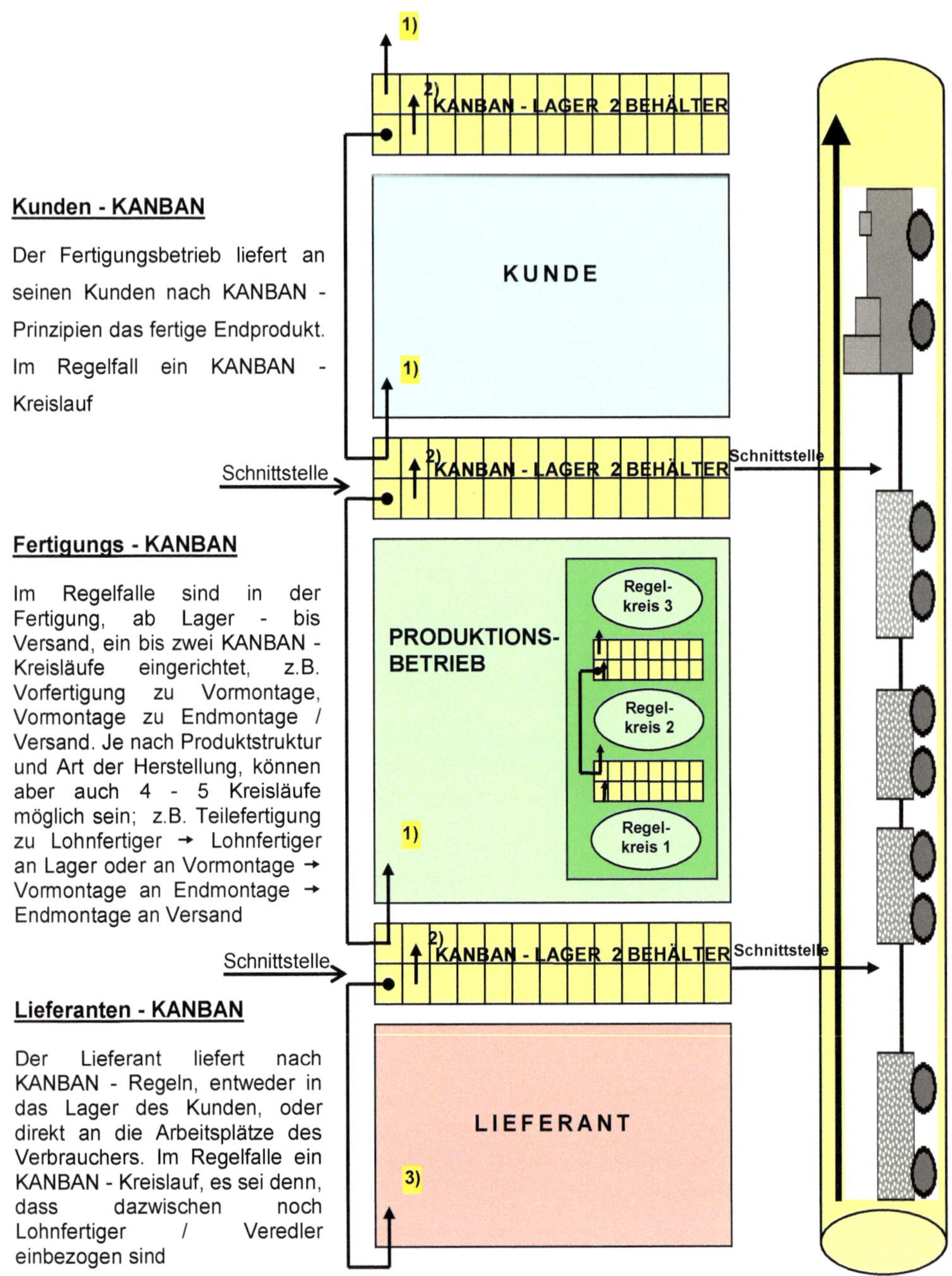

Kunden - KANBAN

Der Fertigungsbetrieb liefert an seinen Kunden nach KANBAN - Prinzipien das fertige Endprodukt. Im Regelfall ein KANBAN - Kreislauf

Fertigungs - KANBAN

Im Regelfalle sind in der Fertigung, ab Lager - bis Versand, ein bis zwei KANBAN - Kreisläufe eingerichtet, z.B. Vorfertigung zu Vormontage, Vormontage zu Endmontage / Versand. Je nach Produktstruktur und Art der Herstellung, können aber auch 4 - 5 Kreisläufe möglich sein; z.B. Teilefertigung zu Lohnfertiger → Lohnfertiger an Lager oder an Vormontage → Vormontage an Endmontage → Endmontage an Versand

Lieferanten - KANBAN

Der Lieferant liefert nach KANBAN - Regeln, entweder in das Lager des Kunden, oder direkt an die Arbeitsplätze des Verbrauchers. Im Regelfalle ein KANBAN - Kreislauf, es sei denn, dass dazwischen noch Lohnfertiger / Veredler einbezogen sind

[1] Behälter leer

[2] Reservebehälter wird nachgeschoben und gleichzeitig mittels KANBAN die Nachschubautomatik ausgelöst

[3] KANBAN-Lager oder normales Dispo-Lager

6.4 Welche Teile / Artikel können über SCM gesteuert werden? Intern – Extern

Damit ein einzelnes Teil, eine Baugruppe oder ein Endprodukt nach KANBAN gesteuert / beschafft oder produziert werden kann, sollte:

1. pro Jahr mindestens **6- bis 8-mal** Bedarf vorhanden sein, besser häufiger

2. der Bedarf nicht extrem schwanken, wobei die Schwankungsbreite über die Höhe der KANBAN-Mengenberechnung abgefangen werden kann:

Formel: $\overline{X}$ + 1S oder $\overline{X}$ + 2S, = Menge für 1 Behälter
+ gleiche Menge Reservebehälter

Beispielhafte Darstellung:

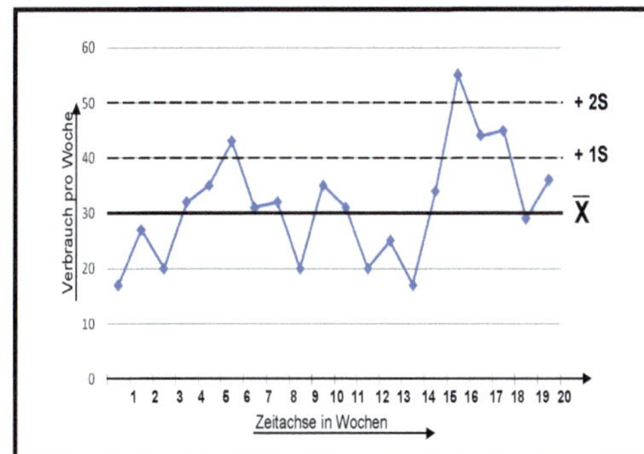

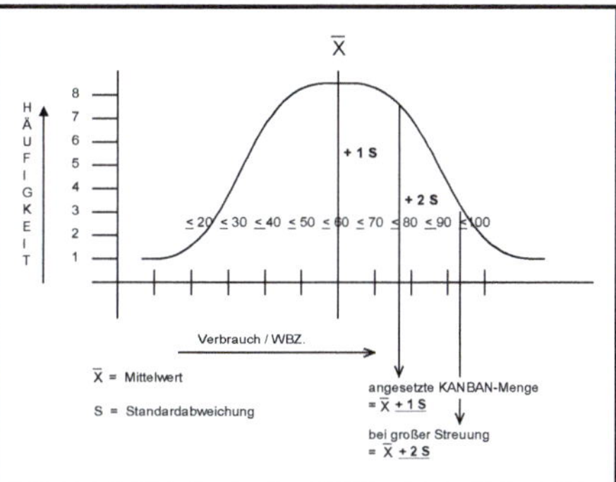

3. die Wiederbeschaffungszeit intern / extern nicht länger als **5 AT** betragen (besser weniger). Bei Eigenfertigungsteilen, die länger als 5 AT Durchlaufzeit haben, über Einrichten weiterer KANBAN-Regelkreise die DLZ auf max. 5 AT ausgerichtet werden.

4. Indexänderungen nicht mehr als **1 x / Jahr** anfallen. Nicht ausgereifte Artikel / Teile sollten nicht über KANBAN gesteuert werden. Die Verschrottungsgefahr ist zu groß.

Riesenaufträge können nicht über KANBAN gesteuert werden, saugen alle Regelkreise leer, es muss daraus ein PPS-Auftrag gemacht werden und die Nachschubautomatik für diesen Auftrag separat / zusätzlich eingeleitet werden. In den Artikelstammdaten ist KANBAN-Menge zur Abfrage „Riesenauftrag J / N“ hinterlegt.

Hinweis:

Je kleiner / preiswerter die Teile / je mehr Platz an den Fertigungsstätten vorhanden ist, desto größer können die Mengen gewählt werden. Die 5 AT sind ein Erfahrungswert, der sich daraus ergibt, dass 5 Tage vor Auslieferung die Kunden weder Menge noch Termin ändern (Zulieferindustrie hat kürzeres Timing).

Bild 6.2: *Darstellung „KANBAN-REGELKREISE" für eine mehrstufige Warengruppe – Montagebetrieb*

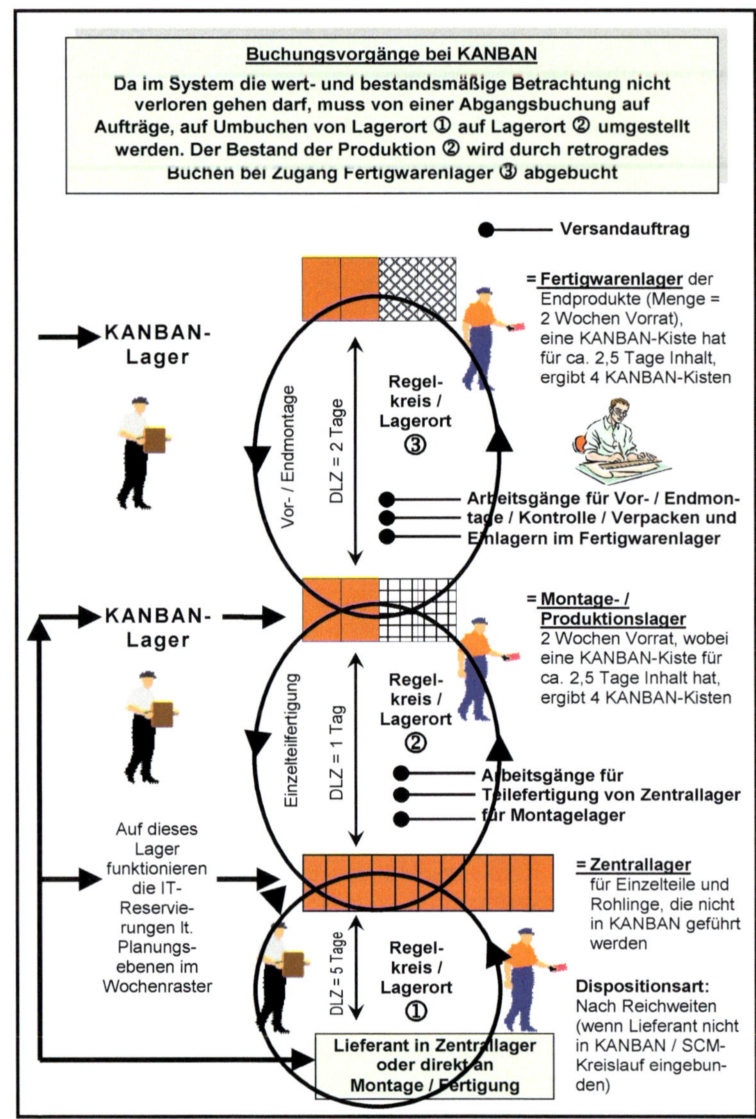

Wobei insbesondere die KANBAN-Regelkreise ① zu ②, bzw. ② zu ③, große Vorteile in der Prozessbetrachtung haben.

A) Die Anzahl Bereitstellvorgänge von Lager in Produktion reduziert sich gegenüber einer auftragsbezogenen Bereitstellung um ca. 50 %

UND

B) Die Produktivität in der Fertigung erhöht sich um ca. 10 %, da alle Artikel „sortenrein" in den Behältnissen liegen. Suchen / Sortieren entfällt, alles was benötigt wird, liegt oben auf

6.5 Stücklistenaufbau bei einer KANBAN-Organisation

Damit die KANBAN-Steuerung / das Verbuchen der Zu- und Abgänge innerhalb der beschriebenen Regelkreise über die gesamte Logistikkette ohne Betriebsaufträge auf Teileeben funktioniert, müssen für die Buchungs- und Dispo-Vorgänge in allen Stücklisten die Baugruppen aufgelöst, die Stücklisten also flach gemacht und die Arbeitspläne entsprechend angepasst werden, siehe nachfolgende Schemadarstellung.

Die Baugruppenstruktur selbst bleibt für z. B. Konstruktionszwecke enthalten, es wird also im System nur der Haken ☑ „lagerfähig" entfernt.

Bild 6.3: *Schemadarstellung Stücklistenaufbau konventionell*

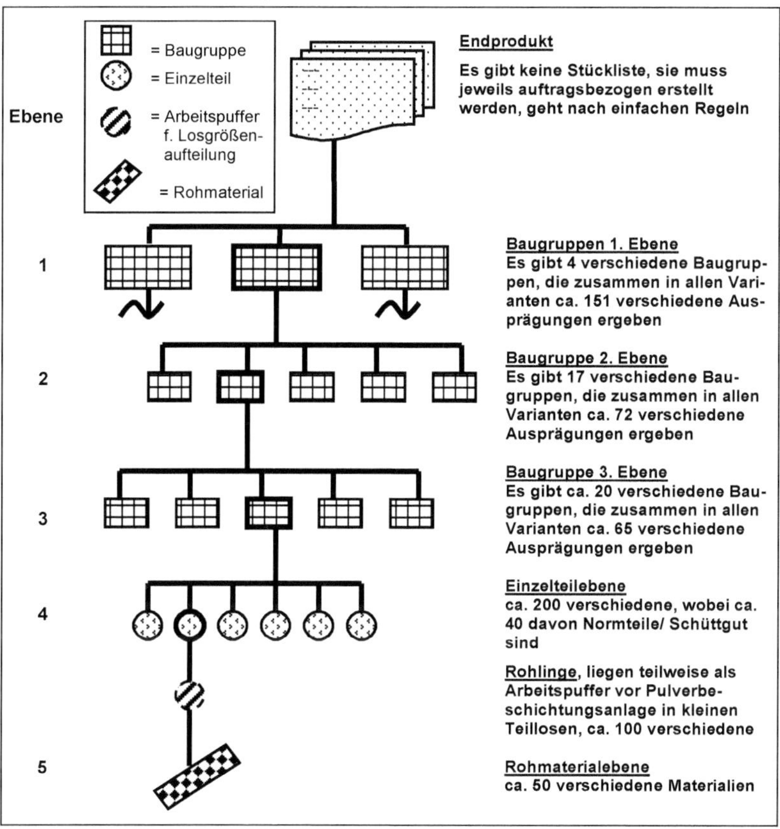

Bild 6.4: *Schemadarstellung Stücklistenaufbau KANBAN-Organisation*

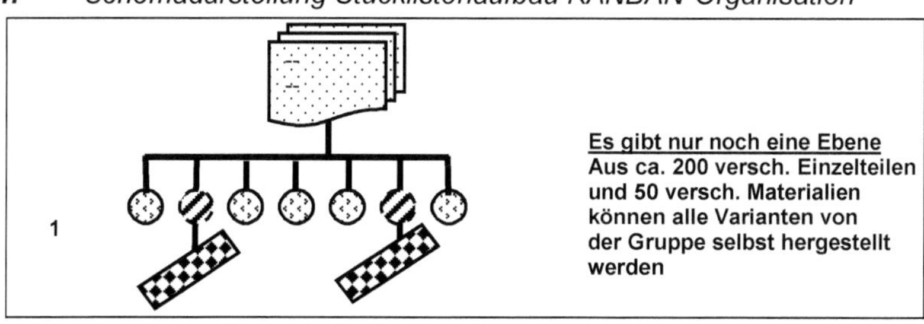

6.6 Prozesskettenvergleich: KANBAN zu PPS- / ERP-Abläufe

Alle IT-gestützten Steuerungssysteme erfordern einen hohen Aufwand in Führung und Pflege der Systeme, der durch häufiges Ändern der Aufträge, seitens der Kunden, in Menge und Termin permanent steigt. Bei niedrigen Beständen kommt noch das Risiko von Fehlmengen / Fehlbeständen hinzu, was für die geforderte Liefertreue ein verhängnisvoller Zielkonflikt ist.

KANBAN- / SCM-Systeme senken Kosten durch Abbau von Geschäftsvorgängen, wie z. B. Buchungs-, Bestellvorgänge, Erstellen von Betriebsaufträgen bei gleichzeitiger Erhöhung der Flexibilität.

Schemadarstellung: PPS- / ERP-Abläufe für Produktionsaufträge konventionell zu KANBAN

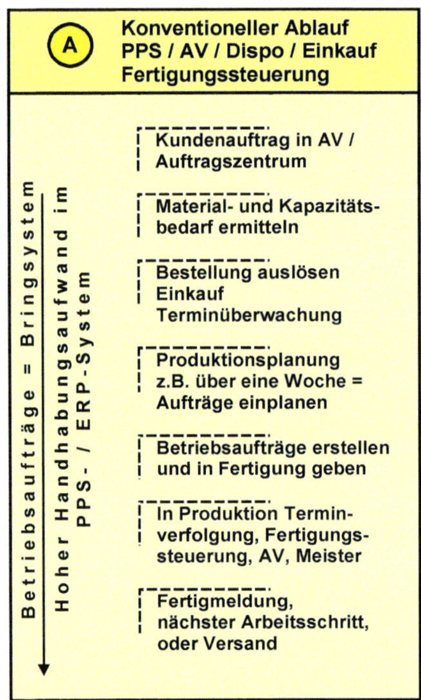

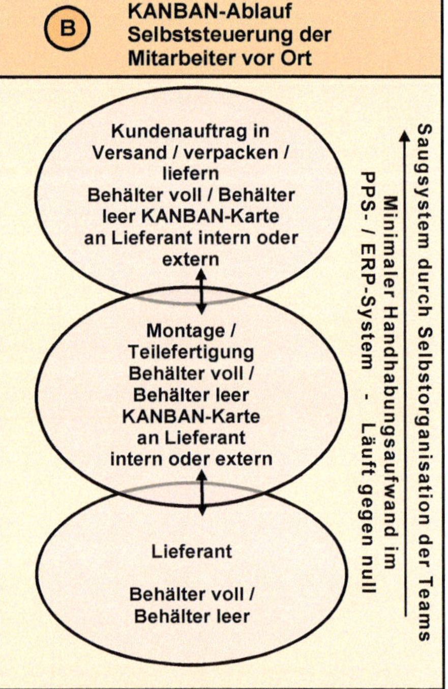

STAMMDATEN

- Stücklisten mehrstufig nach Baugruppen
- Arbeitspläne detailliert
- Kapazitätsparameter detailliert
- Wiederbestellpunkte

WERKZEUGE

- Bestellvorschlagsübersicht
- Betriebsaufträge
- Arbeitspapiere
- Fertigmeldebeleg
- QS - Belege
- Leitstände

STAMMDATEN

- Stücklisten flach - 1 Ebene (keine Reservierungen) (automatisiertes buchen)
- Arbeitspläne grob
- Kapazitätsparameter grob

WERKZEUGE

- KANBAN - Lager in der Produktion
- KANBAN - Vereinbarung mit Lieferant
- KANBAN-Karten + Frequenzen
- Auslastungsübersicht / -Steuertafeln vor Ort

6.7 KANBAN-Spielregeln

Für die Mitarbeiter in den Fertigungsteams

1.) Teile werden nur in festen Mengen / Standardbehältern gelagert / transportiert.

2.) Jedem KANBAN-Behälter ist eine KANBAN-Karte zugeordnet.

3.) Ist ein KANBAN-Behälter geleert, so ist die Nachlieferung mit Hilfe der zugeordneten KANBAN-Karte umgehend bei den betreffenden Lieferanten anzustoßen.

4.) Jede KANBAN-Karte auf der Steuer- / Auslastungstafel gilt als Auftrag in der vorgegebenen Menge zum vorgegebenen Termin. Die KANBAN-Karte übernimmt die Funktion des Fertigungsauftrages.
Ohne KANBAN-Karte keine Fertigung, kein Arbeitsprozess, kein Transport.

5.) Die Anzahl der KANBAN-Karten darf nicht eigenmächtig verändert werden, es dürfen auch keine Änderungen der Daten auf der KANBAN-Karte vorgenommen werden. Für die Pflege der Karten wird ein Karten-Pate bestimmt.

6.) Nur vollständige KANBAN-Behälter mit fehlerfreien Teilen dürfen weitergegeben werden. Zu jedem Behälter gehört eine KANBAN-Karte, Teile dürfen nur in den vorgeschriebenen Behältern aufbewahrt, geliefert werden.
Nullfehler-Organisation / Mitarbeiter-Selbstkontrolle

7.) KANBAN-Behälter dürfen nur an den zugewiesenen Plätzen abgestellt werden, Festplatzsystem
KANBAN-Termine müssen 100 % eingehalten werden
KANBAN-Aufträge haben immer höchste Priorität (Intercity-System)

8.) Die KANBAN-Auslastungstafeln müssen einwandfrei geführt werden, bei Engpässen Meldung an Vorgesetzte

9.) Den jeweiligen Fertigungsbeginn bestimmen die Mitarbeiter selbst, gemäß festgelegter Lieferzeit auf der KANBAN-Karte. Früher darf, später nie geliefert werden.

6.7.1 Organisationshilfsmittel für KANBAN

1. Ablaufbeschreibung KANBAN-Spielregeln

2. Dispositionstafel zur Steuerung der KANBAN-Aufträge und Produktivitätsdarstellung = KANBAN-Steuertafel

3. Lager mit Festplatzorganisation (in Produktion und Zentrallager)

4. Feste Mengen- und Behälterorganisation

5. KANBAN-Karte, blau / rot / weiß etc., je nach Verwendungszweck

6. KANBAN-Karten – Verwaltungsprogramm auf PC / im IT-System

7. Langfristplanung rollierend mit Info der Bedarfsänderungen an Lieferant / KANBAN-Liefervertrag

6.8 Fertigungssegmentierung und Bilden von KANBAN-Regelkreisen, Voraussetzung für eine erfolgreiche KANBAN-Organisation

Die Fertigung sollte bei Einführung von KANBAN je Regelkreis möglichst nach Waren- / Artikelgruppen prozessorientiert ausgerichtet werden. Der Hauptgrund ist u. a., dass nur so die Aufstellung der KANBAN-Regale für einen übersichtlichen Nachschub nach dem Zwei-Behälter-System „Platz- und Flächenmäßig" geschaffen werden kann. Bei schwankendem Bedarf also nicht andere Arbeit an die Arbeitsplätze gegeben wird, sondern die Mitarbeiter wechseln die Arbeitsplätze.

Schemadarstellung der Regelkreise:

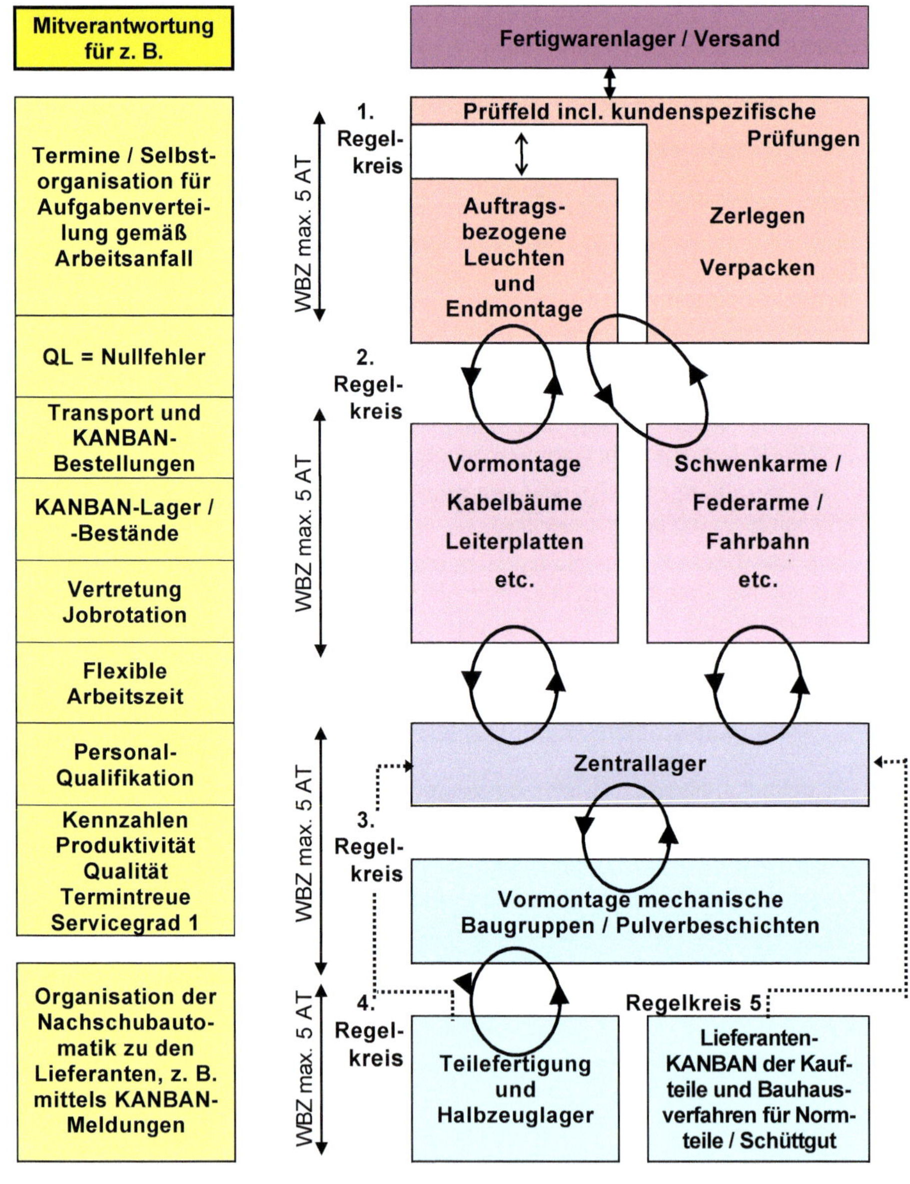

Sofern die KANBAN-Aufträge aus Gründen „Darstellen des Kapazitätsverzehrs im PPS- / ERP-System“ erfasst werden sollen, bietet sich der Einsatz einer Dauerauftragsnummer je KANBAN-Karte sowie die Erweiterung des Kartenkreislaufes über die Arbeitsvorbereitung / das Logistikzentraum (LZ) an[1]. Dort werden die KANBAN-Aufträge entsprechend erfasst, Zeichnungen, QS-Belege beigelegt und zur Startabteilung in die Fertigung gebracht.

Bild 6.5: *Schemadarstellung KANBAN-Kreisläufe über AV / LZ (einstufige Fertigung) Kapazitätsverzehr wird im PPS-System erfasst*

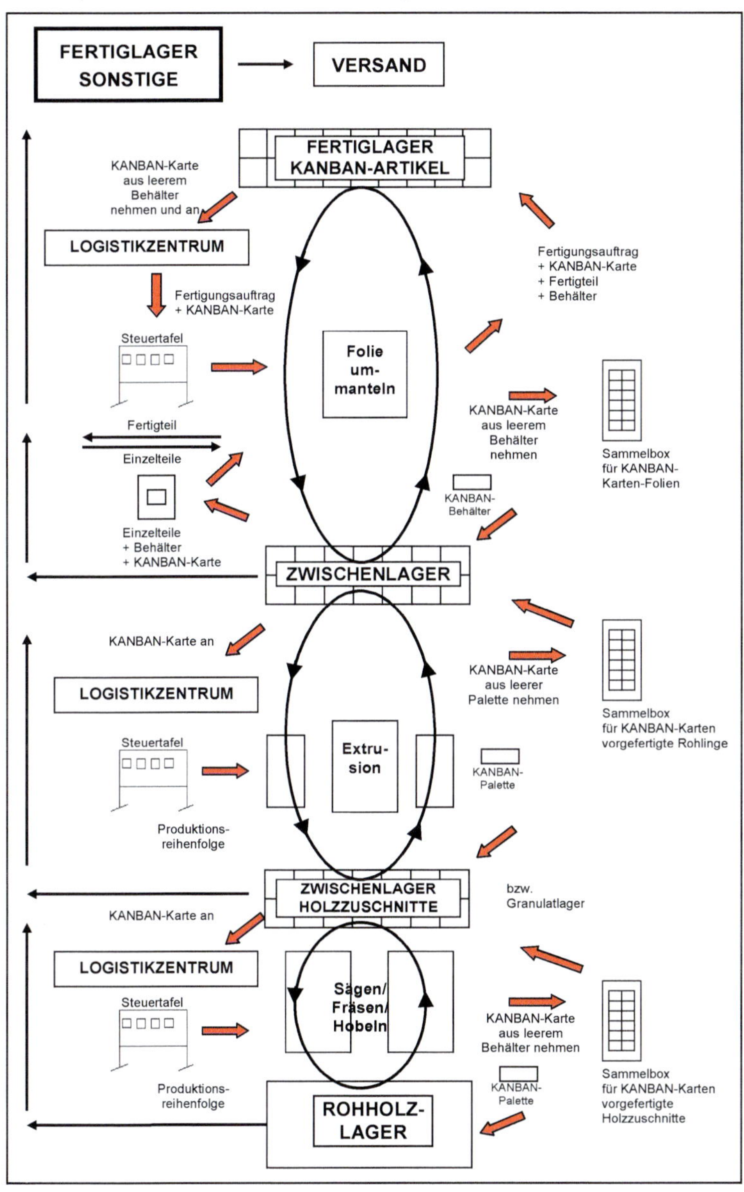

[1] entfällt bei IT-gestütztem KANBAN mittels Barcode, da alles über das ERP- / PPS-System läuft.

Schnell und flexibel reagieren durch Linienfertigung und KANBAN-Abläufe

Bild 6.6: *Schemadarstellung einer Montagelinie und deren KANBAN-Regelkreise (mehrstufige Fertigung)*

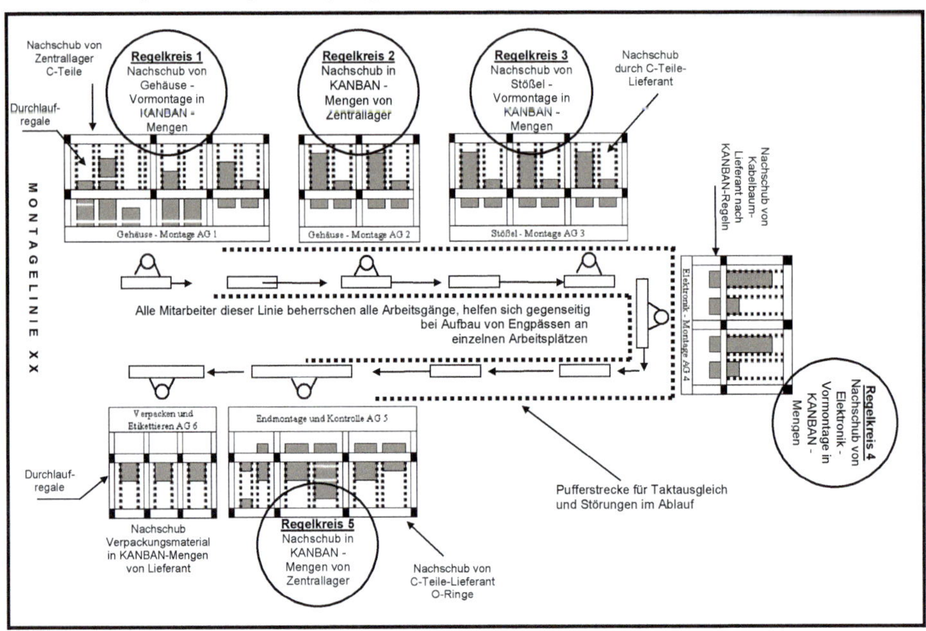

Schwere Geräte, deren Handling und Montage erfolgt mit Hilfe eines Krans und Materialwagen im Takt

Die Montage-Produktivität wird bis zu 10 % gesteigert, da alle Teile „sortenrein“ und durch kurze Wege schnell erreichbar sind.

6.9 Buchungsvorgänge bei KANBAN

Da im System insgesamt die wert- und bestandsmäßige Betrachtung nicht verloren gehen darf, muss das IT-System für diese Organisationsform von einer Abgangsbuchung auf Aufträge umgestellt werden, auf Umbuchen von Lagerort auf Lagerort, was am einfachsten anhand eines Schemabildes dargestellt werden soll (für alle Teile):

Bei allen KANBAN-Teilen wird nur der körperliche Bestand geführt (Zugang ←→ Abgang), reservieren entfällt.

Darstellung der KANBAN-Bewegungen und der Buchungen von Fertigwarenlager ←→ Montage ←→ Zentrallager ←→ Lieferant eingebunden J / N

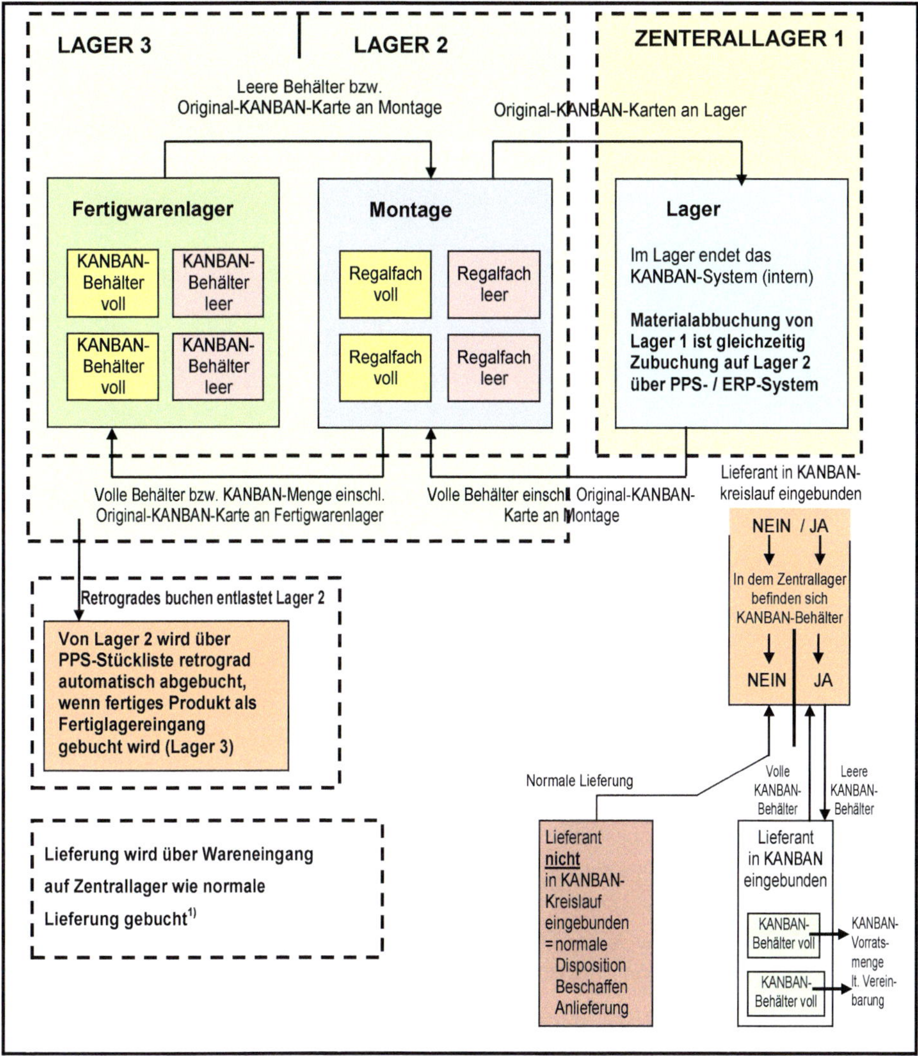

[1] Wenn Artikel, wie bei einem Bauhaus-System, noch Lieferant gehört, also erst nach Verbrauch bezahlt wird, wird kein Zugang gebucht.

6.10 Bestimmung von KANBAN-Mengen und Festlegen der Anzahl Behälter

Bestimmung von KANBAN-Mengen

Für die Festlegung von KANBAN-Mengen (eine KANBAN-Menge entspricht dem Inhalt einer Kiste) haben sich in der Praxis folgende zwei Formeln bewährt:

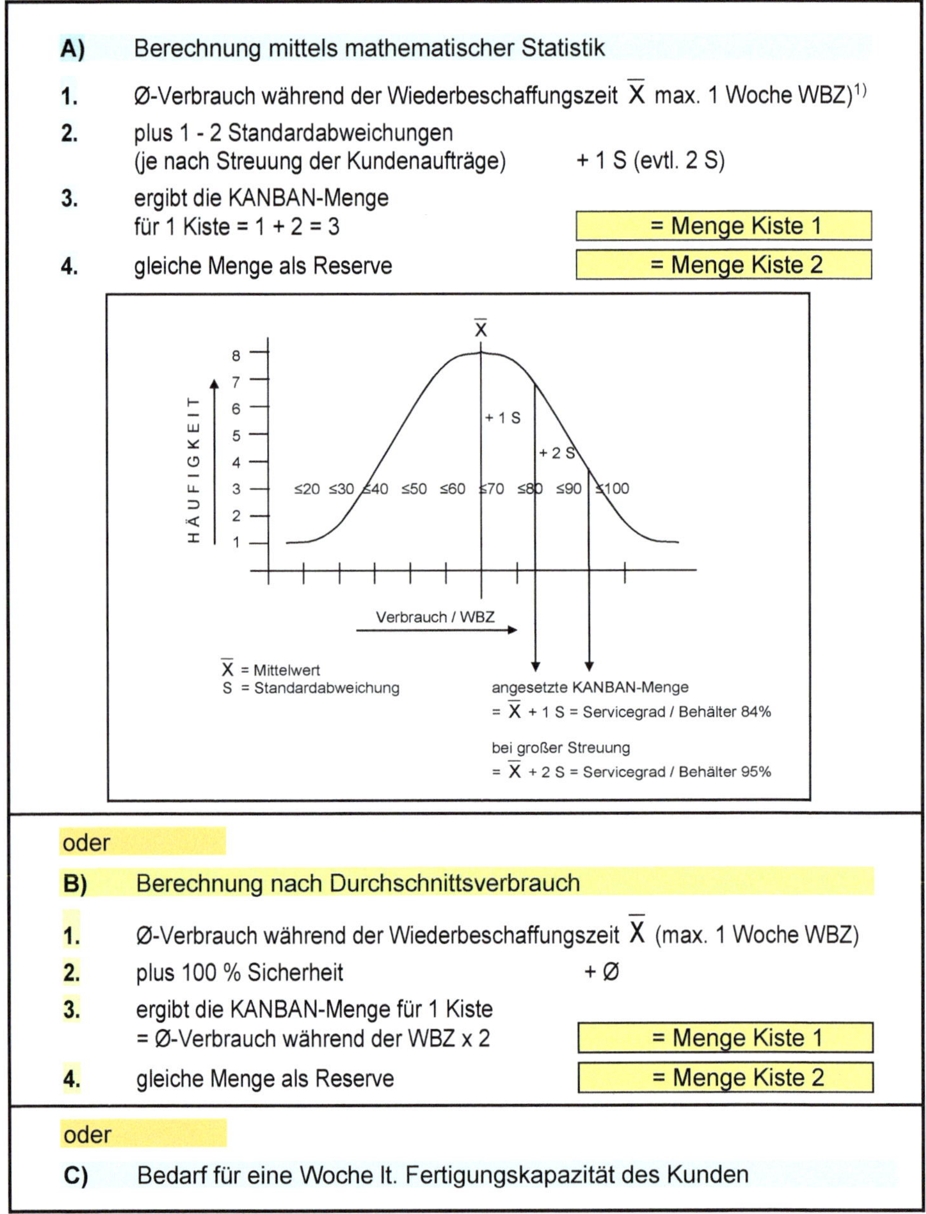

A) Berechnung mittels mathematischer Statistik

1. Ø-Verbrauch während der Wiederbeschaffungszeit $\overline{X}$ max. 1 Woche WBZ)[1)]

2. plus 1 - 2 Standardabweichungen (je nach Streuung der Kundenaufträge) + 1 S (evtl. 2 S)

3. ergibt die KANBAN-Menge für 1 Kiste = 1 + 2 = 3 = Menge Kiste 1

4. gleiche Menge als Reserve = Menge Kiste 2

oder

B) Berechnung nach Durchschnittsverbrauch

1. Ø-Verbrauch während der Wiederbeschaffungszeit $\overline{X}$ (max. 1 Woche WBZ)

2. plus 100 % Sicherheit + Ø

3. ergibt die KANBAN-Menge für 1 Kiste = Ø-Verbrauch während der WBZ x 2 = Menge Kiste 1

4. gleiche Menge als Reserve = Menge Kiste 2

oder

C) Bedarf für eine Woche lt. Fertigungskapazität des Kunden

[1)] Oder besser: Weniger Tage, dann KANBAN-Menge kleiner, dafür steigende Nachschubfrequenz.

Bestimmung Anzahl Behältnisse / KANBAN-Karten

Damit die Funktionsweise eines KANBAN-Systems grundsätzlich erhalten bleibt, sollten in der Praxis

a)	**maximal**	**4 Behältergrößen (Schäferkisten)**	**Wird mittels einer so genannten „Behälterinventur" festgelegt. Danach erfolgt die exakte Bezeichnung / Nummerngebung des Behältnisse**
b)	**maximal**	**2 Palettenarten**	
c)	**maximal**	**2 Gitterbox-Größen**	
d)	**wenige**	**Sondergrößen**	

eingesetzt werden.

Für die Bestimmung der notwendigen Anzahl Behältnisse für einen KANBAN-Artikel und somit auch Anzahl KANBAN-Karten ergibt sich somit folgende Schrittfolge:

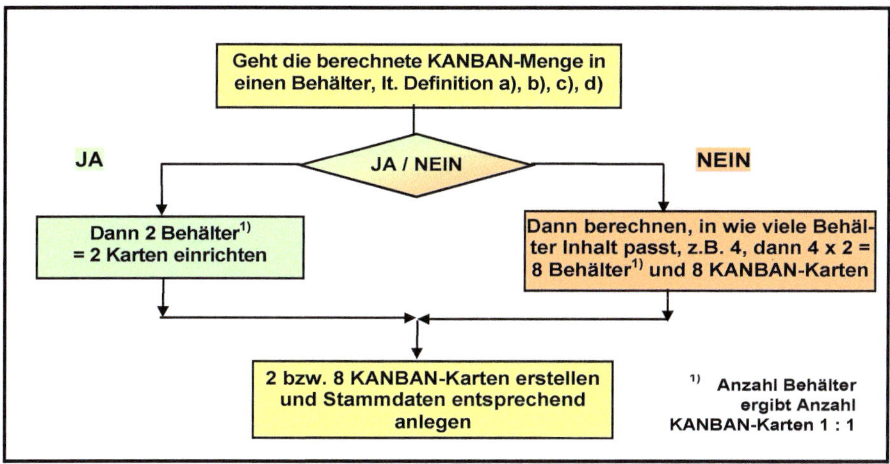

Hinweis für Mehrkartensystem:

KANBAN geht grundsätzlich von einem 2-Behälter-System aus, folglich sind auch zwei KANBAN-Karten notwendig.

Ergibt sich aus der Behälterberechnung wegen Teiledimension, Menge oder Gewicht, dass eine größere Anzahl Behälter, z. B. 6, notwendig sind, dann werden auch 6 KANBAN-Karten notwendig (für jeden Behälter[1] eine Karte) = Mehrbehälter-System.

Damit die KANBAN-Steuerung korrekt funktioniert, müssen die Infos bei einem Mehrbehälter-System auf den Karten entsprechend erweitert werden, z. B. es gibt 6 Behälter = 6 Karten, dann erhält jede Karte folgende Zusatzinformation:

Anzahl Karten	6	Start bei Karte	3

Grund:

Die Fertigung, der Lieferant, muss erst liefern, wenn die dritte Karte eintrifft, der dritte Behälter leer ist, da nach der 2-Behälter-Basisregel, wenn der dritte Behälter leer ist, eigentlich erst der erste Behälter leer ist, Rest ist Reservemenge.

1) Ein Behälter kann auch ein Gebinde o. ä. sein.

6.11 Darstellung von KANBAN-Karten

Bild 6.7: *Muster einer KANBAN-Karte für ein Einzelteil*

oder RFID- / Transponder-System

Vorderseite:

KANBAN-KARTE	Karten-Nr.:	1	Start bei Karte 3
	Anz.-Karten:	6	

Lieferstelle:	Blechraum / Säge	(Strichcode) 2156548984654324532
Sachnummer:	**64 25 465**	

Kurzbezeichng.:	**Kabelabfangschiene**			Bild
Behälter:	Blechkiste 500x250x200			
Transportmittel:	Hubwagen			
Ablieferplatz:	Vormontage	**Station:**	20	
Lagerplatz:	SAB 47 11 02			
Menge:	**100**	**Lieferzeit:**	3 Arbeitstage	
Material:	C-Profil 98 03 533			

Dauer-Auftrags-Nummer:	**Arbeitsfolgen:**	**Zeit:**
923456.A	1. Sägen (Länge 170 mm) 2. Entgraten 3. Bohren / Lochen 4. Versenken 5. Schleifen	4,5 Std.

Rückseite[1]: (Entfällt bei Nutzen von Strichcode- / RFID-Systemen)

Abgabe-datum	Menge	Perso-nal-nummer	Emp-fangs-datum	Abgabe-datum	Menge	Personal-nummer	Emp-fangs-datum

[1] Eventuell erweitert um ein Feld „Dauer-Auftrags-Nummer“, sofern die zu fertigenden KANBAN-Mengen kapazitätsmäßig im ERP- / PPS-System erfasst werden sollen. Bei Bedarfsmeldung mittels Strichcode erzeugt das System automatisch intern einen Fertigungsauftrag, die abgebildete Rückseite entfällt.

Bild 6.8: *Muster einer KANBAN-Karte für eine Komponente / Baugruppe*

mit Barcode oder Transponder versehen

			8613-00100-001	
KANBAN-Karte		**Bezeichnung**	Gehaeusedeckel kplt. verkabelt für	
Auftragszeit		Kartennummer	1 von	
		Materialliste	Artikel	Menge
Empfänger		Sicherungsklemme-SG verkabelt	L 8613-00157-000	1
		*Kabel grün/gelb 200 mm SG	8613-00116-000	1
Menge		Sicherungsklemme-SG verkabelt	N 8613-00156-000	1
		Gehäusedeckel gezogen	8622-00087-001	1
Lieferzeit				
Behälter				
Lieferant				
Lagerplatz				
Bemerkung:				

				8612-00141-000	
KANBAN-Karte		**Bezeichnung**		FILTEREINHEIT ML501/N	
Auftragszeit	15,16 Std.	Kartennummer		2 von 8	
		Arbeitsfolgen	Starten bei	4 bzw. 8	
		Materialliste	Lager-platz	Artikel	Menge
Lieferstelle	1	Filter	XXXX	8612-00141-000	1
		Spannring	XXXX	8622-00376-000	2
Menge	36	Spannrohr kpl.	XXXX	8612-00146-000	1
		Einbaubuchse	XXXX	8623-00155-000	2
Lieferzeit	4 AT	Distanzr. ML5E / 5 / 1	XXXX	8622-00468-000	4
		Haltering f. Filter	XXXX	8622-00464-000	1
Behälter	HK 01	Blendensegm. 1 ML5	XXXX	8622-00465-00	2
		Blendensegm. 2 ML5	XXXX	8622-00466-00	2
Ablieferstelle	4	Blendensegm. 3 ML5	XXXX	8622-00467-00	2
		Filter 157	XXXX	8622-00363-000	1
Lagerplatz	16-02	Kabelbaum	XXXX	8613-00086-000	1
		Kabalb. Filter	XXXX	8613-00081-000	1
Dauer-Auftrags-Nummer		Spannrohre einkleben – Filter kpl. montieren			
XXXXXXX		Fertigungszeit in Std. = 15,16 Std.			

ODER BESSER, fehlerloses Arbeiten, Prozesssicherheit ist gegeben:

Pick by Light verwenden

Die Reihenfolge der Entnahmen wird hier über verschiedenfarbige Lampen an den Regalen angezeigt

© KBS Industrieelektronik GmbH
79111 Freiburg

6.12 Pflege der KANBAN-Einstellungen

Um die Frequenzen, die gefertigten Mengen sowie die Anzahl erstellter / in Umlauf befindlicher KANBANS kontrollieren zu können, wird von jedem Teil, das über KANBAN geführt wird, eine so genannte KANBAN-Stammdatenkarte eingerichtet. Auf ihr (im IT-System) werden alle wichtigen Daten erfasst, die erkennen lassen, ob:

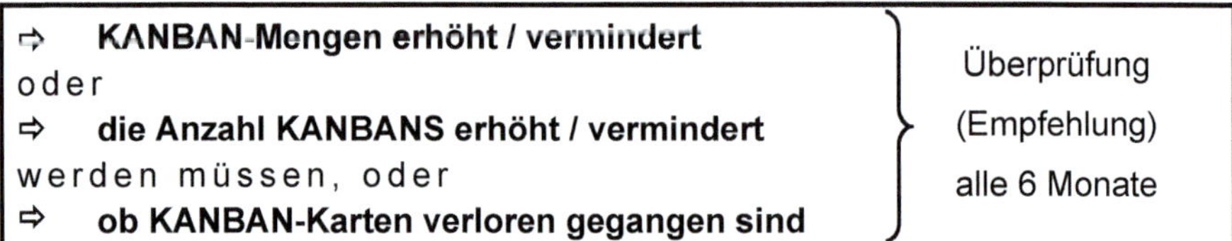

⇨ **KANBAN-Mengen erhöht / vermindert**
oder
⇨ **die Anzahl KANBANS erhöht / vermindert**
werden müssen, oder
⇨ **ob KANBAN-Karten verloren gegangen sind**

} Überprüfung (Empfehlung) alle 6 Monate

Außerdem wird hier festgelegt, wer für die Erzeugung von KANBANS bzw. Pflege der Stammdaten verantwortlich zeichnet (= KANBAN-Pate, Disponent oder Lagerleiter).

Bild 6.9: *Darstellung von Verbrauchsmodellen, deren Trend über die Anzahl Frequenzen / Verbräuche auf der Rückseite der KANBAN-Karten bzw. auf der jeweiligen Stamm-KANBAN-Karte sichtbar wird.*

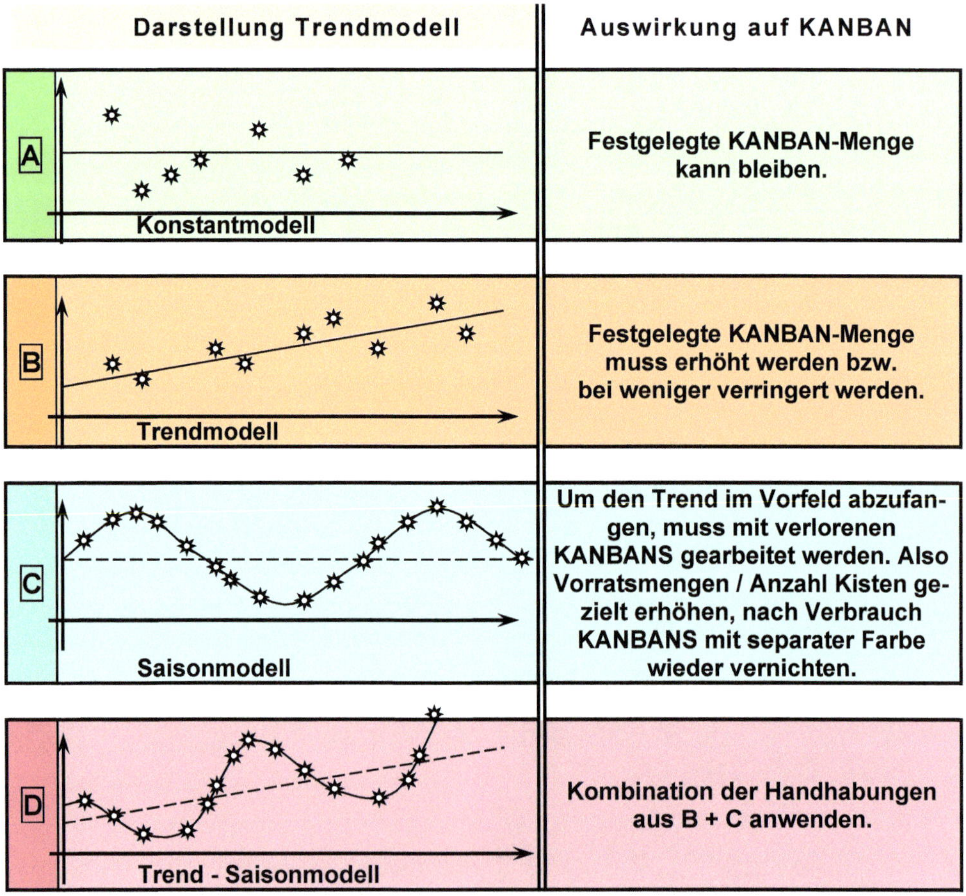

	Darstellung Trendmodell	Auswirkung auf KANBAN
A	Konstantmodell	**Festgelegte KANBAN-Menge kann bleiben.**
B	Trendmodell	**Festgelegte KANBAN-Menge muss erhöht werden bzw. bei weniger verringert werden.**
C	Saisonmodell	**Um den Trend im Vorfeld abzufangen, muss mit verlorenen KANBANS gearbeitet werden. Also Vorratsmengen / Anzahl Kisten gezielt erhöhen, nach Verbrauch KANBANS mit separater Farbe wieder vernichten.**
D	Trend - Saisonmodell	**Kombination der Handhabungen aus B + C anwenden.**

6.13 Führen von Steuerungs- / Auslastungsübersichten bei KANBAN-Organisation als Basis für eine effektive Feinsteuerung nach dem Saug-Prinzip

Da bei einer KANBAN-Organisation die Einhaltung der Lieferzeit, die im Regelfall in Tagen auf dem KANBAN angegeben ist, unbedingt zu 100 % eingehalten werden muss, ist es erforderlich, dass entweder mittels

- Bildschirmübersicht

  oder

- KANBAN-Gruppentafel

die Auslastung der Fertigungsgruppen vor Ort visualisiert wird.

Mittels eigener Zeitdispositionen (Voraussetzung flexible Arbeitszeit ist eingeführt) müssen eventuelle Über- / Unterauslastungen aufgefangen werden (Führen von Zeitkonten).

Die Führung dieser Übersichten / Steuerungstafeln läuft nach folgenden Regeln ab:

Es gibt zwei verschiedene Steuerungstafeln / Auslastungsübersichten:

- Gruppentafel A, wenn keine KANBANS zu größeren Losen gesammelt werden (2-Karten-System)

- Gruppentafel B, wenn mehrere KANBANS zu einem größeren Fertigungslos gesammelt werden sollen (Mehrkarten-System)

Siehe nachfolgende Schemadarstellung.

Wobei die Auslastung durch Addition der Fertigungszeiten, die auf den einzelnen KANBAN-Karten abgebildet sind, errechnet wird.

Bewährt haben sich zwei- bis dreimalige Rundgänge/Woche mit Feststellung der noch abzuarbeitenden Stunden je Steuertafel, bis sich das System als Selbstläufer integriert hat (Reife-Face notwendig).

Praxis-Tipp:

Insbesondere bei dem Mehrkarten-System zeigen die Steuertafeln den Mitarbeitern die Möglichkeit der Rüstverkettung (Bilden von Rüstfamilien) auf.

Das Regelwerk lautet: Früher darf gefertigt werden – später nie!

Dies bedeutet, obwohl kleinere Lose aufgelegt werden, steigt die Rüstzeit in Stunden gesehen nicht, im Gegenteil, *„der Rüstanteil in Stunden“* wird gesenkt.

KANBAN-Steuertafel für Zwei- und Mehrkarten-KANBAN-System

Da bei einer KANBAN-Organisation die Einhaltung der Lieferzeit, die im Regelfall in Tagen auf dem KANBAN angegeben ist, unbedingt zu 100 % eingehalten werden muss, ist es erforderlich, dass entweder mittels

- ➢ Bildschirmübersicht

oder

- ➢ KANBAN-Steuertafel in verschiedenen Ausprägungen

die Lieferungen / eventuelle Lieferrückstände visualisiert werden.

Beispiel: ***KANBAN-Steuertafel, Staffelsicht V-Prisma***

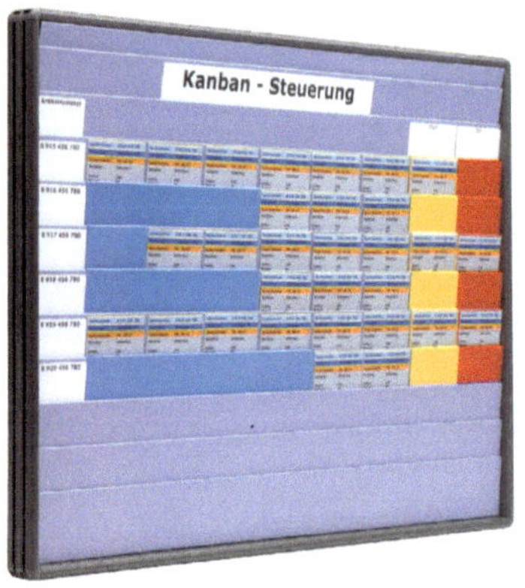

Oder Auslastungsübersicht in Anzahl Karten und Stunden „Kapazitätsverzehr" über Bildschirm

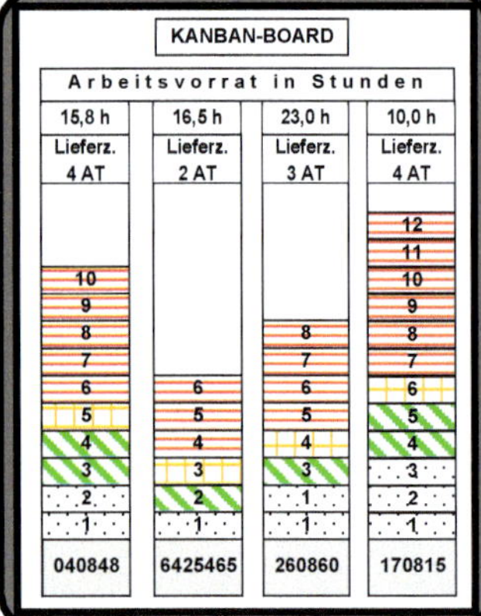

Muster: ***e-KANBAN-Karte mit RFID-Transponder***

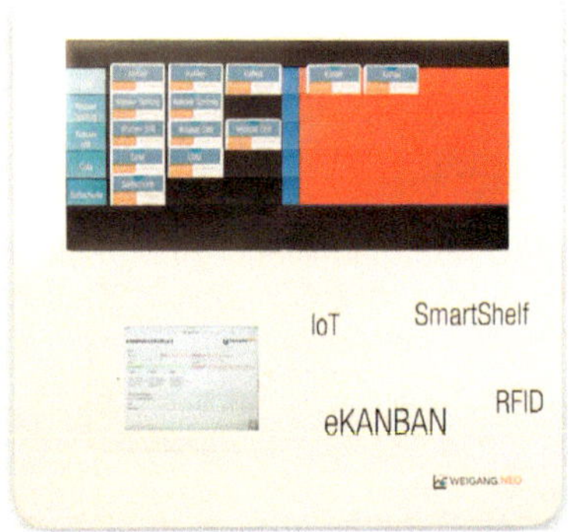

Beispiel: ***KANBAN-Steuertafel, Griffsichten***

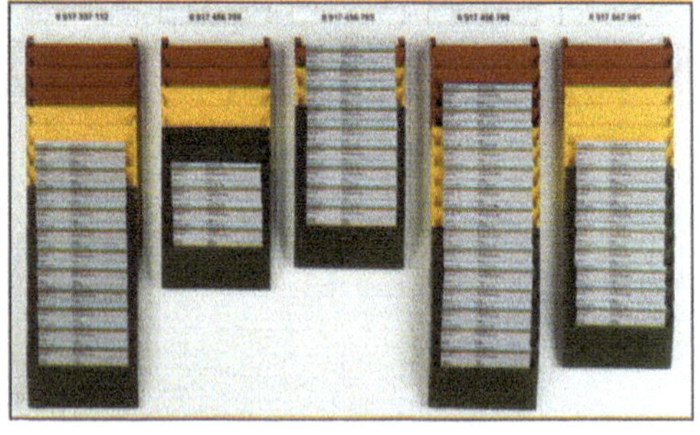

Bildmaterial: *Fa. Weigang-Vertriebs-GmbH*
96106 Ebern

6.14 IT-gestütztes KANBAN

IT-gestützte KANBAN-Systeme können entweder

- als separate Systeme mit Schnittstellen zum eigenen ERP- / PPS-System von spezialisierten Anbietern zugekauft werden,
- als Barcode-Systeme innerhalb des eigenen ERP- / PPS-Systems eingerichtet werden,
- im eigenen ERP- / PPS-System erstellt werden: „KANBAN-Aufträgen werden über Dauerauftragsnummer erstellt“ (Laufweg Behälter leer → Karte an Logistikcenter, KANBAN-BA erstellen, KANBAN-Karte an Lieferanten), kein Ausdruck von Arbeitspapieren, Kapazitätsverzehr im System,
- bereits als Baustein im ERP- / PPS-System vorhanden sein, die geöffnet werden müssen (Beispiel SAP oder Microsoft-Dynamik bzw. weitere),
- anhand der beschriebenen Regeln auf Excel-Basis oder im ERP-System selbst eingerichtet werden.

Ein IT-gestütztes KANBAN-System unterstützt die KANBAN-Regelkreise, macht sie transparenter, insbesondere in der Kapazitätswirtschaft, und integriert das KANBAN-System in ein ganzheitliches Logistik-Netzwerk über alle Strukturen und Regelkreise, die dem Pull-Prinzip unterliegen.

Auch kann so die Möglichkeit geschaffen werden, die PPS- / ERP-Abläufe IT-gestützt mit denjenigen zu verbinden, die einer Push-Strategie unterliegen, wie z. B. einzelne Teile / Materialien aus der Fertigung, die nicht in das System eingebunden werden sollen.

Vorteile eines IT-gestützten KANBAN-Systems

Die Vorteile eines IT-gestützten KANBAN-Systems sind im Wesentlichen:

- Über Min.- / Max.-Bestandsführung im körperlichen Bestandskreis kann KANBAN IT-gestützt vollautomatisch eingerichtet werden. Voraussetzung – Bestände stimmen
- Einfacher Ablauf mittels Barcode / RFID-Transponder, es können keine Karten verloren gehen.
- Über das ERP-System besteht eine Verbindung zu den Fertigungsaufträgen, die nicht über KANBAN ablaufen.
- Da alle Abläufe IT-gestützt ablaufen, stimmen die Kapazitätsübersichten, alle Aufträge haben eine BA-Nummer, die Chargenverwaltung / die Rückverfolgung wird vereinfacht.
- Es kann gemäß den ermittelten Grundeinstellungen sowie den vorgegebenen Spielregeln in einfachster Weise in das SCM-System „Selbstständig wieder auffüllende Lagersysteme“ (Lieferant hat ONLINE Einblick in unser Lager und liefert nach Min.- / Max.-Plattform – Bestandsübersicht im Internet nach) überführt werden.
- Sofern eine Warenrückverfolgung gefordert wird, ist ein IT-gestütztes KANBAN-System mit Barcode-Unterstützung zwingend.

6.15 Einbinden der Lieferanten in das KANBAN-System / Lieferanten KANBAN

Sofern Lieferanten in das KANBAN-System eingebunden sind, existiert eine Langfristplanung als Trendinfo zum Lieferanten. Die Abrufe werden vom Zentrallager oder von den Montagemitarbeitern mittels KANBAN-Karte, Telefax oder E-Mail getätigt, wenn ein Behälter / Fach leer ist. Die Karte wird bis zur Lieferung in einer Tafel *„Bestellt“* abgestellt, nach Eingang des Behältnisses wieder zugeordnet und Eingang gebucht.

Einsatz von Barcode-Systemen / Strichcode-Systemen bei KANBAN

Ideal ist der Einsatz von Barcode- / Strichcode-Systemen bei KANBAN. Beim Abbuchen mittels Scanner, Behälter leer vom Kunden, wird automatisch bei Lieferanten ein KANBAN-Auftrag erzeugt, was auch eine KANBAN-Organisation über große Entfernungen zulässt (Internet-Anbindung). Sofern der Lieferant eine eigene Fertigungsstelle ist, wird intern ein Fertigungsauftrag erzeugt, der Kapazitätsverzehr berücksichtigt. Bei Zugang Kunde (Fertigungsstelle) mittels BDE-Meldung (Scanner) erfolgt die Entlastung.

RFID-Lösungen / -Labels machen das System noch einfacher und sicherer

Die Vorgänge laufen dann über diese Chips automatisch ab.

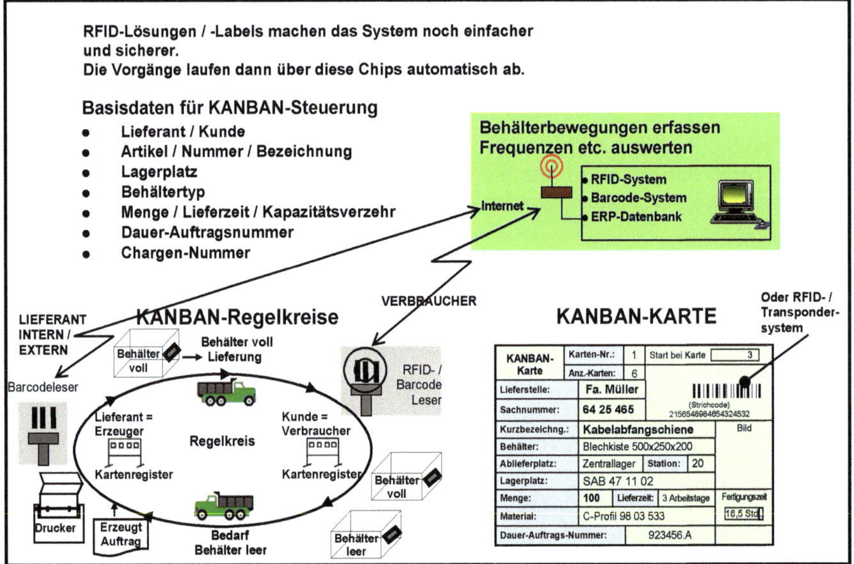

Weitere positive Auswirkung auf Lager und Produktion:

> Da bei einem KANBAN-System nicht mehr *AUFTRAGSBEZOGEN*, sondern *SORTENREIN* nach festgelegten *BAHÄLTERMENGEN* bereitgestellt wird, reduzieren sich die Bereitstellvorgänge im Lager um ca. 50 %, die Produktivität in der Montage steigt um bis zu 10 %.

6.15.1 Vertragliche Regelungen Lieferanten-KANBAN

Muster einer KANBAN-Rahmenvereinbarung (Mindestinhalt)[1)]
mit Firma [ ]
für KANBAN-Teile [ ]

über	Artikel-Nr.: [ ] Bezeichnung: [ ]
Zeitraum:	Diese Rahmenvereinbarung gilt für die Zeit vom 02.01.xx bis 31.12.xx
Jahresbedarf:	120.000 Stück
Abrufmengen:	4.000 Stück = 1 KANBAN-Menge
	} Diese drei Abschnitte gelten zur Preisverhandlung. Vertrag läuft immer weiter, muss separat gekündigt werden
Anlieferung:	In den lt. KANBAN-Karte vorgegebenen Behältnissen (Transportbehältnis – Einlagerbehältnis)
Abruftermine:	Wir rufen unseren jeweiligen Bedarf mit KANBAN-Karte per Fax ab. Wir erwarten von Ihnen den Wareneingang innerhalb von 3 Arbeitstagen, bzw. lt. KANBAN-Karten-Angabe
Bevorratung im Unternehmen:	Mindestbestand 12.000 Stück, ab Woche/Jahr 12/xx Gesicherte Abnahmemenge: 24.000 Stück Im Falle von Zeichnungsänderungen oder Kundenstornierungen verpflichten wir uns, die gesicherte Menge abzunehmen.
Wochenleistung:	3.000 Stück im Ø
Durchlaufzeit	Um Abrufspitzen abzudecken, sind Sie in der Lage innerhalb von einer Woche den Mindestbestand auf den Höchstbestand = KANBAN-Menge x Anzahl KANBANS = 24.000 Stück aufzufüllen.
Bestandsinfo:	Sie informieren uns regelmäßig alle 2 Wochen über die Bestandssituation, ☐ bzw. wir können mittels ERP-Programm in diesen Teilebestand einsehen, ☐ oder mittels Video-Kamera und Internetanschluss ☐
Qualität:	Die einwandfreie / Null-Fehler-Anlieferung weisen Sie uns durch den entsprechenden QS-Kontrollbeleg für dieses Teil sowie den ausgefüllten Wareneingangs- / Quittierbeleg für unsere Warenwirtschaftsbuchungen nach. Belege pro KANBAN-Anlieferung.
Ansprechpartner:	Fr. Werner

Ort / Datum

______________________ ______________________

Lieferfirma **Abnehmerfirma**

[1)] plus die üblichen Spezifikationen, wie Preis, Zahlungskonditionen etc.

6.16 Entwicklung der Bestände und der Termintreue durch KANBAN

Sofern die logistischen und produktionstechnischen Möglichkeiten für den KANBAN-Einsatz geschaffen werden können, ist es möglich:

- **die Umlaufbestände um über 50 %**
- **die Lagerbestände bis zu 50 %**
- **die Durchlaufzeiten um über 70 %**

je nach Ausgangssituation zu senken

- **die Termintreue auf 98 % - 99 % zu steigern,**

unabhängig davon, ob KANBAN IT-gestützt, oder als Kartensystem eingerichtet ist.

ES IST IMMER DAS RICHTIGE VORHANDEN

Die Termintreue / die Verfügbarkeit schnellt auf 98 % bis 99 % hoch.

Sie liefern alles in kürzester Lieferzeit, Ausnahme Riesenaufträge[1)]. Hier muss die PPS- / ERP- / bedarfsorientierte Nachschubautomatik einspringen.

Praxis-Tipp

Es wird nie ein reines KANBAN- / Pull-System geben. Reine Sonderartikel, bzw. Artikel die nur 3 - 4 x im Jahr, oder weniger, benötigt werden, oder Riesenaufträge[1)], müssen immer über das PPS- / ERP-Push-System dispositiv bearbeitet werden.

und was besonders wichtig ist:

B Der unsägliche Trend *„MEHR UMSATZ – MEHR LAGER-BESTAND“* wird durch die Umkehrung vom Push- zum Pull-Prinzip dauerhaft durchbrochen.

U N D

C Durch die Anzahl Behälter ist eine Bestandsobergrenze festgelegt. Bestände laufen nicht durch Überproduktion davon.

U N D

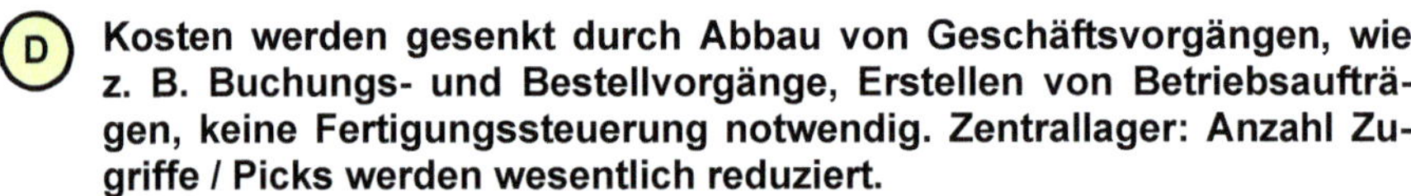

D Kosten werden gesenkt durch Abbau von Geschäftsvorgängen, wie z. B. Buchungs- und Bestellvorgänge, Erstellen von Betriebsaufträgen, keine Fertigungssteuerung notwendig. Zentrallager: Anzahl Zugriffe / Picks werden wesentlich reduziert.

U N D

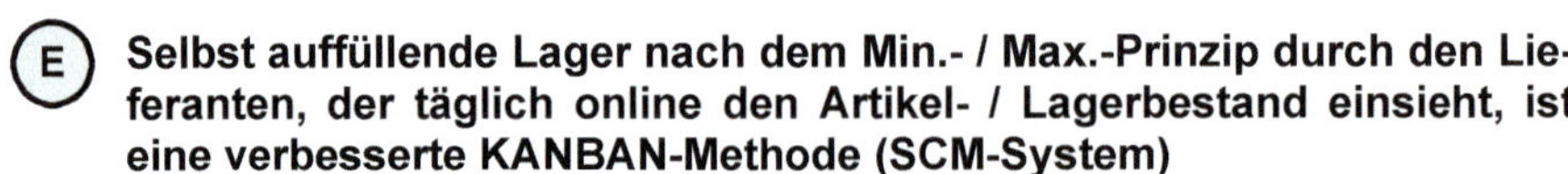

E Selbst auffüllende Lager nach dem Min.- / Max.-Prinzip durch den Lieferanten, der täglich online den Artikel- / Lagerbestand einsieht, ist eine verbesserte KANBAN-Methode (SCM-System)

1) größer als eine KANBAN-Menge.

Bildmaterial, wie nach Umsetzung eines KANBAN-Projektes die flexiblen Arbeitsplätze (KANBAN-Regale mit 2-Behäler-System) realisiert wurden.

Nachteil von KANBAN-Systemen

Unabhängig davon, ob KANBAN manuell oder IT-gestützt betrieben wird, darf ein gravierendes Problem nicht unerwähnt bleiben.

a) Die Mitarbeiter müssen regelmäßig auf Einhaltung der Spielregeln geschult und auditiert werden.

b) Es muss einen KANBAN-Pate für die Karten geben, der mittels Karten-Inventur regelmäßig überprüft, ob Karten verloren gegangen sind und die KANBAN-Mengen, Wiederbeschaffungszeiten gegebenenfalls anpasst[1].

- Es muss vor Ort, in der Produktion, je Regelkreis, einen KANBAN-Paten geben, der auf Ordnung, Sauberkeit und Einhaltung der Spielregeln achtet, der gezielt Audits veranlasst
- Die KANBAN-Steuertafeln[1] vor Ort müssen ordnungsgemäß geführt werden, ebenso müssen die auf den Karten hinterlegten Lieferzeiten zu 100 % eingehalten werden
- Wenn anhand der Steuertafeln[1], egal warum auch immer, sichtbar wird, dass ein Regelkreis kapazitätsmäßig überlastet ist, müssen die Vorgesetzten, Teamleiter o. ä. Lösungen erarbeiten, was getan werden muss, damit die Spielregeln eingehalten werden können. Tägliche Audits sind die Basis hierfür.

Wenn diese Grundprinzipien im laufenden Betrieb nicht eingehalten werden, das System also nicht gelebt wird, brechen die Regelkreise zusammen, es gibt Abriss im Nachschub. Das KANBAN-System funktioniert nicht, muss unter Umständen eingestellt werden.

[1] IT-gestütztes KANBAN vermeidet teilweise diese Probleme, hat aber den Nachteil, dass die Bestandsführung, der Kisten-Inhalt eine Schwachstelle sein kann.

7. Stammdaten zielorientiert einrichten und pflegen / Datenqualität verbessern / Voraussetzung zur Dispositions- und Bestandsminimierung

Nachfolgend soll anhand von Dispositionsstammdaten eine beispielhafte Vorgabe zur Pflege dieser Daten dargestellt werden.

Sie beinhaltet jeweils eine kurze Beschreibung der einzelnen Stammdatenfelder, deren Zweck / die Funktion sowie den Pflegezyklus.

Diese Arbeitsvorschrift kann im System als separate Datei oder jeweils im Hintergrund der einzelnen Stammdatenfelder (z. B. als Kommentar) abgelegt sein.

Sie soll die Disziplin sowohl für die Fachabteilung als auch für den einzelnen Stammdaten-Verantwortlichen stärken, gleichzeitig den nicht immer sofort erkennbaren Zweck / das Nutzungspotential für das Unternehmen und die Auswirkungen auf die Qualität der eigenen Arbeit hervorheben.

Auch werden mit dieser Arbeitsvorschrift automatisch Organisationsstrukturen im Unternehmen (in der IT-Welt) verankert: *„Wer ist für was (außer der reinen operativen Arbeit) zuständig?“*.

Siehe nachfolgendes Musterbeispiel ***„Arbeitsvorschrift Stammdatenpflege“***.

Eine andere Möglichkeit ist, diese Vorschriften / Hinweise direkt als Kommentar in den entsprechenden Feldern zu hinterlegen.

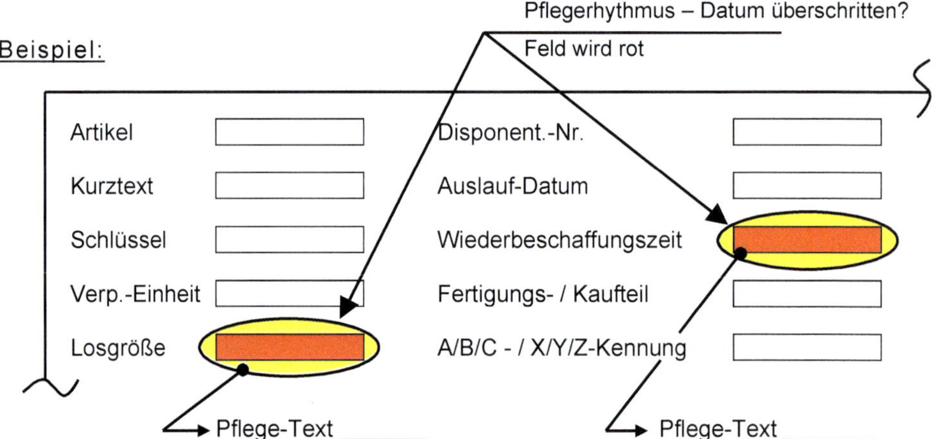

Der Disponent lernt die hinterlegten Regeln auswendig oder er muss in bestimmten Abständen sich durchklicken und gegebenenfalls aktiv werden.

Beispielhafte Darstellung von Stammdaten / Systemeinstellungen, Beschreibung des Nutzenpotentials, Pflegezyklusvorgabe (siehe nachfolgend)

Art der Stammdaten: DISPOSITION - KAPAZITÄTSWIRTSCHAFT - FERTIGUNGSSTEUERUNG

Stammdaten-Pate: Nr.: 2 **Zuständige Abtlg.:** 6420

Stammdatenfeld		Beschreibung / Zweck	Bemerkung / Nutzenpotential	Pflege-zyklus	Ände-rungs-stand	Datum letzte Ände-rung
Endprodukt **Baugruppenebene 1** **Baugruppenebene 2** **Einzelteil** **Rohling** **Halbzeug**	1 1 1 1 1 1	Stellt die jeweilige Struktur des Produktes / die Funktionsebene dar. Ergibt sich durch die im System hinterlegte Stückliste Ebene 1 2 3 4 5 Lieferant	Die Addition der Durchlaufzeit je Stufe ergibt die Gesamtdurchlaufzeit für das gesamte Produkt und bei Vorratswirtschaft den Gesamtbestand über alle Stufen. Ziel: Alle Baugruppen auf nicht lagerfähig N einstellen. Senkt die Bestände, erhöht die Flexibilität, verkürzt die DLZ. Bestandssicherheit auf der untersten Ebene sicherstellen	1 x grundsätzlich bei Neuanlage, bzw. bei Stücklistenänderung, bzw. bei Reorganisation	11 / XX	19.12. / XX
Disponentennummer	2	Diese sollte für ein Produkt / eine Warengruppe durchgängig über alle Stufen derselben Dispo-Nummer zugeordnet sein. (Bei Wiederholteilen kann davon abgesehen werden. Verantwortlicher Disponent ist dann der, der diese Artikelnummer am meisten benötigt. Dem wird zugeordnet.)	Verantwortung für das gesamte Produkt bezüglich Lieferzeit / Bestandshöhe / Fehlteile / Drehzahl/ Liefertreue über alle Ebenen, vom Endprodukt bis runter zum Halbzeug / Rohling	1 x grundsätzlich bei Neuanlage, bzw. bei Personalwechsel	9 / XX	20.08. / FF
Kaufteil	3	Kaufteil bedeutet, dass ein oder mehrere Lieferanten mit ihren Stammdaten hinterlegt sein müssen.	In der Nachschubautomatik erzeugt - Kaufteil einen Bestellvorschlag für Fremdbeschaffung (Einkauf) - Fertigungsteil einen Fertigungsauftrag	1 x grundsätzlich, bzw. bei Änderung	8 / XX	20.08. / FF
Fertigungsteil	4	Fertigungsteil bedeutet, es muss ein Arbeitsplan hinterlegt sein.				
Teileart **A / B / C / K**	5	- Fertigungsteile erhalten alle **B** oder **C** nach Wert + WBZ lt. Tabelle - Kaufteile einteilen nach Tabelle - sowie **K** für KANABAN-Teile / Konsi-Teile Diese Kennung zeigt die Wertigkeit und somit die Dispo-Art an: A-Teile: Kleine Mengen, kein allzu großer Servicegrad / Si-Bestand B-Teile: Mittlere Menge, Si-Bestand, Servicegrad kann erhöht werden C-Teile: Es können große Mengen beschafft werden, Si-Bestand und Servicegrad kann weiter hoch gesetzt werden K: Nachschub wird über KANBAN, bzw. C-Teile-Management geregelt, keine Dispo-Arbeit, läuft automatisch ab	In Verbindung mit der weiteren Kennung X / Y / Z hat diese Kennung Einfluss auf die Art der Nachschubautomatik / Dispositionsart A = Möglichst Abrufaufträge B = Disponieren nach Reichweite C = Disponieren nach Losgrößenformeln mit Begrenzer max. 6 Monate K = Automatisierte Nachschubautomatik durch Lieferant oder Lager (selbstauffüllendes System) Festgelegte Reichweite für A-Artikel Ø 4 Wochen B-Artikel Ø 6 Wochen C-Artikel Ø 12 Wochen K-Artikel siehe Formel	1 x pro Jahr, bzw. sofort bei z. B. Umstellung von A auf K o. ä., bzw. sofort bei wesentlicher Veränderung der WBZ	2 / YY	03.02. / YY
Lagerort / Lagerplatz (Zwangsfeld)	6	Für jeden Artikel, wo in den Stammdaten Vorratsteil J hinterlegt ist, muss ein Lagerort eingegeben werden. Legt Lagerleiter fest, pflegt auch die gesamten LVS-Stammdaten	Für jeden Vorratsartikel muss ein Lagerplatz zur Verfügung stehen = Ordnungsprinzip! Hat u.a. auch das Ziel, bei Ein- / Auslagern Laufwege zu minimieren / First in - First out etc. zu organisieren	1 x jährlich bezüglich Lagerorganisation Schnelldreher / Langsamdreher bzw. permanent bei Chargenverwaltung	5 / YY	16.05. / YY

Wert EK-Preis/ Stück	Wiederbeschaffungszeit in Tagen					Bemerkung
	≤ 5	≤ 10	≤ 20	≤ 40	≥ 40	
größer 20 €	A	A	A	A	A	Alles was über Rahmen- / Abrufaufträge, immer A-Teil hinter-legen
zwischen 19,99 € und 2 €	B	B	A	A	A	
kleiner 1,99 €	C	C	C	A	A	

<table>
<tr><th>Stammdatenfeld</th><th>Beschreibung / Zweck</th><th>Bemerkung / Nutzenpotential</th><th>Pflege-zyklus</th><th>Änderungs-stand</th><th>Datum letzte Änderung</th></tr>
<tr><td>Dispositions-verfahren 7
Für jeden Artikel muss eine Kennung hinterlegt sein, die sich nach nebenstehenden Regeln und nach Art der Bedarfsstreuung richtet
Gilt nicht für Artikel die über selbstauffüllende Läger gesteuert werden, wie z. B. KANBAN- / Konsignationslager oder SCM-Artikel, wo der Lieferant für uns disponiert</td><td>1 = X Wiederholteil mit Mindestbestand
2 = Y Sonderteil mit Wiederholcharakter für nur einen Kunden, mit Mindestbestand = 0.
Die Fertigung erfolgt nach Reichweitenfestlegung lt. Absprache Dispo - Vertrieb - Kunde
3 = Z Reines Sonderteil, mit reiner auftragsbezogener Fertigung, ohne Bevorratung, ohne Losgrößenberechnung. Überlieferungen sofort verschrotten, nicht an Lager legen
4 = ZZ Ersatzteil, Bestandshöhe nach Funktionsrisiko / Höhe von Stillstandskosten, muss im Einzelfall mit GF / Logistikleitung und Risiko-Punkte-System festgelegt werden
<table>
<tr><th></th><th>1/X</th><th>2/Y</th><th>3/Z</th><th>4/ZZ</th><th>Bemekg.</th></tr>
<tr><td>A</td><td></td><td></td><td></td><td></td><td rowspan="4">Jeder Artikel muss einem Feld zugeordnet sein</td></tr>
<tr><td>B</td><td></td><td></td><td></td><td></td></tr>
<tr><td>C</td><td></td><td></td><td></td><td></td></tr>
<tr><td>K</td><td></td><td></td><td></td><td></td></tr>
</table></td><td>Die Festlegung, bzw. deren Pflege, kann verbal erfolgen oder mittels mathematischer Statistik
$\frac{\text{Standardabweichung} = 1\ S}{\text{Mittelwert } \overline{X}} = \square$
<table>
<tr><th>Schwankungsbreite</th><th>Ergibt Teileart[1)]</th><th>Bemerkung</th><th>Höhe des Si-Bestandes</th></tr>
<tr><td>≤ 0,33</td><td>X</td><td>Im Regelfalle Einser-Teile</td><td rowspan="3">Hoch ↕ Nieder</td></tr>
<tr><td>≤ 0,66</td><td>Y</td><td>Im Regelfalle Zweier-Teile</td></tr>
<tr><td>≤ 1,00</td><td>Z</td><td>Im Regelfalle Dreier-Teile</td></tr>
<tr><td>Artikel kommen nur sporadisch vor, weiterer Bedarf ist nicht absehbar</td><td>ZZ</td><td>Immer Dreier-Teile</td><td>0 - auftrags-bezogene Beschaffung</td></tr>
<tr><td colspan="4">[1)]Alles unter Beachtung saisonaler Schwankungen und Trends. Dann gleiche Zeitfenster zur Berechnung heranziehen.</td></tr>
</table></td><td>Alle 6 Monate bzw. sofort bei wesentlicher Änderung</td><td>8 / XX</td><td>20.10. / XX</td></tr>
<tr><td rowspan="2">Vorratsteil lagerfähig 8</td><td>Bei Eingabe [N] = Nein, wird die Nachschubautomatik auftragsbezogen / bedarfsgesteuert geregelt</td><td>Bedeutet: Mindestbestand 0
Bestellmenge = lt. Bedarf</td><td rowspan="2">1 x grundsätzlich, bzw. sofort wenn sich die Teileart ändert</td><td rowspan="2">8 / XX</td><td rowspan="2">20.08. / FF</td></tr>
<tr><td>Bei Eingabe [J] muss diese Artikelnummer mit den dann erforderlichen, weiteren Kennungen, Feld 5 - 12, belegt werden</td><td>Es kann auf Vorrat beschafft werden, aber festgelegten Reichweitenkorridor beachten (je nach Teileart).
Bei Wiederholteil kann ein Sicherheitsbestand hinterlegt werden.
Bei Sonderteil mit Wiederholcharakter Nein 0</td></tr>
<tr><td>Dispo-Art 9</td><td>Bei allen Teilen, die nicht über KANBAN oder Konsignationsläger gesteuert werden.
Vorschlag:
<table>
<tr><th></th><th>1/X</th><th>2/Y</th><th>3/Z</th><th>4/ZZ</th></tr>
<tr><td>A</td><td>bedarfsbe steuert</td><td>bedarfsbe steuert</td><td>bedarfsb esteuert</td><td>bedarfsbe steuert</td></tr>
<tr><td>B</td><td>verbrauchs-gesteuert</td><td>bedarfsbe steuert</td><td>bedarfsb esteuert</td><td>bedarfsbe steuert</td></tr>
<tr><td>C</td><td>verbrauchs-gesteuert</td><td>verbrauchs-gesteuert</td><td>bedarfsb esteuert</td><td>bedarfsbe steuert</td></tr>
</table></td><td>Regelt die Nachschubautomatik im Detail. Bei „Bedarfsgesteuert" gibt es einen verfügbaren und körperlichen Bestand. Bei „Verbrauchsgesteuert" gibt es nur einen körperlichen Bestand mit Zugangs- / Abgangsbuchungen
Jede Teileart lt. Feldzuordnung hat eine maximale Reichweite</td><td>1 x grundsätzlich, bzw. sofort wenn die Dispo-Art für eine Teilenummer geändert werden soll</td><td>8 / XX</td><td>20.08. / FF</td></tr>
<tr><td>Sicherheitsbestand 10</td><td>Bei allen Teilen wo Vorratshaltung [J] eingestellt ist, kann je nach festgelegtem Dispositionsverfahren und Teileart ein Sicherheitsbestand hinterlegt werden
<table>
<tr><th>Service-gradhöhe</th><th>1/X</th><th>2/Y</th><th>3/Z</th><th>4/ZZ</th></tr>
<tr><td>A</td><td>96 %</td><td>90 %</td><td>0</td><td rowspan="3">je nach Stillstands- u. Funktionsrisiko (Pkt.-Tabelle)</td></tr>
<tr><td>B</td><td>97 %</td><td>93 %</td><td>0</td></tr>
<tr><td>C</td><td>99 %</td><td>96 %</td><td>0</td></tr>
</table></td><td>Hinweis: Sicherheitsbestände treiben die Bestände nach oben und je höher der Servicegrad des festgelegten Si-Bestands, kann dies das „Vielfache" des Durchschnittsbestandes $\overline{X}$ ausmachen. Bei Disponieren nach Reichweiten sollte, bis auf Einzelfälle, auf einen Si-Bestand verzichtet werden</td><td>1 x grundsätzlich, bzw. permanente Pflege alle 3 - 6 Monate</td><td>8 / XX</td><td>20.08. / FF</td></tr>
<tr><td>Meldebestand 11
(Bestellpunkt)</td><td>Bei allen Artikeln, wo Vorratswirtschaft [J] und bedarfsgesteuerte Disposition hinterlegt ist, errechnet das System auf Basis Durchschnittsverbräuche innerhalb der WBZ und Si-Bestand, den so genannten Meldebestand.
Eine Unterschreitung dieser Meldebestandszahl im verfügbaren Bestand erzeugt vom System einen Bestellvorschlag, der umgehend bearbeitet werden muss.</td><td>Der Meldebestand muss permanent gepflegt werden
a) alle 6 - 8 Wochen durchgängig, u. a. durch Überprüfung, ob die hinterlegte Wiederbeschaffungszeit noch aktuell ist
b) sofort, wenn durch z. B. eine Auftragsbestätigung von Seiten des Lieferanten eine neue Lieferzeit bekanntgegeben wird.
Nicht gepflegte Meldebestände erzeugen große Fehlleistungen in Form von Fehlteilen, überhöhten Beständen, Zusatzkosten etc.</td><td>1 x grundsätzlich, bzw. permanent, spätestens alle 6 - 8 Wochen</td><td>11 / YY</td><td>21.11. / ZZ</td></tr>
<tr><td>Mindestbestand 11a
meist in Verbindung mit einem Maximalbestand</td><td>Bei allen Teilen, wo Vorratswirtschaft [J] und verbrauchsgesteuerte Disposition hinterlegt ist, muss ein Mindestbestand hinterlegt werden. Diese Zahl reagiert auf die Bestandszahlen im körperlichen Bestand.
Eine Unterschreitung löst, wie bei Meldebestand, einen Bestellvorschlag aus.
Sofern ein Höchstbestand geführt wird (max. Reichweite), darf Bestellmenge + körperlicher Bestand im Zeitraster diese Zahl nicht überschreiten</td><td>Für die Pflege des Mindestbestandes gilt 1:1 das Gleiche, wie beim Meldebestand Pkt. [11]. Die Ermittlung wird nach der Formel
Ø-Verbrauch in der WBZ + 1 S
(bei großer Streuung + 2 S)
berechnet.
Der Max.-Bestand wird je nach Höhe der WBZ / des Teilewertes in € in Form einer maximalen Reichweite festgelegt</td><td>1 x grundsätzlich, bzw. permanent, spätestens alle - 6 - 8 Wochen</td><td>11 / YY</td><td>21.11. / ZZ</td></tr>
</table>

Stammdatenfeld	Beschreibung / Zweck	Bemerkung / Nutzenpotential	Pflege-zyklus	Ände-rungs-stand	Datum letzte Än-derung
Dispo-System 12	Bei allen Artikeln, wo Vorratswirtschaft [J] und bedarfsgesteuerte Dispo eingestellt ist, muss System für A- + B-Teile auf Disponieren nach Reichweiten eingestellt sein. Für C-Teile (sofern nicht über z. B. KANBAN gesteuert), kann auch Bestellpunkt- (Meldebestand-)-System eingerichtet werden. Wichtig: Das System muss so eingestellt sein, dass innerhalb der aktuellen Wiederbeschaffungszeit im verfügbaren Bestand nicht ins Minus reserviert werden kann. Es muss eine Warnmeldung aufscheinen, wenn ins Minus gerechnet wird (KLÄRUNG NOTWENDIG). Ansonsten werden bereits verkaufte (terminlich zugesagte Artikel) für andere Aufträge weggestohlen	Bei Disponieren nach Reichweiten, gibt es keinen separaten Regelkreis „verfügbarer Bestand". System rastet die Bestände nach dem terminlichen Zeitraster ab. Bei Fertigware und Ersatzteilen mit kürzester Soll-Lieferzeit (Artikel lagerfähig), muss System auf Vergangenheitswerte $\overline{X}$ + 1 S oder 2 S eingestellt sein (je nach Streuung). Bei allen anderen Artikeln auf Reichweitenberechnung in die Zukunft, ohne Si-Bestand. (In Einzelfällen kann ein geringer Si-Bestand hinterlegt werden, z. B. für eine Woche.)	1 x grundsätzlich, bzw. bei Umstellung der Dispo-Art	11 / YY	21.11. / ZZ
Wiederbeschaffungszeit für Kaufteile 13	Muss vom Einkauf alle 6 - 8 Wochen für A- und B-Teile gepflegt werden. Für C-Teile alle 4 - 6 Monate. Die WBZ fließt 1:1 in die Berechnung der Meldebestände / Mindestbestände ein und hat somit hohe Bedeutung. Daher möglichst über Einzelvertrag-Regelung 1 x jährlich mit Lieferant festlegen	Nicht gepflegte WBZ haben gravierende negative Auswirkungen, erzeugen Fehlleistungen, zu hohe Bestände / Fehlteile, Mehrkosten etc.	je nach Teileart alle 6 - 8 Wochen, bzw. 4 - 6 Monate	11 / YY	21.11. / ZZ
Wiederbeschaffungszeit für Fertigungsteile 14 (Übergangsmatrix zur Ermittlung der Wiederbeschaffungszeiten für Fertigungsteile im ERP-System)	(siehe Tabellen unten)	Das ERP-System ermittelt auf Basis hinterlegter Arbeitspläne / Kapazitäten, sowie einer Übergangsmatrix die Durchlaufzeiten für die Startterminierung automatisch. Formel: (te x m) + tr + Liegezeit über alle Arbeitsgänge. Ergibt die DLZ in Tagen. Hinweis: Je größer die hinterlegten Liegezeiten, je früher der Starttermin, je mehr Aufträge gleichzeitig in der Fertigung. Je früher muss Material beschafft, die Zeichnung fertig sein. Ziel muss also sein: Kleine Liegezeiten in den Stammdaten hinterlegen - Idealerweise null Warteschlangenprobleme / Bestände / das Umlaufkapital / die Flexibilität aller wird wesentlich optimiert, da später eingesteuert, sich weniger Aufträge gleichzeitig in der Fertigung befinden. Abkühl- oder Trockenzeiten sind Prozesszeiten, keine Liegezeiten	Übergangsmatrix permanent auf kleinere Liegezeiten ausrichten, alle 3 Monate alte Werte um ca. 10 - 20 % minimieren. Solange bis Schmerzgrenze in der Produktion erreicht	11 / YY	21.11. / ZZ

Nach Tabelle, wenn System nicht automatisch rechnet

Vorschlag (A)	Anzahl Arbeitsgänge	Grundsätzlich für Bereitstellung und einlagern	Fertigungszeit ≤ 1 AT über alle Arbeitsgänge	Fertigungszeit ≥ 1 AT über alle Arbeitsgänge	Zuschlag für Härten / Galv. außer Haus	Zuschlag wenn über Engpassanlage
Bei Neuteilen für Programmierung etc. + 3 AT	1	1 AT	1 AT	+ 1 AT	+ 3 AT	+ 2 AT
	2	1 AT	2 AT	+ 1 AT		
	3	1 AT	3 AT	+ 2 AT		
	4	1 AT	4 AT	+ 2 AT		
	5	1 AT	5 AT	+ 3 AT		
	6	1 AT	6 AT	+ 3 AT		
	7	1 AT	6 AT	+ 4 AT		
	8	1 AT	7 AT	+ 4 AT		
	9	1 AT	8 AT	+ 5 AT		
	10	1 AT	8 AT	+ 5 AT		

Wenn System die DLZ automatisch errechnet, z. B. für Losgröße 1 - 15 Stück

Vorschlag (B)	von Ko-Stelle auf Ko-Stelle	A	B	C	D Engpass	Plus Bereitstellung	Plus Einlagern
Bei Neuteile für Programmierung etc. + 3 AT	A	-	0,5AT	0,5AT	+ 2 AT	0,5AT	0,5AT
	B	0,5AT	-	0,5AT	+ 2 AT	0,5AT	0,5AT
	C	0,5AT	0,5AT		+ 2 AT	0,5AT	0,5AT
	usw.	Plus Zuschlag für Härten / Galvanik, außer Haus siehe oben					

Bei Ziel: Reduzierung der Durchlaufzeiten z. B. ab Losgröße ≥ 15 Stück

Vorschlag (C)		Bereit-stellen	Einlagern
Bei Neuteile für Programmierung etc. + 3 AT	Alle Liegezeiten in der Übergangsmatrix auf null setzten und nur je 0,5 AT für Einlagern - Auslagern / Bereitstellen einsetzen Plus Zuschlag für Härten / Galvanik außer Haus, siehe oben (Es kann überlappt gefertigt werden)	0,5 AT	0,5 AT

Oder die Liegezeiten müssen in die Maschinen- / Arbeitsplatz-Stammdaten eingepflegt werden, z. B.:

Anlage	Liegezeit vor	Liegezeit nach
431	1,0 AT	1,5 AT

<table>
<tr><th>Stammdatenfeld</th><th>Beschreibung / Zweck</th><th>Bemerkung / Nutzenpotential</th><th>Pflege-zyklus</th><th>Änderungs-stand</th><th>Datum letzte Änderung</th></tr>
<tr><td>Bestellmenge für Kaufteile + Rohmaterialien / Vorratsteile 15</td><td>Muss Einkauf festlegen (Reichweitenvorgabe beachten)
- möglichst Konsi- / SCM- / KANBAN-Lager einrichten
- oder Abrufaufträge mit punktgenauen Abrufen einrichten (Lieferant disponiert für uns)
- Bestellmenge darf, je nach Teileart, eine Reichweite von 1 - 6 Monaten nicht überschreiten. Bei Ausnahmen anderes weiter zurücksetzen
Beispiel für Bestellmengenvorgabe
Kleinstmengen + C-Teile – eine Reichweite von 6 Monaten nicht überschreiten
Mittleren Mengen + B-Teile – hier 3 Monate nicht überschreiten
Großen Stückzahlen + A-Teile – hier 1 Monat nicht überschreiten</td><td rowspan="2">Eine Reichweitenvorgabe für die Bestellmenge (= körperlicher Bestand XX + Bestellmenge YY) darf eine Reichweite von X Wochen / Monate nicht überschreiten. Ist die Voraussetzung für das Erreichen einer hohen Umschlagshäufigkeit (Drehzahl).
Mindestlosgrößen oder das Errechnen von wirtschaftlichen Losgrößen[1)] nach Formeln, ist nicht zielführen. Erzeugen im Regelfall große Lose, eine geringe Umschlagshäufigkeit und bei Fertigungsteilen wird die Fertigung verstopft (schlechte Flexibilität)

1) für C-Teile eventuell in Einzelfällen anwendbar</td><td rowspan="2">Bestell-mengen / Losgrößen permanent minimieren. Taktzahl-Abrufe erhöhen, Umschlags-häufigkeit jedes Jahr um die Zahl 1 erhöhen (Rüstkosten / Preise beachten)</td><td>11 / YY</td><td>21. 1. / ZZ</td></tr>
<tr><td>Bestellmenge für Fertigungsteile + Vorratsteile 16</td><td>Losgröße: im 1. Schritt: Feste Bestellmenge
bei Kleinstmengen – Losgröße 1:1 wie heute, aber Begrenzer, max. 6 Monate
bei mittleren Mengen je nach Rüstzeit – Losgröße wie heute, aber begrenzt auf max. 3 Monate
bei großen Mengen je nach Rüstzeit – Losgröße wie heute, aber begrenzt auf max. 2 Monate
2. Schritt große und mittlere Mengen Schritt für Schritt minimieren auf z. B. 1. Monat</td><td>11 / YY</td><td>21.11. / ZZ</td></tr>
<tr><td>Bestellmenge bei nicht Vorratsteilen 17</td><td>Rein „auftragsbezogen" (hier muss ins „Minus" reserviert werden)</td><td>Bei Überschuss Teile dem Kunden schenken oder sofort verschrotten, nicht an Lager legen. Steuerliches Auswirkungen beachten</td><td>Nur bei Änderung der Teileart</td><td>11 / YY</td><td>21.11. / YY</td></tr>
<tr><td>Verkettungs-nummer 18</td><td>Bei allen Teilen die über Engpassmaschinen laufen, eine Verkettungsnummer eingeben (muss AV mit Meister festlegen)</td><td>Ziele: Sowohl beim Disponieren, als auch bei Erstellung des Produktionsplanes dem Betriebs Teilrüsten ermöglichen</td><td>Alle 4 - 6 Monate</td><td>11 / YY</td><td>21.11. / ZZ</td></tr>
<tr><td>Buchungs-schlüssel 19</td><td>Buchungsart-Schlüssel eingeben
- Retrograd (möglichst bei Abarbeitung 1. Arbeitsgang)
- Einzelbuchung
- über Auftrag = ges. Stückliste</td><td>Zeitnahes Buchen ist wichtig. Möglichst über retrogrades Buchen und Umbuchen von Lager L1 auf L2 usw., Bestandsführung einrichten. Bestände in Lager 1 = Zentrallager stimmen dann genau. Für die Nachschubautomatik wichtig</td><td>1 x grundsätzlich bei Neuanlage, bzw. bei Systemumstellung</td><td>11 / YY</td><td>21.11. / ZZ</td></tr>
<tr><td>Kapazitäts-gruppenschlüssel, technologieorientiert 20</td><td>Technologieorientiert ausgerichtet</td><td>Eine mit der Fertigung abgesprochene, relativ grobe Kapazitätswirtschaft, die auch die Kalkulationsgesichtspunkte (z. B. Maschinenstundensatzrechnung) berücksichtigt, ist anzustreben. Eine zu feine Gliederung er-zeugt in der Praxis zu viel Planungsaufwand und stimmt letztlich doch nicht im Detail, da z. B. keine Verfügbarkeit von Werkzeugen / Vorrichtungen abgefragt wird.

Auch sind Aufträge eingeplant, wo keine Materialverfügbarkeit vorhanden ist. Wird pünktlich geliefert? Wie stimmt die Zeitwirtschaft? Was ist bei wechselnden Engpässen „Mensch → Maschine"?</td><td>1 x grundsätzlich + bei Schichtanpassungen, bei Erweiterung, bzw. Personalumbesetzungen / Verkauf von Anlagen</td><td>9 / XX</td><td>20.08. / FF</td></tr>
</table>

TECHNOLOGIEGRUPPE

	ARBEITSPLATZ - NUMMERNPLAN								Kostenstelle-Maschinengruppe Arbeitsplatz Arb.-Gang-Abkürzung
Untergruppe / Hauptgruppe	Einteilung nach Arbeitsplatz- / Maschinengruppen je Technologiebereich								
	00	01	02	03	04	05	06	07	08
1 Drehasch.	Drehm. dre	große Drehm. dre	kleine Revolv. re-dre	gro. Revolv. re-dre	CNC-Stangendr. nc-dre	große Kopierdr. ko-dre	Automat A 25 au-dre	Automat TB 42 au-dre	CNC-Drehautom. cnc-dre
2 Fräsmasch.		gr.horiz. Fräsm. h-frae	Daton DNC DNC-Da	gr. vert. Fräsm. v-frae	Universalfrä. u-frae	Bearbeitungs zentrum	horiz.Fräs ma. gesteuert frae	CNC-Fräsm. frae	CNC-Fräsm. u. Bearbeitz. cnc-frae/ cnc-bea
3 Bohrmasch.	Säulen-bohrm. bo	Reihen-bohrm. rei-bo		Radialbohrm. ra-bo				Borheinheit f.Messerschn. bo	CNC-Bohrm. cnc-do
4 Schleifmasch.	Rundschleifm „Fortuna" schlei	Rundschleifm.„XY" schlei		Spitzen-losschlei. spschl	Flach-schleifm. fischl	Wzg.Schleifm „Haas" schlei	Band-schleifma. baschl	Stähle-Schleif. schlei	
8									

<table>
<tr><th>Stammdatenfeld</th><th>Beschreibung / Zweck</th><th>Bemerkung / Nutzenpotential</th><th>Pflege-zyklus</th><th>Ände-rungs-stand</th><th>Datum letzte Änderung</th></tr>
<tr><td>Engpassplanung flussorientierter Kapazitäts-gruppenschlüssel 21</td><td>Kapazitätsgruppen nach Warengruppen / Fertigungslinien prozessorientiert eingerichtet
<table>
<tr><th colspan="2">Kapazitätsgruppe prozessorientiert nach Warengruppen und Teilearten</th><th rowspan="2">Kapazität in Anzahl Personen</th><th rowspan="2">Kapazität in Anzahl Maschinen / Anlagen</th><th rowspan="2">Möglicher Engpass im Team</th></tr>
<tr><th>Nr.</th><th>Bezeichnung</th></tr>
<tr><td>1125</td><td>WZB / Draht- und Flachform-federn, Federspielgeräte</td><td>12 Pers.</td><td>20 Masch.</td><td>Personal</td></tr>
<tr><td>1126</td><td>Schaubenfedern Industrie < 12 mm Ø (incl. KFF), Förder-spiralen</td><td>14 Pers.</td><td>20 Masch.</td><td>Personal</td></tr>
<tr><td>1127</td><td>Schraubenfedern Industrie > 12 mm Ø kaltgeformt</td><td>10 Pers.</td><td>16 Masch.</td><td>Personal</td></tr>
<tr><td>1199</td><td>Warmverformung (n. d. Form-gebung vergütet)</td><td>8 Pers.</td><td>10 Anlagen</td><td>Anlagen</td></tr>
<tr><td>2125</td><td>Schraubenfedern Fahrwerk</td><td>15 Pers.</td><td>25 Plätze</td><td>Personal</td></tr>
</table></td><td rowspan="3">Eine prozessorientiert eingerichtete Kapazitätswirtschaft vereinfacht alles:
a) die Arbeitsplanerstellung kann vereinfacht werden
b) Die Kapazitätsplanung richtet sich nur noch nach dem Engpass
c) Umterminieren wird vereinfacht etc.
ist daher zu empfehlen.
Wichtig ist, egal wie verfahren wird, dass die im System hinterlegten, verfügbaren Kapazitäten permanent je Woche / Tag gepflegt werden, wenn z. B. von 1-Schicht auf 2-Schicht umgestellt wird.
Oder die Kapazitätsgrenzen werden geöffnet.
<u>Ziel:</u> Sichtbar machen der Kapazitätsauslastung und über Flexibilisierungsmaßnahmen vor Ort die Aufträge termintreu abarbeiten</td><td rowspan="3">permanent bei Schichtveränderung / Personal- / Anlagenveränderung
1 x grundsätzlich
und 1 x jährlich wegen Betriebskalender</td><td>9 / XX</td><td>20.08. / FF</td></tr>
<tr><td>Festlegen der verfügbaren Kapazitäten (A) 22</td><td>Nach technischen Gesichtspunkten für Pkt. 20
<table>
<tr><td>CNC-Drehautomat XY</td><td>Nr. 107</td><td rowspan="6">Weitere Einteilung nach Betriebskalender / Feiertage / Urlaub etc., sowie Schichtmodelle
System aber so einstellen, dass Kapazitätsgrenze angezeigt, aber mindestens jeweils um eine Schicht überbucht werden kann</td></tr>
<tr><td>Anzahl Anlagen</td><td>3</td></tr>
<tr><td>Anzahl Schichten</td><td>2</td></tr>
<tr><td>Anzahl Std. / Schicht</td><td>8</td></tr>
<tr><td>Kapazitätsminderungsfaktor</td><td>0,7</td></tr>
<tr><td>= verfügbare Kapazität</td><td>34 Std.</td></tr>
</table></td><td>9 / XX</td><td>20.08. / FF</td></tr>
<tr><td>Festlegen der Personalverfügbarkeit je Kapazitätsgruppe 23</td><td>Nach Personalkapazität oder Engpassanlage(n) für Pkt. 21
Systemabgleich technische Kapazität zu verfügbarer Personalkapazität / Zeiteinheit
<table>
<tr><th>Maschinengruppe</th><th>Techn. Kapazität</th><th>Personal-Kapazität</th></tr>
<tr><td>1.01 - 1.08</td><td>340 Std.</td><td>max. 280 Std.</td></tr>
<tr><td>~</td><td>~</td><td>~</td></tr>
</table>etc.</td><td>9 / XX</td><td>20.08. / FF</td></tr>
</table>

Jeweils aufgeteilt nach Warengruppenverantwortlichen, Disponent = Beschaffer

Name	**Zugeordnete Warengruppe** (über alle Stücklisten-ebenen)	Wiederbeschaffungszeit	Meldebestand	Bestellmenge	Mindest- / Maximalbestand	Si-Bestand / Servicegrad	Dispo-Verfahren	A/B/C - X/Y/Z-Kennung	Verkettungsnummer	Kauf- / Fertigungsteil	Reichweitenvorgabe	Kennzahlen Drehzahl / Termin-treue / Anzahl Fehlteile / Mo.
		Zugeordnete Verantwortung										
• **Herr XY** • Budgetobergrenze für Einkaufsteile max. 30 % vom Umsatz des Vormonates • zu betreuende Artikel-Nr. 2600 • zu betreuende Lieferanten: 40 • Ø zu bearbeitende Bestellvorschläge pro Tag ca. 150 • Drehzahlvorgabe 8 x	Kleinbehälter Typ XX	X	X	X	X	X	X	X	X	X	X	X
	Armaturen Typ XY bis NW 60	X	X	X	X	X	X	X	X	X	X	X
	Zubehör Typ XX	X	X	X	X	X	X	X	X	X	X	X
	usw.	X	X	X	X	X	X	X	X	X	X	X
	⬇	X	X	X	X	X	X	X	X	X	X	X
		X	X	X	X	X	X	X	X	X	X	X
		X	X	X	X	X	X	X	X	X	X	X
		X	X	X	X	X	X	X	X	X	X	X
• **Frau XY** • Budgetobergrenze für Einkaufsteile max. 40 % vom Umsatz des Vormonates • zu betreuende Artikel-Nr. 2100 • zu betreuende Lieferanten: 50 • Ø zu bearbeitende Bestellvorschläge pro Tag ca. 165 • Drehzahlvorgabe 6 x	Großbehälter Typ ZZ	X	X	X	X	X	X	X	X	X	X	X
	Armaturen Typ RT ab NW 85	X	X	X	X	X	X	X	X	X	X	X
	Zubehör Typ ZZ	X	X	X	X	X	X	X	X	X	X	X
	usw.	X	X	X	X	X	X	X	X	X	X	X
	⬇	X	X	X	X	X	X	X	X	X	X	X
		X	X	X	X	X	X	X	X	X	X	X
		X	X	X	X	X	X	X	X	X	X	X
		X	X	X	X	X	X	X	X	X	X	X
		X	X	X	X	X	X	X	X	X	X	X

Geführt mittels folgenden Kennzahlen:

Drehzahl = Verbrauch der letzten 12 Monate : Bestand am Stichtag = ☐

Anzahl Fehlteile je Stichtag

Termintreue = $\frac{\text{Termintreue Aufträge geliefert je Zeiteinheit lt. Auftragsbestätigung}}{\text{Insgesamt gelieferte Aufträge je Zeiteinheit}}$ x 100 = ______ %

Servicegrad = $\frac{\text{Termintreue Aufträge geliefert je Zeiteinheit lt. Auftragsbestätigung}}{\text{Insgesamt gelieferte Aufträge je Zeiteinheit}}$ x 100 = ______ %

Eine grundsätzliche Zuordnung „WER MACHT WAS?“, siehe nachfolgende Schemadarstellungen, ist für alle Tätigkeiten / Verantwortlichkeiten notwendig. Diese dient u. a. auch zur Vollständigkeitskontrolle, dass alle Stammdaten bzw. deren Pflege eindeutig zugeordnet sind.

Entwurf	**Verantwortliche Abteilung**												
Funktions- und Tätigkeitsübersicht nach Verantwortungsbereichen	**Konstruktion**	**Logistikcenter Disponent**	**Montage**	**Lager**	**Wareneingang**	**AV - techn. Planung**	**AV- Steuerung**	**Wareneingang**	**Rohwarenlager**	**Meister XY Fertigung**	**Strategischer Einkauf**	**QS**	**Techn. Leitung**
Vergabe von Artikelnummern	X												
Pflege aller Konstruktionsbasisdaten, Erstellen Konstruktionsstückliste	X												
Erstellen Fertigungsstückliste und Pflege der Stücklisten		X											
Pflege der Material- / Teile-Stammdaten, wie z. B. Materialbemessung, Bruttogewichte	X												
Pflege der Dispo-Stammdaten, wie z. B. Bestellpunkte, Wiederbeschaffungszeiten, Ø-Verbräuche, Mindest- / Si.- / Maximalbestände **Handelsware**											X		
Pflege der Dispo-Stammdaten, wie z. B. Bestellpunkte, Wiederbeschaffungszeiten, Ø-Verbräuche, Mindest- / Si.- / Maximalbestände **Rohmaterial / Rohlinge**		X											
Pflege der Dispo-Stammdaten, wie z. B. Bestellpunkte, Wiederbeschaffungszeiten, Ø-Verbräuche, Mindest- / Si.- / Maximalbestände **Fertigungsteile**		X											
Bedarfsrechnung und Verbuchen der Reservierungen / Bestandsrechnung	**ERP-automatisch**												
Festlegen von Losgrößen / Bestellmengen		X								X			
Logistik-Controlling / Kennzahlensystem		X	X	X	X	X	X	X	X	X	X	X	IT
Festlegen Teileart: Auftragsbezogen / Vorratsteil mit / ohne Si-Bestand		X											X
Art der Disposition nach Reichweite, nach Min.- / Max. - Bestand		X											
ERP-Abläufe / Einstellungen Mitarbeiterschulung													IT
Bestellrechnung incl. Festlegung der Bestellmengen und Termine		X											
Verbuchen der Bestellungen nach Menge, Termin, Auftragsnummer	**ERP-automatisch**												
Terminüberwachung, Bearbeiten / Führen von Rückstandslisten Handelsware / Rohmaterial, Prio nach Reichweite		X									(X)		
Terminüberwachung, Bearbeiten / Führen von Rückstandslisten Fertigungsteile, Prio nach Reichweite							X			X			

Funktions- und Tätigkeitsübersicht nach Verantwortungsbereichen	Konstruktion	Logistikcenter Disponent	Montage	Lager	Wareneingang	AV - techn. Planung	AV- Steuerung	Wareneingang	Rohwarenlager	Meister XY Fertigung	Strategischer Einkauf	QS	Techn. Leitung
Bestandshöhenverantwortung		X											
Lagerbestandsführung incl. Buchen von Zu- und Abgängen / Fehlteile- / Bestandskorrektur				X					X				
Lagerortzuordnung Chargenerfassung				KANB.-Teile	X				X				
Mengenkontrolle / Bestandskontrolle													
Verfügbarkeitskontrolle vor Auftragsfreigabe		X					X		X				
Fehlermeldung bei Auftragsbereitstellung bzw. Restmengenmeldung				X					X				
Terminverantwortung Fremdteile		X											
Terminverantwortung Eigenteile		X											
Qualitätskontrolle / Reklamationsbearbeitung												X	
Inventurbearbeitung		X		X									
Verantwortung für Wiederbeschaffungs-zeiten Fremdteile, Info einholen											X		
dito Eigenteile, Vorgabe f. Neuberechnung		X											
Verantwortung für Lieferanten incl. Preise, Rabatte etc., Einkaufsstammdaten											X		
Neuteile – Beschaffung											X		
Lieferantenauswahl / -bewertung											X		
Arbeitsplanerstellung						X							
Erstellen Produktionsplan 2 x wöchentlich und Einsteuern der Fertigungsaufträge							X						
Pflege Maschinengruppenschlüssel Zeitwirtschaft						X							
Erstellen Fertigungsaufträge, Fertig-meldungen verarbeiten		(X)					X						

Die Pflege erfolgt durch den verantwortlichen Disponent / den Einkauf bzw. dem je nach Bereich zugeordneten Mitarbeiter

ODER

Es gibt einen Stammdatenverantwortlichen über alle Warengruppen, für alle Stammdaten im PPS- / ERP-System für die ganze Firma / einen Bereiche / ein Sparte.

7.1 Zusammenfassung der Teile-Stammdaten nach Teileart A- / B- / C- und X- / Y- / Z- / ZZ-Regelungen zu einer Dispo-Vorgabe / Richtlinie

Aus den beschriebenen Kriterien ergibt sich somit für alle an Disposition, Beschaffung und Lagerhaltung folgende Dispo-Richtlinie nach Teileart, die eine Sicherstellung der Materialverfügbarkeit auf niedrigster Bestandshöhe, bei gleichzeitiger hoher Flexibilität und Lieferfähigkeit zum Kunden gewährleistet. (Pflege der Stammdaten, siehe Anlage)

Bild 7.1: *Festlegung der Dispositionsregeln / Stammdaten und Zusatz Dispo-Kennzeichen*

Wertigkeit	Wiederholteil / -material ① (X)		② (Y)	③ (Z)	④ (ZZ)
	Abrufaufträge möglich	Abrufaufträge <u>nicht</u> möglich	Sonderteil mit Wiederholcharakter, aber größere Streuung	Reines Sonderteil, z. B. nur für einen Kunden und große Streuung	Ersatzteil
	Plangesteuerte Dispo / echte Aufträge dagegenf. geringe Streuung		Gemäß Liefereinteilung	Rein auftragsbezogen	Verbrauchsgesteuert
A	Menge lt. Abstimmung mit Vertrieb Monat → 1 | 2 | 3 | 4 wöchentliche Abstimmung mit echtem Bedarf (atmen) <u>Mindestbestand:</u> max. 5 AT	Feste Bestellmenge (maximal für Reichweite z. B. 1 Monat) <u>Mindestbestand:</u> Mit Servicegrad 96 %	In Abstimmung mit Vertrieb festzulegen Reichweite maximal 1 - 2 Monate	Reine Auftragsmenge + ____ % für Ausschussanteil	Lt. vorgegebener Drehzahl und zugesagter Lieferzeit in Stunden oder Tage abhängig (was ist gewollt)
	Bedarfsgesteuerte Disposition				
B	Bedarf für maximal 2 Monate Reichweite $\frac{\text{Bestellm.+Best.}}{\text{Ø-Verbr./Mo.}} = \_\_\_$ <u>Mindestbestand:</u> Max. 10 AT	Feste Bestellmenge (maximal für Reichweite z. B. 2 Monate) <u>Mindestbestand:</u> Mit Servicegrad 98 %			
	Verbrauchsgesteuerte Disposition		<u>Mindestbestand /</u> Servicegrad nieder,		<u>Mindestbestand</u> mit Servicegrad je nach Funktionserfüllung 95 - 99,9 %
C	Nach wirtschaftl. Losgröße: $\sqrt{\frac{200 \times m \times EK}{P \times HK}}$ <u>Mindestbestand:</u> max. 100 % des Verbrauches während der WBZ	Feste Bestellmenge (maximal für Reichweite z. B. 5-6 Monate) <u>Mindestbestand:</u> Mit Servicegrad 99,9 %	bzw. wenn Artikel nur für einen Kunden, dann <u>Mindestbestand:</u> 0	<u>Mindestbestand:</u> 0	
D	**KANBAN-TEILE** KANBAN-Menge		KANBAN nur sinnvoll, wenn Teil ohne Index-Änderung länger als ein Jahr in Verwendung und öfter als 6 bis 8 mal pro Jahr benötigt wird	KANBAN <u>nicht</u> anwendbar	KANBAN <u>eventuell</u> anwendbar
E	**Supply-Chain- / C-Teile-Management** **Automatische Nachschubautomatik** Es gibt keine Bestellmenge, da Lieferant automatisch (wöchentlich / täglich) gemäß echtem Verbrauch (von sich aus) auffüllt / nachliefert				

Wenn also Lager, Bestände, Lieferservice und Kosten optimiert werden sollen, muss ein Regelwerk für die unterschiedlichen Artikelstrukturen geschaffen werden:

- Welche Dispositionsstrategie
- Welche Bevorratungsstrategie
- Welche Losgrößenstrategie
- Welche Lagerstrategie

soll gefahren werden?

Mittels Kennzahlen können die erreichten Verbesserungen am einfachsten dargestellt werden, z. B.:

- Umschlagshäufigkeit p. a.
- Anzahl Fehlteile / Monat
- Liefertreue
- Genauigkeit der Bestände in %
- Anzahl Reklamationen
- Höhe Verschrottungs- / Abwertungskosten

Dass im Falle von erforderlichen Bestandssenkungsmaßnahmen eindeutige Vorgaben sowie deren Kontrolle auf Einhaltung getroffen werden können.

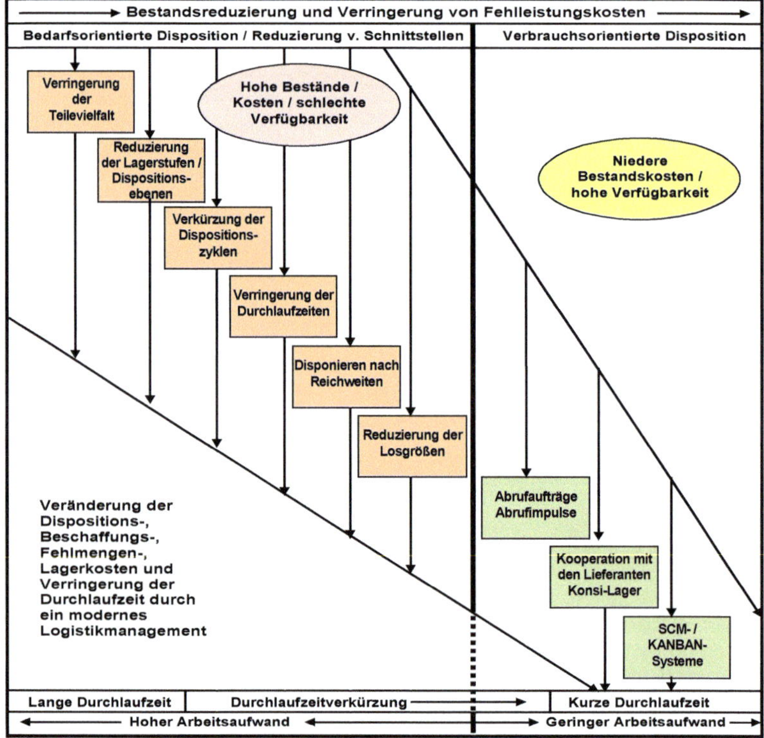

In Anlehnung: Grundlagen der Logistik, hussverlag München, ISBN: 3-937711-23-6

Viele Dispositions- und Beschaffungswerkzeuge sind seit vielen Jahren bekannt, werden aber nicht konsequent genutzt.

Der Erfolg liegt also in der konsequenten Umsetzung obiger Zielsetzungen.

8.1 Aufgaben, Ziele des Einkaufs in einer bestandsminimierten Material- und Lagerwirtschaft

Wenn Ihre Kunden auch die Bestände senken, dann bestellen Sie bei Ihnen später, kleinere Mengen und unregelmäßiger. Die Bedarfsschwankungen werden größer. Auch Planmengen Ihrer Kunden sind immer weniger glaubhaft. Größere Abweichungen ± zwischen Planmenge und *„was wird tatsächlich abgenommen"* bzw. was muss das Unternehmen kurzfristig produzieren / liefern, werden die Regel.

Die Beschaffungslogistik, der Einkauf hat somit die Aufgabe, eine wirksame Harmonisierung der Beschaffung lieferantenseitig zu den internen Bedarfsempfängen, kosten- und terminorientiert, zu realisieren. Um diese Herausforderung *„maximale Verfügbarkeit bei minimalen Kosten"* zu bewältigen, wird der Einkauf aufgeteilt in einen

- ➢ operativen Einkauf, das eigentliche Disponieren und Beschaffen (siehe Abschnitt „Der Disponent wird Beschaffer")

und

- ➢ strategischen Einkauf (neue Lieferanten, Beschaffungs- / Lieferstrategien, Preisverhandlungen, Neuteile beschaffen etc.).

Die Qualität der Beschaffungslogistik entscheidet wesentlich über Bestands-, Lager-, Prozess-, Fehlleistungskosten und Lieferfähigkeit.

Bild 8.1: *Prozentuale Verteilung der Tätigkeiten im Einkauf, heute bzw. zukünftig* UND *Gewinnbringende, strategische Einkaufsarbeit und zeitraubende, operative Routinearbeiten*

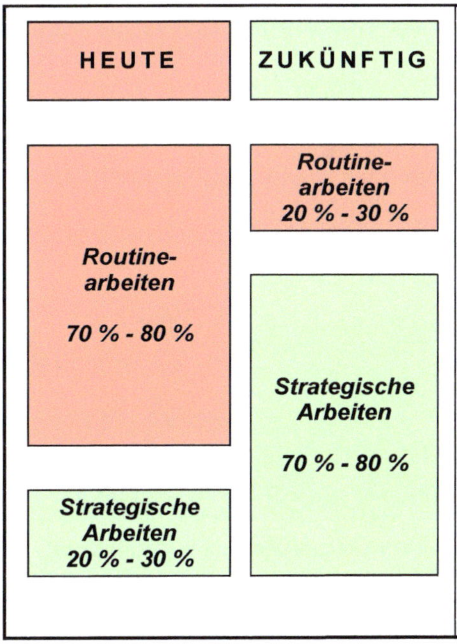

HEUTE	ZUKÜNFTIG
Routinearbeiten 70 % - 80 %	***Routinearbeiten 20 % - 30 %***
Strategische Arbeiten 20 % - 30 %	***Strategische Arbeiten 70 % - 80 %***

Gewinnbringende, strategische Einkaufsarbeit	**Zeitraubende, operative Routinetätigkeiten**
• Lieferanten bewerten • Hauptlieferanten auswählen • Einkaufsverhandlungen führen • Neuteile beschaffen • globale Einkaufsmöglichkeiten prüfen • Abbau von Geschäftsvorgängen in Einkauf, Beschaffen, Wareneingang, Lager, also unbürokratisches Verhalten / Liefern erreichen	Bestellwesen / Beschaffen Auftragsbestätigungen verwalten Rechnungsprüfung / kontieren Schreibarbeiten Stammdatenpflege Terminreklamationen bearbeiten QL-Reklamationen bearbeiten

Somit besteht die Hauptaufgabe der Beschaffungslogistik in:

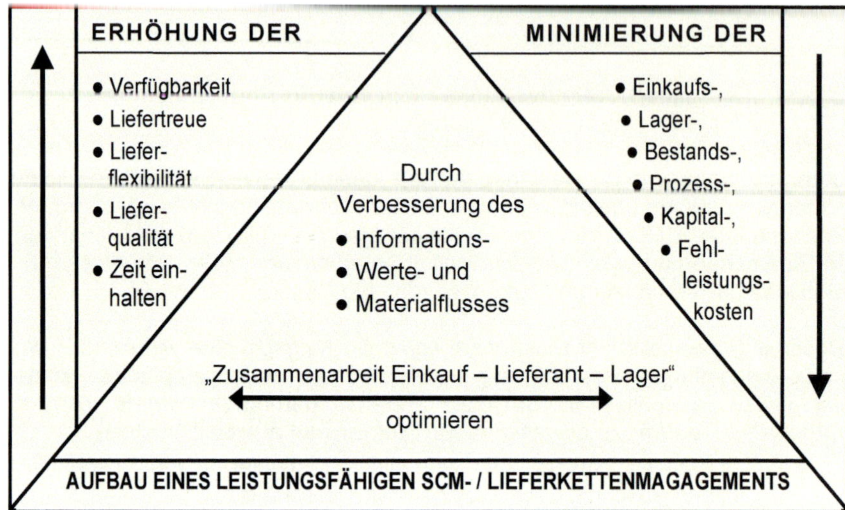

Was sich in folgenden Einkaufszielen / Arbeitsvorgaben niederschlägt:

- Beschaffungsmarktforschung
- Versorgungssicherheit sicherstellen / Risikomanagement
- die Anzahl Lieferanten jährlich zu reduzieren / Liefertreue erhöhen
- die Anzahl Einzelbestellungen zu reduzieren / Anzahl Abrufe erhöhen
- die Anzahl Lieferanten, die für uns Vorräte halten / die selbst abladen, jährlich zu erhöhen
- das KANBAN- / Supply-Chain- / Lieferkettenmanagement jährlich auszuweiten
- Lieferanten, bei denen wir nur C- oder D-Kunde sind, völlig auszuscheiden (optimale QL und Termintreue ist ausschlaggebend)
- einen jährlichen Einkaufserfolg von X € zu erzielen (Einkaufserfolg zu theoretischem Warenkorb)
- Lagerbestände reduzieren / Umschlagshäufigkeit erhöhen
- Gemeinkosten / Logistikkosten / -prozesse permanent zu reduzieren
- Komponenten / Liefersets = fiktive Baugruppen einzukaufen (Systemlösungen)
- Zeitaufwand und Kosten pro Bestellung / pro Lieferant zu reduzieren[1)]
- Zeitaufwand und Kosten pro Wareneingang trotz steigender Anliefertakte reduzieren
- Senken der durchschnittlichen Lieferzeit
- Senken der durchschnittlichen Anzahl Reklamationen / Rücklieferungen

Und, was häufig nicht bedacht wird:

- **Der Einkauf ist nicht nur für den Preis und die entstehenden Lagerkosten verantwortlich, sondern auch für alle weiter entstehenden Kosten bis die Ware im Lager eingelagert, zugebucht, bezahlt[1)] und bis die Ware am Arbeitsplatz bereitgestellt ist.**

1) z. B. Sammelrechnungen nach Kostenrechnungsgesichtspunkten gegliedert.

In einem schlanken, zukunftsorientiert geführten Unternehmen werden somit die Einkaufstätigkeiten wie folgt neu organisiert:

Die Einkaufsarbeit wird aufgeteilt in eine

a) operative Tätigkeit
b) strategische Tätigkeit.

Operative Einkaufstätigkeit

Unter operativer Einkaufstätigkeit versteht man das Beschaffen. Diese Tätigkeit wird im Auftragsabwicklungszentrum / dem Produktions- / Führungsteams / dem jeweils zuständigen Disponenten (gegliedert nach z. B. Artikel- / Produktgruppen) übertragen mit dem Ziel, die gesamte Auftragsabwicklung weiter zu beschleunigen.

Voraussetzung ist:

Der Einkauf hat im Rahmen seiner strategischen Arbeit

a) den Hauptlieferanten
b) den Preis (mit Gültigkeitsdatum)
c) die Wiederbeschaffungszeit

bestimmt.

So kann der Beschaffungsvorgang schnell und unkompliziert, z. B. per Fax, Mail oder KANBAN-System, direkt vom Disponent oder Lagerist durchgeführt werden.

Strategische Einkaufstätigkeit

Die strategische Einkaufsarbeit bezieht sich somit auf:

Schaffen eines leistungsfähigen Material- / Logistikmanagements, den jeweiligen Top Lieferanten in Bezug auf Preis, kurze Lieferzeit, Qualität und Termintreue zu finden,

was bedeutet:

Um ein Unternehmen flexibel zu gestalten / zu organisieren, müssen bei wachsender Variantenvielfalt fertige Komponenten eingekauft werden, da die Artikel im Sortiment erhalten bleiben müssen. Grund: Trotz hoher Flexibilität und Variantenvielfalt müssen Gemeinkosten gesenkt und die hohe Anzahl von Geschäftsvorgängen reduziert werden.

Ziel: **100 % Kundenorientierung muss erhalten bleiben bzw. noch gestärkt werden.**

Was sich in einer modernen Beschaffungspolitik / bei der Lieferantenauswahl wie folgt niederschlägt:

a) sowohl für neue Teile / Komponenten
b) als auch für neue Lieferanten grundsätzlich

Es gilt:

- bei technisch sehr anspruchsvollen Teilen
- bei Teilen mit hohen Werkzeugkosten } Zeichnungsteile / A-Teile
- bei größerem Entwicklungsaufwand

den **TOP-LIEFERANTEN** in Bezug auf Preis, Qualität und Termintreue möglichst in der Nähe zu haben,

- bei Standardteilen / bei Teilen mit sehr großen Stückzahlen
- bei interessanten Perspektiven in Bezug auf z. B. Währungssituation / Lohnniveau
- Rohmaterialpreisen

das **GLOBALE EINKAUFEN** mit dem Ziel abgestimmte Qualität / Termintreue mit entsprechenden Logistiklösungen / Versorgungslösungen über z. B. Zwischenläger, wenn die Entfernungen zu groß sind, anzustreben.

Wobei die wichtigsten Ziele der Beschaffung grundsätzlich sein müssen:

- *Optimale Qualität und Termintreue / Umschlagshäufigkeit / Versorgungssicherheit*
- *Alle Teile auf dem richtigen Beschaffungsmarkt, beim richtigen Lieferanten, mit Branchenkenntnissen kaufen*
- *Durch permanentes **LIEFERANTENMANAGEMENT** eine permanente Verbesserung von Qualität, Service in Produktion, Technik und Belieferung zu erreichen*
  - *Systematische Lieferantenauswahl und -bewertung, u. a. mittels Lieferanten-Anforderungsprofil*
  - *Optimieren der Lieferantenanzahl, Lieferantenauszeichnung und -partnerschaften, Lieferanten-Tage*
  - *Lieferantenauditierung, Optimierung der Lieferantenkommunikation, - integration*
  - *Materialgruppenmanagement / Liefersets (fiktive Baugruppen)*
  - *Permanente Prozessoptimierung und Lieferzeitreduzierung*
  - *Den Erfolgsfaktor Supply-Chain-Management mit den Lieferanten umsetzen (vernetzte Wertschöpfungskette)*

Preisreduzierung gelungen – Lieferant tot

So bringt es Prof. Dr. Horst Wildemann, Inhaber des Lehrstuhls BWL / Logistik an der TU-München, auf den Punkt. Somit wird bezüglich Prozesse minimieren in den Liefer- und Abwicklungsprozessen zu einer partnerschaftlichen Strategie geraten, die Win-win-Möglichkeiten für beide Partner schaffen.

8.2 Qualität einkaufen / Lieferanten-Anforderungsprofil

Zusätzlich sollte mit jedem Lieferanten ein so genanntes Lieferanten-Anforderungs-Profil erstellt werden, in dem die Erwartungen und Ziele der Partnerschaft festgehalten sind.

<u>Grund:</u> Kurze Lieferzeiten können, in Verbindung mit niedrigeren Beständen, nur erreicht werden, wenn es gelingt, unsere Lieferanten in die gesamte Logistik und Produktionskette mittels Bauhaus- und KANBAN-Systeme einzugliedern (Lieferanten halten für uns Vorräte) und wir haben über IT Zugriff auf die Bestands-, Bedarfs- und Auftragsfortschrittsdaten der Lieferanten, bzw. der Lieferant auf unsere Bedarfsübersichten.

<u>Beispielhafte Aufzählung:</u>

Was erwarten wir von unseren Lieferanten bezüglich Preis, Menge, Qualität, Termin, Liefertreue und Art der Anlieferung:

- Nullfehler-Lieferungen in Menge / QL / Kennzeichnung / Verpackung, damit Freipässe erteilt werden können
- Schnelle Auftragsabwicklung / pünktliche Lieferung
- Wettbewerbsfähige Preise und Konditionen
- Bereitschaft zur Vorratshaltung / KANBAN / SCM-Belieferung
- Gute Beratung / umfangreiche Serviceleistungen
- Unbürokratisches Verhalten auch bei Störungen im Lieferfluss / Helfer in der Not
- Verständliche und zuverlässige Informationen
- Pünktliche und vollständige Angebote
- Kaufmännisch korrektes Verhalten
- Offenlegung der Kalkulationen / der Kalkulationssätze
- Lieferantenverbund

Woraus sich folgender Lieferanten-Leitfaden ergibt:

Lieferanten-Anforderungsprofil

Grundsätzliches

Mit diesem Leitfaden wollen wir Ihnen Informationen über die Einkaufsstrategie unseres Hauses geben. Wir möchten mit Ihnen den Weg zu einer engen, vertrauensvollen, fairen und partnerschaftlichen Zusammenarbeit definieren, denn ein wesentlicher Punkt unserer zukünftigen Zusammenarbeit ist ein hohes Maß an Flexibilität, Qualitäts- und Termintreue Ihrerseits. Unsere Kunden fordern immer kürzere Lieferzeiten, egal für welche Produkte auch immer. Diese Anforderungen können wir nur mit Ihnen zusammen erreichen.

Ziele

Unser Ziel lautet: 100%ige Erfüllung aller Forderungen und Wünsche, die unsere Kunden an uns stellen. Dazu ist eine ständige Verbesserung unserer Beschaffung notwendig, damit

- wir ein kompetenter und leistungsstarker Partner zu unseren Kunden sind
- wir Kosten senken und an den Markt weitergeben können,
- wir Qualität sichern und auch die kürzesten Termine einhalten können

Zusammenarbeit

Voraussetzungen für unsere gemeinsame Zusammenarbeit sind somit:

- 100 % Qualität
- absolute Lieferzuverlässigkeit
- Ihre Bereitschaft zur Vorratshaltung
- Ihre wettbewerbsfähigen Preise
- Ihre Service- und Beratungsleistungen
- sofortige Vorabinformation bei Störungen
- die Offenlegung Ihrer Kalkulationen und Kalkulationssätze

Ihre Leistungen werden regelmäßig mittels beiliegendem Kriterienkatalog von uns bewertet. Die Ergebnisse werden Ihnen zugänglich gemacht, Abweichungen Ihrer und unserer Auswertungen sind die Ansätze für Verbesserungsgespräche.

Lieferzuverlässigkeit

Damit wir unsere Leistungen zu unseren Kunden absolut zuverlässig erbringen können, benötigen wir die pünktliche Anlieferung der Waren zu den in den Bestellungen angegebenen Terminen. Die Mengen-, QL-, Verpackungs- und Versandvorschriften sind unbedingt einzuhalten. Ist abzusehen, dass ein geforderter Liefertermin nicht eingehalten werden kann, ist unser Beschaffer sofort zu informieren. Die Gründe für Lieferverzögerungen müssen analysiert und kurzfristig abgestellt werden. Bei Notfällen sichern Sie alle erforderlichen Maßnahmen zu, um die Ware pünktlich zu liefern, damit unsere Kunden zufrieden gestellt werden können.

Wettbewerb / Preise

Werden unserem strategischen Einkauf günstigere Preise vom Wettbewerb vorgelegt, erhalten Sie selbstverständlich die Möglichkeit, ihre Preise zu überprüfen. Dies betrifft auch die Offenlegung der Kalkulationssätze.

Zusammenfassung

Unser Einkauf möchte eine langfristige markt- und partnerschaftlich ausgeprägte Zusammenarbeit mit Ihnen, unserem Lieferanten, pflegen, die sich an dem Ziel absoluter Zufriedenheit unserer Kunden mit uns, und somit auch mit Ihnen, ausrichtet. In diesem Sinne sind wir selbstverständlich auch für jede Anregung und Verbesserungsvorschläge Ihrerseits dankbar.

Pforzheim, den ....

Unternehmensberatung
Rainer Weber REFA-Ing.
Im Hasenacker 12

75181 Pforzheim-Hohenwart

Quelle: *TÜV Rheinland Akademie GmbH*

Lieferantenauswahl und -bewertung, sowie dessen Entwicklung

Preisreduzierung gelungen, Lieferant tot – So bringt es Prof. Dr. Horst Wildemann, Inhaber des Lehrstuhls BWL / Logistik an der TU-München, auf den Punkt. Somit wird bezüglich *„Prozesse minimieren in den Lieferantenbeziehungen"* zu einer partnerschaftlichen Strategie geraten, die Win-Win-Möglichkeiten für beide Partner schaffen.

Nutzwertanalyse als Hilfsmittel zur letztendlichen Auswahl des Lieferanten

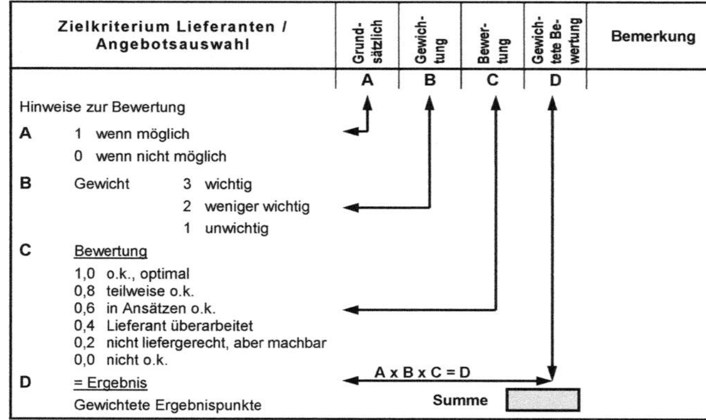

Hilfsfragen zur Bewertung der Angebote nach

- Technischem Teil
- Techn. Know-how
- Kommerziellem Teil
- Versorgungssicherheit

	Lieferant / Angebot 1	2	3
Sicherstellung Qualität / Reaktionszeit bei n.i.O.-Lieferung			
Lieferzeit in Tagen / Flexibilität			
Preise / Konditionen, Preisreduktionsmöglichkeit p.a.			
Sicherstellung Lieferung / Liefertreue, wir sind A-, B-, C-, D-Kunde			
Bereitschaft zur Vorratshaltung, KANBAN / SCM-System			
Zusammenarbeit / Kommunikation / Produktentwicklung			
Branchen- / Logistikprozess-Erfahrung			
Ausbildungsniveau Mitarbeiter / Techn. Ausstattung / Know-how			
Verkehrsanbindung / Zoll			
Umweltqualifizierung			
Finanzkraft / Bonität			
Gesamt-Punkte			

Das Angebot / der Lieferant m. d. höchsten Nutzwert gemäß gewichteter Ergebnispunkte wird gewählt. Die oben aufgeführten Informationen kann man im Internet ggf. auf der Homepage einholen oder via Lieferantenselbstauskunft direkt durch Nachfrage abholen:

	JA	Nicht zutreffend / Nein	Bemerkungen / Informationen
Nach welchen Normen ist Ihr Unternehmen zertifiziert?			
IATF 16949 *(wenn nein ist die Zertifizierung geplant?)*	☐	☐	
DIN EN 9001:2008 *(ggf. 9001:2015)*	☐	☐	
ISO 14001:2009 *(ggf. 14001:2015)*	☐	☒	
BS OHSAS 18001 *(ggf. ISO 45001)*	☐	☐	
weitere Zertifizierungen *(ggf. Luft & Raumfahrt, Medizintechnik)*	☐	☐	
Angaben zur Mitarbeiteranzahl			
Anzahl MA gesamt:	☐	☐	
Anzahl MA Produktion / Fertigung:	☐	☐	
Anzahl MA Qualitätssicherung	☐	☐	
Produktportfolio			
Jahresumsatz:	☐	☐	
Kundenreferenzen (Firmennamen)	☐	☐	
ppm- Ziel für ähnliche Produkte:	☐	☐	
Automotiverfahrung:	☐	☐	
Eigenständige Entwicklung	☐	☐	
Messtechnik			
Welche Messtechniken / Messmaschinen haben Sie im Einsatz?	☐	☐	• • • • • •
Produktbezogene Angaben			
Bisherige Produkte an uns:	☐	☐	
Herstellung von Sicherheitsrelevanten Bauteilen?	☐	☐	
Produkte aus Eigenentwicklung *(lt. ISO / TS 16949 Pkt. 7.3)*	☐	☐	
Angaben zu Versicherungen			
Besteht eine Betriebshaftpflicht-versicherung (BHV)?	☐	☐	Versicherungssumme:
Beinhaltet Ihre BHV eine erweiterte Produkthaftpflicht- und eine Produkte-rückrufkostenversicherung für Rückrufe aus in Verkehr gebrachten Produkten für KFZ mit Personenschadenpotential?	☐	☐	

Kommunikationsmatrix

Ansprechpartner	Name, Vorname	Funktion / Bereich	Telefon	E-Mail
Geschäftsführung				
Vertrieb				
Einkauf				
Qualitätssicherung				
Produktion / Technik				

Welches sind Ihre 3 größten Kunden und welche Art von Produkt liefern Sie?

Kunde	Produkte

Datum, Name, Unterschrift:

8.2.1 Rahmenvereinbarung – Mengenkontrakt

RAHMENVEREINBARUNG – MENGENKONTRAKT (MUSTER)

MIT FIRMA
- Lieferantennummer (bei uns) ____
- Sachbearbeiter ____
- Ansprechpartner ____
- Telefon-Nr. / Fax-Nr. ____ / ____
- Mail-Adresse ____
- Zugriffscode ____

EINZELKONTRAKT ÜBER
- Artikelnummer ____
- Bezeichnung ____
- Zeichnungsnummer ____

GÜLTIGKEITSZEITRAUM
- Laufzeitbeginn ____ (Datum)
- Laufzeitende ____ (Datum)

MENGENKONTRAKT INSGESAMT
- ca. Bedarf pro Laufzeit ____ Stück
- Abrufmenge ____ Stück
- Liefermengentoleranz / Lieferung ____ Stück
- Bevorratung bei Lieferant min. ____ Stück
- Bevorratung bei Lieferant max. ____ Stück
- Bestandsinfo bei ____ Stück
- Vormaterialbereitstellung ____ kg an Lager

PREIS / ZAHLUNGSBEDINGUNGEN
- Preis pro Einheit € ____
- Zahlungsbedingungen innerhalb x Wochen ____ - 2 %
- Zahlungsbedingungen innerhalb y Wochen ____ netto ohne Abzug
- Kosten bei verspäteter Lieferung bis 5 Tage ____ - 5 % Abzug
- Kosten bei verspäteter Lieferung bis 10 Tage ____ - 10% Abzug
- Kosten bei verspäteter Lieferung über 10 Tage ____ - 20% Abzug
- Frachtkosten frei Haus ____

LIEFERTERMINE
- Lieferzeit in Arbeitstagen ____ (Eingang bei uns)
- Lieferabruf (Pull-Signal) in AT ____ (Vor Lieferung)
- Sicherstellung der Lieferfähigkeit ____ in %

LIEFERSPEZIFIKATIONEN
- Kennzeichnung Ware / Verpackung ____
- Verpackungsvorschriften ____ mit Bild
- Reinigungsvorschrift ____ Behälter
- Rostschutzvorschrift ____
- Liefer- / Abladestelle Werk / Tor ____

QUALITÄTSSICHERUNG - LIEFERANT
- Qualitätssicherung (Art) ____
- Toleranzen lt. Zeichnungen / Vorschrift ____
- Dokumentation der Prüfergebnisse ____
- Vormaterialabnahmebedingungen ____
- WE-Eingangskontrolle z. B.: Der Käufer beschränkt sich bei der Eingangsprüfung nur auf Identitäts- und Mengenkontrolle
- Qualitätsbeauftragter / Ansprechpartner ____

PRODUKTHAFTUNG

____

____

____

QUALITÄTSMÄNGEL-REGELUNG
- Nachlieferung bei Qualitätsmängel in AT ____ Eingang bei uns
- Kosten bei Anzeigen von Qualitätsmängel ____ € pro Vorgang
- Nacharbeit-, Bearbeitungsaufwand
  Std.-Satz ____ € x Std. lt. Stundennachweis ____
- Nacharbeit wird vom Lieferanten durchgeführt innerhalb ____ X ____ Stunden
- Mehrkosten / Stillstandskosten der Fertigung
  lt. BDE-Nachweis € / Min. ____

ABGRENZUNG
- Nebenabreden ____
- Gerichtsstand ____

8.2.2 Permanente Lieferantenbewertung = Z D F → Zahlen, Daten, Fakten

(Bewertung gemessen an Umsatzgröße)

Eine permanente Lieferantenbewertung ist erforderlich, mit dem Ziel, eine korrekte Einschätzung eines Lieferanten in den Kriterien, z. B.

- Qualität / Preis / Lieferzeit
- Termintreue / Zusammenarbeit
- Bereitschaft zur Vorratshaltung
- Zertifizierungen

} A-Lieferanten alle 12 Monate, B-Lieferanten alle 24 Monate, C-Lieferanten alle 24 - 36 Monate

zu erhalten, damit entsprechende Maßnahmen zur Verbesserung eingeleitet und für die Zukunft Optimierungen getroffen werden können.

Firma: .... **Tel-Nr.:** .... **FAX-Nr.:** ....
Geschäftsverbindung seit: .... **Ansprechpartner:** ....
Management: ....

	KRITERIEN	Gewichtung	Eigenbew. Lieferant	Punkte	Bewertung Abnehmer	Punkte	Ansätze für Gespräch mit Lieferant	
Qualität	QL-System in Fa.einger.	5						
	Produktqualität	17						
	Q-Absicherung Vormat.	1						
	Q-Sicherstellung in Produktion	5						
	Q-Prüfg.Endkontrolle	1						
	Q-Dokumentation	1						
	Zwischensumme QL	**30**						
Preise/ Konditionen	Preisstabilität	10						
	Wertanalyse-Vorschläge	4						
	Zahlungskonditionen	1						
	Zwischensumme Preise - Konditionen	**15**						
Bereitschaft zur Vorratshaltung	KANBAN-/SCM-Prinzip	6						
	Einlagerung mit Sicherheitsbestand	3						
	Lagerung bei Spedition	5						
	Zwischensumme	**14**						
Lieferungen / Termintreue	Einhaltung Liefertermin	10						
	Einhaltung Menge	5						
	Kennzeichng. Ware und Papiere	3						
	Verpackung / Versand	2						
	Flexibilität/Helfer in Not	5						
	Zwischensumme Lief.	**25**						
Zusammenarbeit insgesamt	Anfragebearbeitung	3						
	Produktentwicklung/ Beratung	3						
	Abwicklg. Reklamationen	2						
	Lieferantenverbund	1						
	Allg. Kommunikation	1						
	Zwischensumme ZA	**10**						
Umweltzertifik.	UM - Zertifiziert	3						
	UM - Dokumentiert	2						
	UM - gibt es nicht	1						
	Zwischensumme UM	**6**						
	Gesamtsumme	**100**						

Das Ergebnis der Auswertungen wird statistisch fortgeschrieben, um die Entwicklung / Trends zu erkennen

Σ-Punkte
100,0
87,5
75,0
62,5
50,0
37,5
25,0
12,5
0
15 16 17 18 19 20 21 22
Ziel nächstes Jahr
Alarm
Jahr

Lieferantenbewertung – Mögliche Bewertungskriterien, gemessen an qualitätsrelevanten Merkmalen

1.1 Bewertung der Liefertreue

Es wird zunächst eine Bewertung der Lieferzuverlässigkeit durchgeführt. Dazu werden das bestätigte Datum und das Lieferdatum aus dem ERP-System abgeglichen.

Pünktliche Lieferungen werden mit 100 % bewertet.

Abweichungen führen zu Abzügen gemäß folgender Aufstellung:

4 Tage zu früh:	90 %	Mit diesen Werten werden die Anzahl der Lieferungen gewichtet und die Gesamtzahl ins Verhältnis mit den gesamten Lieferungen pro Jahr gesetzt, dies ergibt so die Liefertreue in Prozent oder Punkten
1 – 4 Tage zu früh:	95 %	
Pünktlich:	**100 %**	
1 – 3 Tage zu spät:	90 %	
4 – 10 Tage zu spät:	80 %	
10 Tage zu spät:	60 %	

1.2 Bewertung von Qualität

Im zweiten Schritt ist eine Auswertung der Reklamationen im Verhältnis zur Anzahl Lieferungen pro Jahr durchzuführen. Hier wird folgender Wert angesetzt:

Anteil Reklamationen an der Anzahl Lieferungen 0 – 0,05 %: 100 Punkte

>	0,05%:	98	Somit ergibt sich eine Qualitätszahl in Punkten
>	0,1 % :	96	
>	0,15%:	94	
>	0,5 %:	92	
>	1,0 %:	89	
>	5,0 %:	80	
>	10 %:	70	

1.3 Zertifizierung des Lieferanten

Die letzte Auswertung bezieht sich auf die vorhandenen Zertifikate Lieferanten.

Hier ergeben sich folgende Punkte:			
IATF 16949:	60	ISO 14001:	20
ISO 90001:	40	BS OHSAS 18001:	15
		ISO 50001:	5

Die Gesamtbewertung resultiert aus den einzelnen Punkten und wird wie folgt gewichtet:

Qualitätszahl:	67 %
Liefertreue:	30 %
Zertifizierung:	3 %

Aus dem Gesamtergebnis ergeben sich folgende Einstufungen:

> 94 %	A-Lieferant
90 - 94 %	AB-Lieferant
80 - 90 %	B-Lieferant
< 80 %	C-Lieferant

1.4 Vorgehensweise bei B- und C Lieferanten

- Die B-Lieferanten werden zu entsprechenden Maßnahmen aufgefordert, die Überwachung der Maßnahmenpläne des Lieferanten wird durch den Einkauf durchgeführt. Zusätzlich wird der Lieferant aufgefordert, eine Auflistung der Sonderfahrtkosten an *Fa. XYZ* zur Verfügung zu stellen.
  - Sollte der Maßnahmenplan nicht aussagefähig sein und *Fa. XYZ* die Maßnahmen als nicht zielführend erachten, ist nach Rückspra-che mit dem MB IMS oder der QS/QM Leitung ggf. ein Prozessaudit nach VDA 6.3 (P2-P7 oder P5-P7) durchzuführen.
  - Die Abstimmung mit dem Lieferanten übernimmt der EK.
- Ein C- eingestufter Lieferant (< 80 %), wird zunächst für Neuprojekte / Neuaufträ-ge gesperrt. In der Liste der freigegebenen Lieferanten wird der C-Lieferant auf New Business on Hold (NBH) gesetzt. Zusätzlich wird der Lieferant aufgefordert, eine Auflistung der Sonderfahrtkosten an *Fa. XYZ* zur Verfügung zu stellen.
  - Bei NBH wird der Lieferant schriftlich auf seinen Lieferantenstatus hingewiesen.
  - Bei dem Lieferanten wird umgehend ein Lieferantenaudit eingeleitet um die geforderten Maßnahmen abzustimmen.

Des Weiteren erfolgt eine Einteilung der Lieferanten nach Einkaufswert mit dem Ziel „Reduzierung der Anzahl Lieferanten“, also bei immer weniger Lieferanten einzukaufen. Die Versorgung für das Unternehmen unter Berücksichtigung aller genannten Kriterien 100-prozentig sicherzustellen.

Bild 8.1: *Reduzierung der Anzahl Lieferanten nach Einkaufsvolumen und A- / B- / C-Analysendaten*

Lieferant	Sept. 2017	Sept. 2018	Sept. 2019	Sept. 2020	Sept. 2021	Ziel 2022
A	48	34	35	33	29	25
B	69	52	50	45	42	35
C	170	170	160	140	130	50
Σ	**287**	**256**	**245**	**218**	**201**	**110**

A-Lieferanten = über € 350.000,-- Einkaufsvolumen p.a.
B-Lieferanten = über € 50.000,-- Einkaufsvolumen p.a.
C-Lieferanten = unter € 50.000,-- Einkaufsvolumen p.a.

Wobei insgesamt gesagt werden kann:

- Beide Teile haben einen Vorteil
- Eine langfristige erfolgreiche Zusammenarbeit ist nur auf der Basis einer echten Partnerschaft möglich
- Den Partner am Erfolg teilhaben lassen, damit er für neue Aktivitä-ten mit uns motiviert ist.

8.3 Darstellung der verschiedenen Dispositions- und Beschaffungsmodelle, bezüglich Prozesse, Flexibilität und Lieferfähigkeit

Dispo- und Beschaffungsmodelle		Informations- und Arbeitsaufwand in den Teilprozessen der Nachschubautomatik			Auswirkung auf Prozesse / Arbeitsaufwand / Flexibilität und Lieferfähigkeit
		Disponieren und Beschaffen	Wareneingang	Lager / Materialbereitstellung	
Bedarfsgesteuerte Disposition / hohe Bestände	Vorrat, Einzelbestellung	- Bestandsführung - Disposition / Mengenbestimmung - Bestellung auslösen - Auftragsbestätigung - Terminüberwachung	- Übernahme - Prüfen WE-Papiere - Mengen- / Sicht / sachliche Prüfung - WE-Buchung - Auspacken - QS-System, evtl. - Rücklieferung	- Umpacken - Einlagerung - Auslagerung - Transport zum Verbrauchsort / Bereitstellen - Vorhalt Lagerfläche	Hoher Arbeitsaufwand / Prozesse Geringer Lieferflexibilität / Termintreue
	Abrufaufträge	- Abrufaufträge erstellen - Bestandsführung - Abruf punktgenau - Abrufpflege, rollierend	- Übernahme - Prüfen WE-Papiere - Mengen- / Sicht / sachliche Prüfung - WE-Buchung - Auspacken - QS-System, evtl. - Rücklieferung	- Umpacken? - Einlagern - Auslagern - Transport zum Verbrauchsort / Bereitstellen - Vorhalt Lagerfläche	
	Auftragsbezogen	- Bedarfsermittlung / Disposition - Terminierung - Bestellung - Auftragsbestätigung - Terminüberwachung - Bestandsführung?	- Übernahme - Prüfen WE-Papiere - Mengen- / Sicht / sachliche Prüfung - WE-Buchung - Auspacken - QS-System, evtl. - Rücklieferung	- Einlagern - Auslagern - Transport zum Verbrauchsort / Bereitstellen	
Verbrauchsgesteuerte Disposition / niedrigere Bestände	KANBAN-System	- Rahmenvereinbarung - Abruf per KANBAN-Karte, bzw. Strichcodeimpuls	- Entfällt, oder fallweise Stichprobe, je nach Teil	- Vorhalten Lagerfläche / Umpacken? - Entnahme- / KANBAN- / Verpackungseinheit - Transport zum Produktions- / KANBAN-Lager	Geringer Arbeitsaufwand / Prozesse Hohe Lieferflexibilität / Termintreue
	Bauhaussystem f. Katalogware	- Rahmenvereinbarung - Voll automatisierte Anlieferung durch Lieferant	- Entfällt komplett, Lieferant auditiert	- Vorhalt Lagerfläche in der Produktion	
	SCM-System für Zeichnungsteile	- Rahmenvereinbarung - Internetplattform - Lieferant disponiert für uns	- Entfällt komplett, Lieferant auditiert / liefert selbständig nach	- Minimale Lagerfläche in der Produktion	

8.4 Mit Kennzahlen die Erfolge sichtbar machen

Das Ergebnis der Aktivitäten lässt sich in Form von Kennzahlen darstellen

Kennzahl / Messgröße	Zielgröße HEUTE	Ziel für die ZUKUNFT
Kosten der Logistik-Kostenstellen in € absolut	€	↘
Prozesskosten der Beschaffungs- und Lager- / Bereitstellvorgänge / -abläufe	€ / Vorgang	↘
Bestandskosten in € absolut und in Prozent zum umgeschlagenen Warenwert	€ %	↘
Bestandsreichweite in Arbeitstagen (Drehzahl)	Tage	↘
Liefertreue / Servicegrad	%	↗
Anzahl Fehlteile Ø / Woche	Artikelnummern	↘
Anzahl Lieferanten	Anzahl	↘
Davon SCM- / KANBAN- / Konsi-Lieferanten	Anzahl	↗
Anzahl Bestellungen Ø / Woche	Anzahl	↘
Davon Abrufaufträge Ø / Woche	Anzahl	↗
Einkaufserfolg / Preis pro Stück	Σ	↘
Einkaufsvolumen in € im Verhältnis zu Umsatz des Vormonats	%	↘
Ø Kosten eines Bestellvorganges	€ / Vorgang	↘
Ø Kosten eines Wareneingangs	€ / Vorgang	↘
Ø Losgröße einer Anlieferung	Stückzahl / Artikelnummer	↘
Ø Lagerkosten einer Artikelnummer	€ / Artikel	↘
Anzahl Reklamationen Ø / Woche	Anzahl	↘
Ø Kosten einer Rücklieferung / Reklamation	€ / Vorgang	↘
Ø Anzahl Neuteile / Woche lagerfähig	Anzahl	↘

Verbesserung der Transparenz in Kosten, Leistung und Qualität, mittels aussagefähiger Kennzahlen.

8.5 Fragenkatalog zur „make or buy“ - Entscheidungsfindung

		Spricht für	
		Eigen-fertigung	Fremd-fertigung
1	Es handelt sich um ein strategisch wichtiges Produkt / Know-how-Teil / Kerntechnik	X	
2	Es handelt sich um eine Schlüsseltechnologie	X	
3	Eine entwicklungsfähige Technologie vorliegt, bei der sich voraussichtlich eine technologische Führerschaft erreichen lässt	X	
4	Der Technologiestandard und die Innovationsfähigkeit weiter ist als des externen Lieferanten	X	
5	Die Gefahr des Know-how-Verlustes besteht	X	
6	Genügend Kapazitäten für die Realisierung der Eigenfertig. vorhanden sind	X	
7	Die langfristige Markt- und Strukturentwicklung große Kontinuität verspricht	X	
8	Die Prozessqualität besser ist als bei potenziellen Lieferanten	X	
9	Der Dispositions- und Steuerungsaufwand geringer ist als bei Fremdfertig.	X	
10	Eine Trennung von Entwicklung und Fertigung problematisch ist	X	
11	Eine bessere Koordination aller fertigungswirtschaftlichen Teilvorgänge möglich ist	X	
12	Bedarfsgerechte Losgrößenmengen von der eigenen Firma bereitgestellt werden	X	
13	Man selbst flexibler auf quantitative und qualitative Bedarfsänderungen reagieren kann als der Lieferant	X	
14	Bei Fremdbezug zu lange Durchlaufzeiten entstehen	X	
15	Ein größerer Freiheitsgrad bei der Terminplanung besteht	X	
16	Für die Eigenfertigung Abfälle od. andere Nebenprodukte verwendet werden	X	
17	Entsorgungskosten entfallen		X
18	Die Gefahr besteht, dass fremde Zulieferer zu unmittelbaren Konkurrenten werden	X	
19	Durch einen höheren Eigenfertigungsanteil das eigene Image und damit der Absatz gesteigert wird	X	
20	Konstruktions- und Dokumentationskosten gespart werden		X
21	Der Lieferant die Bestandsführung übernimmt		X
22	Der Lieferant ein KANBAN-Prinzip / SCM-System mit uns garantiert		X
23	Unsere Grenzkosten höher sind, als der Einstandspreis beim Lieferant		X
24	Es einen zuverlässigen Lieferanten in Bezug auf Liefertreue und Qualität gibt		X
25	Eine Qualitätsverbesserung durch Fremdbezug möglich ist		X
26	Die Arbeitsunterlagen ohne Bedenken aus dem Unternehmen gegeben werden können (Know-how-Sicherung)		X
27	Der Lieferant genügend Flexibilität bezüglich Änderungen besitzt (Helfer in der Not)		X
28	Der Lieferant ausreichende F + E und Beratungskapazität besitzt		X
29	Die innerbetriebliche Logistikkette eine Unterbrechung in der Fertigungslinie zulässt		X
30	Der Planungs- und Steuerungsaufwand nicht erhöht wird		X
31	Im Unternehmen genügend Lagerkapazität vorhanden ist, falls große Mengen abgenommen werden müssen		X
32	Der Dispositions- und Steuerungsaufwand geringer ist als bei Eigenfertigung (z. B. Komponentenlieferung / SCM-System)		X
33	Transportkosten eingespart werden können / Lagerung bei Spedition		X
34	Der Lieferant leistungsfähigere Anlagen einsetzt		X
35	Die eigene Durchlaufzeit zu lang wäre		X
36	Standardteil mit interessanten Perspektiven bezüglich Lohnniveau, Währungssituation		X
37	Wir sind beim Lieferant C-Kunde	X	
38	Wir sind beim Lieferant A-Kunde		X
39	Der Lieferant einem Lieferantenverbund angehört		X

Quelle: *TÜV - Rheinland*

Lagerorganisation – Zentrallager – Produktions- / KANBAN-Lager

Um eine stimmende Bestandsführung sicherzustellen, muss ein Zentrallager geschlossen sein. Idealerweise mittels Zugangskontrolle elektronisch abgesichert. Darauf geachtet wird, dass „zeitnah" gebucht wird. Idealerweise mittels Barcode-System.

Produktions- / KANBAN-Lager sind offene Systeme. Die Bestandsverantwortung, Ordnung, Sauberkeit, gehört in die Verantwortung der Fertigung. Das Lagerpersonal hat nur die Aufgabe, die Nachschuborganisation sicherzustellen.

Um die Ordnung in den KANBAN-Lagern vor Ort sicherzustellen, hat sich das Patendenken bewährt. Für eine bestimmte Anzahl Regale ist ein KANBAN-Pate verantwortlich.

Schemadarstellung einer Werkstatt / Lager und Bereitstellkonzeption mit KANBAN-Lagern in der Produktion

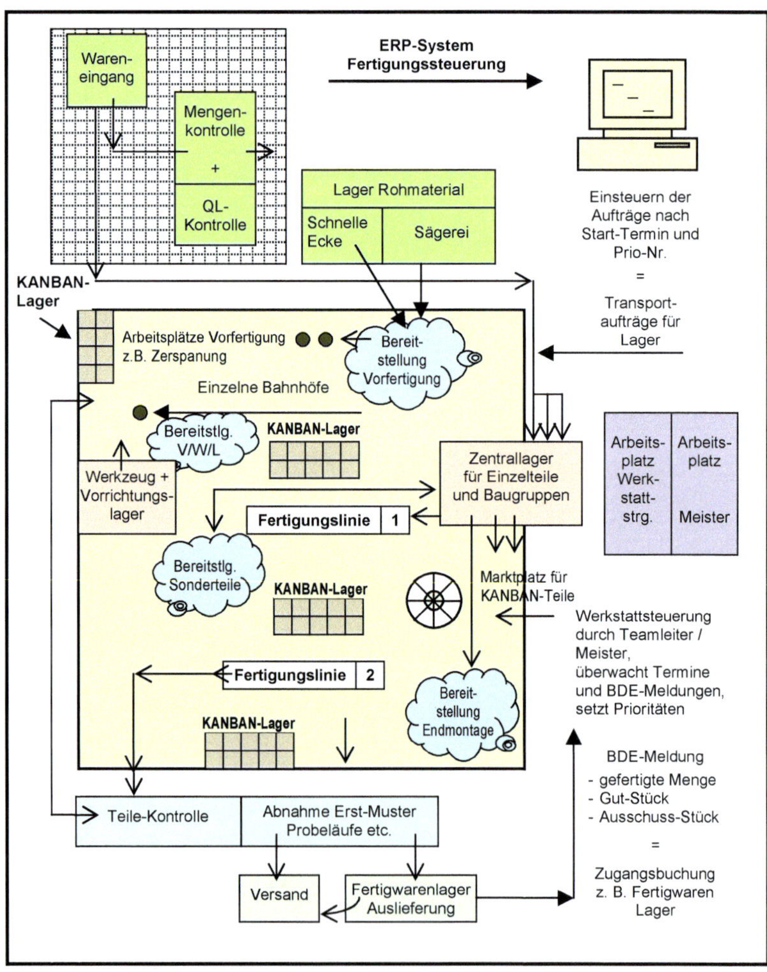

Es ist davon auszugehen, dass in Zukunft, durch das Umdenken von einer tayloristischen Arbeitsweise (reines Spezialistentum) zu einer prozessorientierten Arbeitsweise (Generalist), die Arbeitsinhalte, die Bedeutung des Lagers weiter wachsen. Arbeitsinhalte aus dem Bereich der Disposition immer mehr in das Lager, näher an den Lagerort, verlegt werden. Auch die steigende Anzahl Dispo-Vorgänge, durch eine steigende Anzahl Aufträge mit immer kleineren Stückzahlen bei permanent steigender Variantenanzahl, wird diesen Prozess beschleunigen.

Dies wird die Bedeutung des Lagers bezüglich einer funktionierenden Nachschubautomatik mit stimmenden Beständen weiter erhöhen.

Kein Ein- und Auslagern von auftragsbezogen bestellter Ware. Eine schnelle Ecke / Fläche (entsprechend gekennzeichnet) schafft Platz in den Regalen, spart Zugriffe und Wege.

Anliefern von kleineren Mengen (schnellerer Takt), nach dem 80-20-Prinzip, erleichtert eine systematische Lagerfach- und Behälteroptimierung.

Auch die Anlieferung von zusammengestellten Sets, auf z. B. einer Palette, setzt sich immer mehr durch. Ein Set ist eine Art fiktive Baugruppe von zusammengehörigen Teilen, die der Unterlieferant nach Firmenwunsch so in einem Gebinde zusammenstellt, dass die vielen Einzelaufnahmen im Lager entfallen können. Der Hauptlieferant bekommt somit von anderen Unterlieferanten die Anlieferungen, dass er, so wie gewünscht, die Set-Zusammenstellung zu einem Anliefergebinde durchführen kann.

Festplatz-Lagerplatz-System, zumindest in Teilbereichen, kann sinnvoll sein. Oberteil liegt neben Unterteil, also Teile liegen in Nähe, was parallel benötigt wird.

ALDI-Prinzip, Wegeoptimierung und Häufigkeit nach Griffhöhe, Teileart. Einfach zu öffnende Verpackung, Gewichtsgrenzen bei Verpackungseinheiten. Große und schwere Ware auf die unteren Plätze der Regale etc. hilft ebenfalls weiter.

Der Einsatz modernster Techniken, wie z. B. Barcode- / Transponder-RFID-Systeme[1)] verbessert den Datenfluss / die Datenqualität wesentlich:

- es wird zeitnah gebucht und vermeidet fehlerhafte Eingaben,
- eine sofortige Verfügbarkeit der Daten wird ermöglicht,
- die Lagerführung wird transparenter, schneller, genauer, flexibler und produktiver.

Und denken Sie daran:

Niedrige Bestände zeigen im Lager jegliche Art von Organisations- / sonstiger Mängel auf. Egal wo sie in der Logistik-Kette entstehen. Im Lager werden sie sichtbar.

[1)] RFID = Radio Frequenz-Identifikationssystem, auch Transponder genannt.

Um die Durchlaufzeit im Wareneingang zu verkürzen, wird der Wareneingang meist dem Lager unterstellt, ebenso disziplinarisch das QS Personal im Wareneingang. Und es wird immer mehr auf die zweistufige Buchung im Wareneingang verzichtet. Ware wird sofort nach Anlieferung als „verfügbar“ verbucht.

Schemabild: *Ablauf einer traditionellen Wareneingangsprüfung (2-stufig)*

① Durch die permanent steigende Anliefrequenz / steigende Artikelvielfalt und kleinere Anlieferlose mit höheren Anliefertakten (synchrone Anlieferungen), wird der Wareneingang immer mehr zu einem Engpass und somit zu einem Problem.

② Es entstehen Warteschlangenprobleme, lange Liege- / Durchlaufzeiten (2 - 3 Arbeitstage). Die Ware kann nicht weiterverarbeitet werden, obwohl sie im Hause (aber nicht verfügbar) ist.

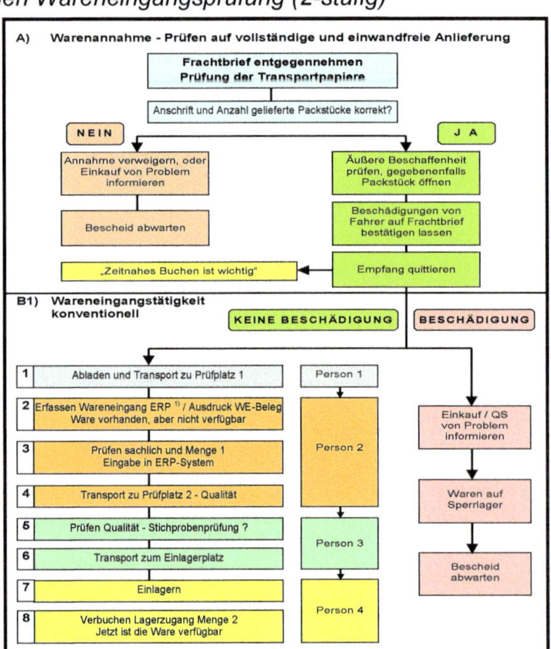

Schemabild: *Ablauf Wareneingangsprüfung (1-stufig)*

③ Daher wird immer mehr auf die zweistufige Buchung verzichtet und eingehende Ware sofort als *„verfügbar“* gebucht. Bei Abweichung Menge [1] zu Menge [2], z. B. nach Mengen- oder QS-Kontrolle, wird eine Korrekturbuchung vorgenommen und der/die Mitarbeiter im Wareneingang tätigen alle Arbeitsschritte von Pos. 2 bis Pos. 8, also inkl. QS-Kontrolle[1] und einlagern in einem Durchgang. Ein Mitarbeiter erledigt alle Arbeiten ab Erfassen WE Pos. XX bis Einlagern im Lagerbereich 1.

Die Vorteile dieser einstufigen Wareneingangsbuchung und durchgängigen WE-Arbeiten in einem Schritt, liegen

- in einer Verkürzung der Liegezeit im Wareneingang,
- in einer erheblichen Effizienzsteigerung im Wareneingang.

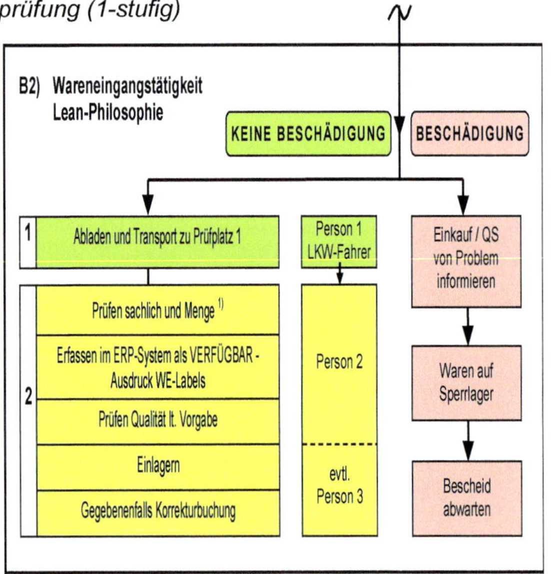

1) Um wie viel Liefermengentoleranz (+ / -) kann WE-Mitarbeiter selbst als o.k. entscheiden?

9.1 Hohe Datenqualität im Lager reduziert Bestände

Ordnung, Sauberkeit, bessere Datenqualität, Patendenkens im Lager

A) Wobei folgendes Grundprinzip der Anlieferung gilt:

Jedes Päckchen, Karton etc. hat einen vollständigen Barcode mit allen notwendigen Informationen, z. B.:

– Bestell-Nummer:	– Menge:
– Artikel-Nummer:	– Prüfcode:
– Chargen-Nummer:	– Lieferdatum:
– Produktionsdatum:	– Lieferschein-Nr. etc.

Dadurch wird die Verarbeitung der Lieferung im Wareneingang zusätzlich wesentlich vereinfacht, am Display erscheint **„o. k."** (Abgleich Bestellung zu Lieferung)

B) Um Ordnung und Datenqualität im Lager auf Dauer sicherzustellen, hat sich das Patendenken bewährt.

- Ein Mitarbeiter im Lager ist Pate für eine bestimmte Anzahl Regale / Regalfächer oder Teilenummern bezüglich Datenqualität, geht Fehlbeständen nach.
- Ein Mitarbeiter ist Pate für Sauberkeit der Wege, der Arbeitsräume
- Ein Mitarbeiter ist Pate für Transportmittel, Stapler, Hubwagen etc. (Sicherheit im Lager)
- Ein Mitarbeiter ist verantwortlich für sonstige technische Einrichtungen, wie Waagen etc.

Checklisten, in denen die Verantwortungen, die Häufigkeit der Audits sowie die zugrunde liegenden Arbeitsvorschriften visualisiert sind, sichern das System ab.

Wiederkehrende Schulungen und konsequente Einhaltung des I-Punkt-Systems mit wiederkehrenden Audits verinnerlichen dies.

Barcodeeinsatz bzw. Automatisierte Lager verringern Fehlerquoten ebenfalls wesentlich.

Jeden Abend muss der Wareneingang leer sein (besenrein).
Jeden Freitag muss das Sperrlager abgearbeitet sein.
Sperrlagerfläche = leer!

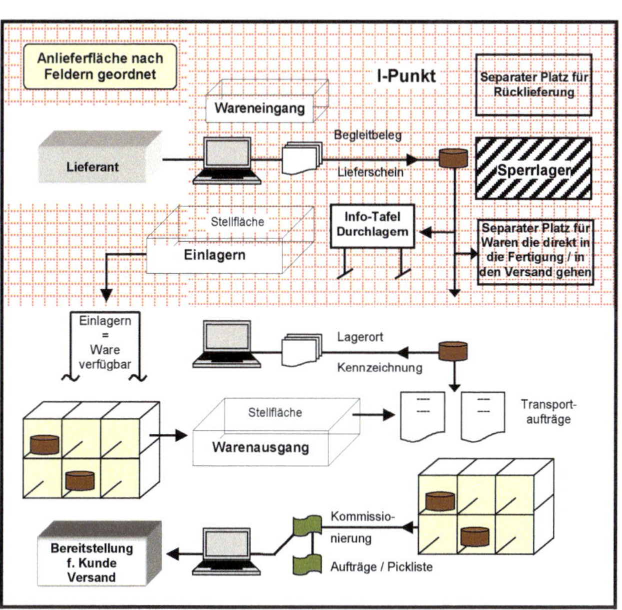

WER macht *WAS WIE* / Wareneingangsoptimierungsmöglichkeiten

Wir kaufen „*Qualität*" in Verpackungs- / Liefereinheiten ein. Um also die Problematik bei immer kleiner werdenden Losen in den Griff zu bekommen, den Kontrollaufwand, die damit verbundene lange Durchlaufzeit zu minimieren, muss es das Ziel sein: ***Ein Großteil dieser Geschäftsvorgänge abzubauen.*** Denn letztlich ist die Wareneingangsprüfung nur eine Verlagerung der Ausgangsprüfung des Lieferanten an den Kunden.

Möglichkeit 1 – Es wird ein Freipass erteilt

Mit dem Lieferanten wird über eine Vereinbarung festgelegt, wie seine Ausgangsprüfung zu erfolgen hat. Über diesen Gültigkeitszeitraum wird ein sogenannter Freipass erteilt. Es wird im Wareneingang nur noch eine sachliche Prüfung, eine grobe Mengenprüfung durchgeführt und sofort bei Erfassung der Ware, diese als *„verfügbar"* gebucht.

Wenn in der Fertigung mittels Werker-Selbstkontrolle eventueller Lieferantenausschuss festgestellt, landet dieser in einem roten Behälter. Der Inhalt wird einmal pro Woche am *„Sündentisch"* analysiert und der Lieferant wieder in das QS-System eingezogen, fällt gegebenenfalls wieder in das Stichprobensystem zurück und wird entsprechend belastet.

Möglichkeit 2 – Vermindern des Prüfaufwandes mittels Feststellen von Serienfehlern bzw. nach Hersteller-Fehlerquoten und Fehlerauswirkung

Sofern die Vorgehensweise „Auditierte Lieferanten" nicht gewollt ist, gibt es auch die Möglichkeit, den Aufwand bei Lieferanten, deren Teile im Regelfalle o.k. sind, so einzustellen:

a) Serienfehler feststellen
Egal welche Mengen angeliefert werden, es werden immer vier Teile geprüft, gemäß Prüfvorschrift.
Wenn o.k., dann wird davon ausgegangen, dass Sendung insgesamt o.k.

b) Nach Hersteller-Fehlerquoten und Fehlerauswirkung[1)]
5 Lieferungen prüfen – Wenn 5 x o.k., dann 6 x aussetzen und nach sachlicher Prüfung sofort einlagern

A-Fehlerauswirkung	**hoch**
B-Fehlerauswirkung	**mittel**
C-Fehlerauswirkung	**gering**

Nächste (7.) Lieferung wieder prüfen – wenn o.k., dann wieder 6 x aussetzen, usw.

Die schulmäßige AQL-Prüfung wird nur dann wieder scharf geschaltet, wenn die Fertigung Ausschuss meldet, oder wenn z. B. die 7. WE-Prüfung Fragen aufwirft

Dies reduziert den Prüfzeitaufwand im Wareneingang wesentlich, wobei die aufgeführten Möglichkeiten nicht für alle Artikel geeignet sind. Im Einzelfalle wird immer *„konventionell"* weiter geprüft werden müssen (z. B. Pharma-Industrie o. ä.).

1) Prüfschärfe wird nach Fehlerauswirkung festgelegt.

Natürlich hat der Einkauf wesentlichen Anteil auf die so genannten *„indirekten Kosten“* im Wareneingang / Lager. Da die Anliefer-Taktzahl bei Reduzierung der Losgrößen steigt, müssen diese minimiert werden, was bedeutet:

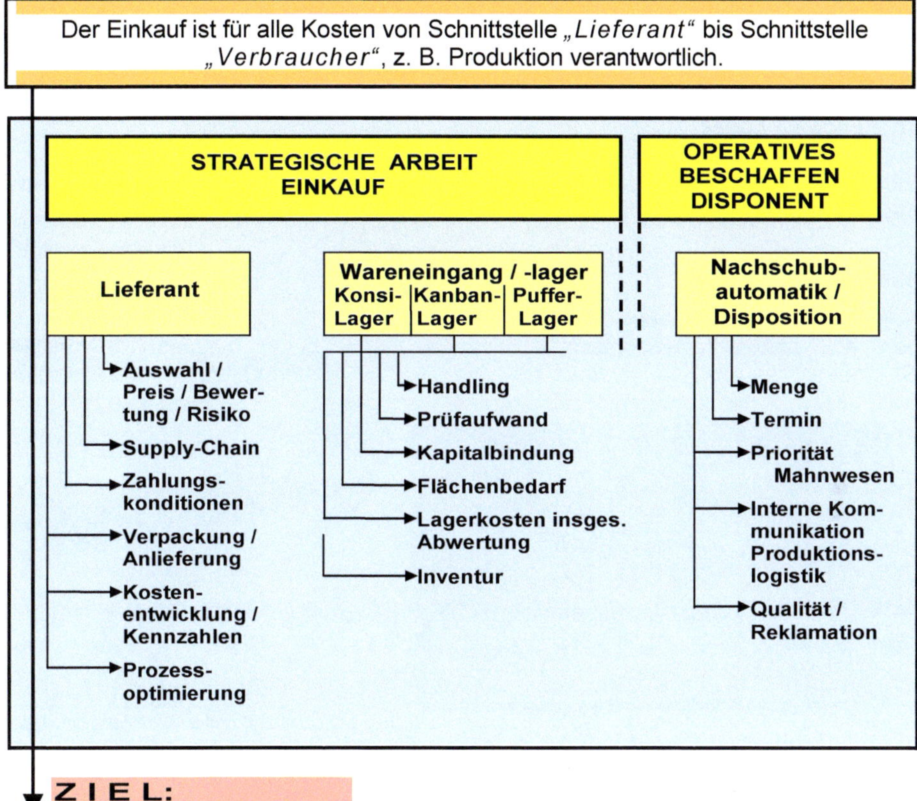

Z I E L:

Abbau von nicht wertschöpfenden Tätigkeiten im Wareneingang und Lager, bzw. bis die Ware am Arbeitsplatz ist.

- Umpacken, damit eingelagert werden kann,
- hoher Zuordnungsaufwand im Wareneingang, Teile zu Lieferschein (alles ungeordnet in einer Gitterbox),
- Rückfragen im Einkauf, Lieferung unklar, Lieferschein unvollständig,
- kann die komplette Wareneingangsarbeit auf null gebracht werden,
- Teile um 180° gedreht in Behälter abgelegt, Produktionsmitarbeiter muss 2 x in die Hand nehmen,
- zu viel verschiedene Verpackungsmaterialien, Problem Materialtrennung,
- Gewicht / Sendung zu groß, hoher Handlings- / Transportaufwand,
- Einlagermenge = Auslagermenge = kein Zählen,
- Qualitätsproblem, hohe Anzahl Rücklieferungen etc.

Und dem *„Verstehen-Lernen“*, was versteckte Verschwendung ist:

ALLES WAS FÜR EINE TÄTIGKEIT MEHR ALS EINMAL IN DIE HAND GENOMMEN WIRD, IST VERSCHWENDUNG!

→ Mach`s gleich richtig (Qualität) → Mach`s gleich fertig (komplett)

9.2 Neue Techniken verbessern die Datenqualität

Optisch / elektronische Warenerfassungssysteme im Lager senken Kosten und verbessern wesentlich die Bestandsqualität.

ZEITNAHES BUCHEN UND HOHE DATENQUALITÄT IST WICHITG

Strichcode im Lager

Moderne / automatisierte Lager mit niedrigeren Beständen fordern in zunehmendem Maße den Einsatz von Identifikationssystemen.

Größte Vorteile:

- Online-Buchung
- Keine Zahlendreher

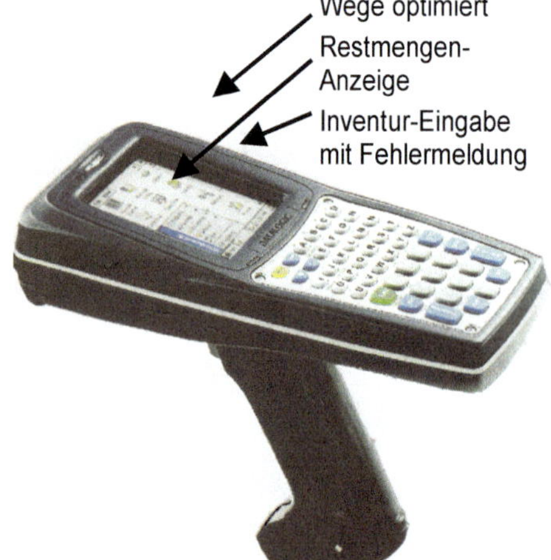

Bildquelle: *Datalogic GmbH, 73268 Erkenbrechtsweiler*

Ein bekannter Anbieter: www.datalogic.it bietet eine sogenannte Strichcodefibel als Info-System

Bildmaterial: *Fa. SSI-Schäfer*

Pick by Voice – Effizienter kommissionieren

Die Zeitvorteile liegen bei ca. 20 % - 30 % gegenüber herkömmlicher Kommissionierarbeit.

Das Warenwirtschaftssystem teilt die Aufträge über Headset den verschiedenen Mitarbeitern *„wegeoptimiert"* zu. Nach Entnahme quittiert der Mitarbeiter per Spracheingabe oder Scanner, nimmt den nächsten Auftrag entgegen.

Fritz Schäfer GmbH

Vorteile sind:

- Kein Ausdrucken von Picklisten. Wartezeiten am Drucker entfallen.
- Kein Handling / Bearbeitungsaufwand von Picklisten
- Kein Buchen am System
- Kurze Anlernzeit des Lagerpersonals, weniger Fehler und die so wichtige ONLINE-Buchung ist sichergestellt.

Eine Alternative hierzu ist Pick by Light

Die Reihenfolge der Entnahmen wird hier über verschiedenfarbige Lampen an den Regalen angezeigt.

© KBS Industrieelektronik GmbH
79111 Freiburg

RFID – Die berührungslose Datenerfassung in der Logistik

Bildmaterial:
Schreiner LogiData GmbH & Co. KG
80995 München

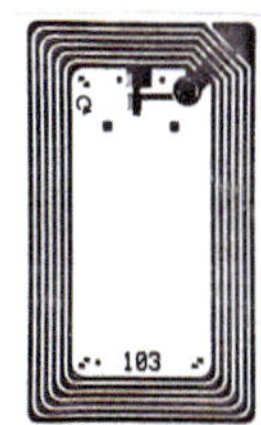

Bei Einsatz von RFID- / Transponder-Systemen wird durch automatisches Buchen dasselbe erreicht, da alle Zugänge, Abgänge gescannt werden.

Weitere Infos über das FIR-Aachen, Bereich Informationsmanagement, www.fir.rwth-aachen.de, oder über das Fraunhofer-Institut, die auch entsprechende Seminare zu diesem Thema anbieten.

Das Auftragsseil muss strammer gezogen werden, Liegezeiten, Warteschlangen minimieren

Die Durchlaufzeiten beeinflussen die Höhe der Bestände / die betriebliche Flexibilität wesentlich. Erfahrungswerte zeigen, dass bei einer Durchlaufzeit von z. B. 20 AT = 100 % nur ca. 10 - 15 % = 2 - 3 AT wertschöpfende Tätigkeiten im Sinne des Arbeitsfortschrittes sind. Also: Das Material muss fließen.

Straffung der Produktionsprozesse durch Überarbeitung der ERP- / PPS - Einstellungen. und der Fertigungssteuerung MES-gestützt, Linienfertigung, verringert die Zersplitterung von Arbeitsvorgängen, sichert eine termintreuere Fertigung mit kurzen Durchlaufzeiten.

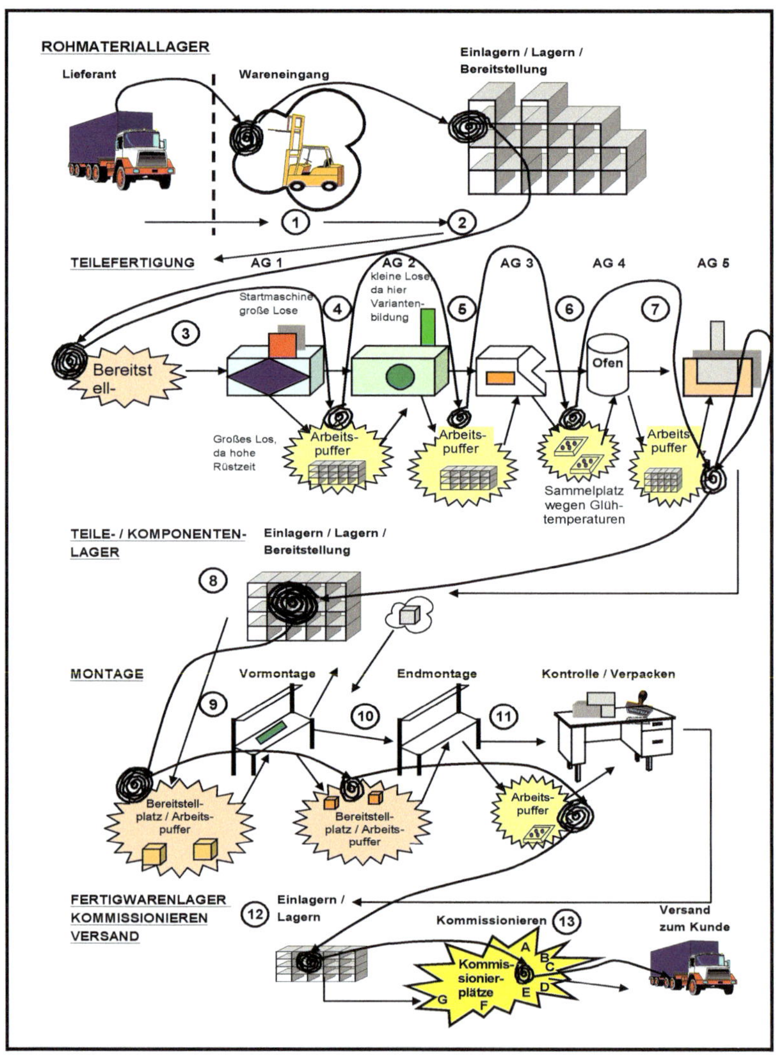

Mit einer optimierten Planung und Steuerung

- **Kapazitätsreserven aufdecken**
  - **Kapazitäten flexibilisieren**
    - **Kapazitätsverschwendung vermeiden**
      - **Engpässe erkennen und beseitigen**
        - **Durchlaufzeiten minimieren**
          - **Termintreue und Lieferservice steigern**
            - **Ressourceneffizienz verbessern**

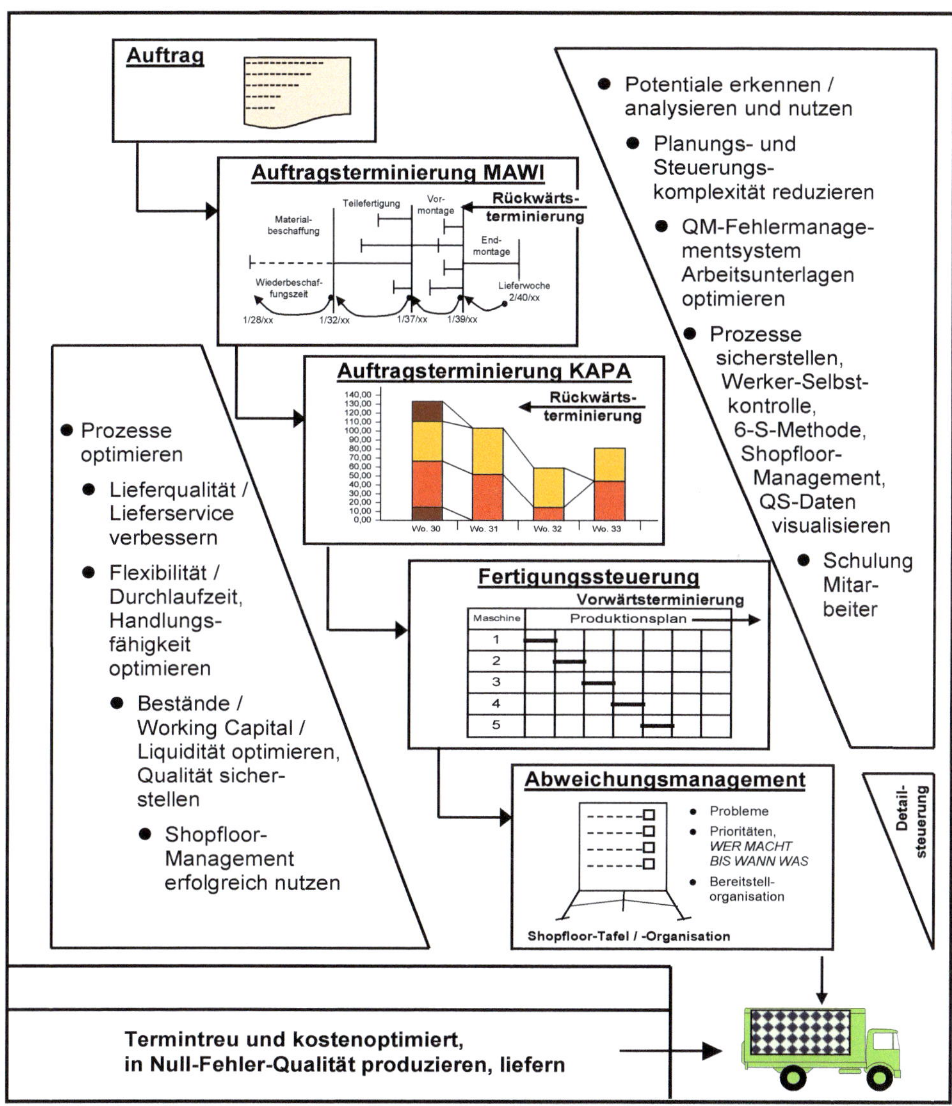

10.1 Bilden von Kapazitätsgruppen – Was ist besser, Technologie- oder Flussorientiert?

Voraussetzung für jede geordnete Auftrags- und Terminplanung, Kapazitätswirtschaft und Arbeitsplanorganisation ist der Aufbau einer realen Arbeitsplatz- / Kapazitätsgruppengliederung.

A) Dies kann sein: Ein Maschinen- / Arbeitsplatzgruppenschlüssel (kostenstellen- / abteilungsunabhängig), der einen sofortigen Hinweis auf Ausweichkapazitäten zulässt, sofern tayloristisch gearbeitet wird.

Bild 10.1: *Kapazitäts- / Arbeitsplatzgruppenschlüssel / technologieorientiert ausgerichtet*
(konventionelle Betrachtungsweise / Taylorismus)

	ARBEITSPLATZ - NUMMERNPLAN							Kostenstelle-Maschinengruppe Arbeitsplatz Arb.-Gang-Abkürzung		
	Einteilung nach Arbeitsplatz- / Maschinengruppen je Technologiebereich									
TECHNOLOGIEGRUPPE Untergruppe / Hauptgruppe	**00**	**01**	**02**	**03**	**04**	**05**	**06**	**07**	**08**	**09**
1 Drehasch.	Drehm. dre	große Drehm. dre	kleine Revolv. re-dre	gro. Revolv. re-dre	CNC- Stangendr. nc-dre	große Kopierdr. ko-dre	Automat A 25 au-dre	Automat TB 42 au-dre	CNC- Drehauto m. cnc-dre	Turnom at au-dre
2 Fräsmasch.		gr.horiz. Fräsm. h-frae	Daton DNC DNC-Da	gr. vert. Fräsm. v-frae	Universalfr ä. u-frae	Handhebel- frä. frae	horiz.Fräsm a. gesteuert frae	Wzg.Fräsm. frae	CNC- Fräsm. u. Bearbeitz. cnc-frae/ cnc-bea	gr.Bohr w. frae
3 Bohrmasch.	Säulen- bohrm. bo	Reihen- bohrm. rei-bo		Radialbohr m. ra-bo				Borheinheit f.Messersch n. bo	CNC- Bohrm. cnc-do	CNC- Bear- beitz. cnc-bea
4 Schleifmasc h.	Rundschleif m „Fortuna" schlei	Rundschleifm.„X Y" schlei		Spitzen- losschlei. spschl	Flach- schleifm. flschl	Wzg.Schleif m „Haas" schlei	Band- schleifma. baschl	Stähle- Schleif. schlei		
5 Sonst. Masch.	große Kreissäge absae	Bandsäge absae	kleine Kleissäge absae	Räummasc h. raeum	Hydrau. Presse bieg/praeg	Honmasch. hon	Kunststoff- Spritzmasch . kuspri	Gußputzplat z verpu	Scheuern scheu	
6 Sonst. Masch.	Schlagscher e zuschn	Kurvenschere auschn	Abkant- masch. CNC cnc-abkan	Exzent.- presse stan		Elektr. Schweiß. schwei	Punkt- schweiß. puschw	Autogen- schw. auschw/loet	Hydr. Abkantpr. abkan	Rund- masch. rund
7 Montage	Gruppen- mont. mont	Bandmes-serma. mont	Bandmesse r-fertigung anfert	Rolltisch- montage mont	Kleinmasc h. Fertigmont. mont	Masch.- Einlauf einlau		Lackiererei lacki	Horiz.Ban d- messerma . mont	Montage CRA mont
8										

Für jede einzelne Gruppe muss eine verfügbare Kapazität ermittelt werden, z. B.:

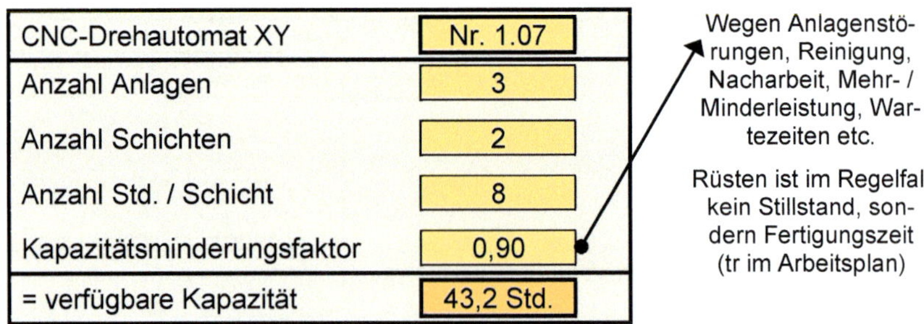

Das Ergebnis muss nun in den Betriebskalender eingestellt werden, je Woche und Tag (Feiertage, Urlaubszeiten, Schichtänderungen etc. in der Zeitachse berücksichtigen) und sollte laufend gepflegt werden.

B) Oder besser, die Kapazitätsgruppen werden *PROZESSORIENTIERT*, z. B. nach Produkt- / Warengruppen, oder Großaufträge / Kleinaufträge etc. gegliedert, was die Kapazitätsplanung wesentlich vereinfacht, da nur der jeweilige Engpass ausgeplant wird. Auch die Durchlaufzeit in der Fertigung wird wesentlich verkürzt, Schnittstellen und Warteschlangen vor den einzelnen Arbeitsplätzen entfallen.

Schemabild: *Fertigung nach Fließprinzipien prozessorientiert ausgerichtet*

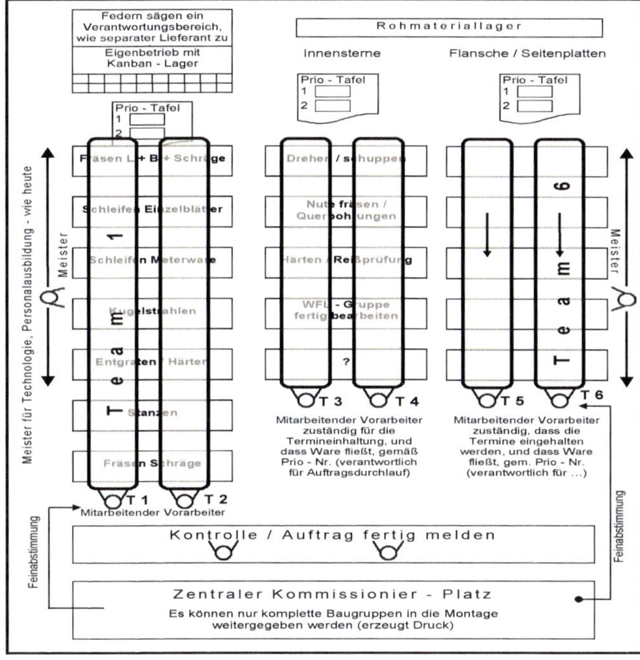

Engpässe / Auftragsspitzen an bestimmten Arbeitsplätzen werden durch den wechselweisen Einsatz der Mitarbeiter gelöst (Trennen der Maschinenzeiten von der Menschzeit / Anwendung flexibler Arbeitszeiten, Umsetzen von Mitarbeitern aus anderen Kostenstellen, Einsatz von Leiharbeitern etc.)

UND WICHTIG

Großaufträge, Rennerprodukte *„Schnelldreher"*, werden nicht durch viele Klein- und Kleinstaufträge zu *„Langsamdrehern"* gemacht (auch Schneckensyndrom genannt).

Bild 10.2: *Kapazitätsgruppen nach Warengruppen / Fertigungslinien ausgerichtet*

Kapazitätsgruppe prozessorientiert nach Warengruppen und Teilearten		Kapazität in Anzahl Personen	Kapazität in Anzahl Maschinen / Arbeitsplätze	Möglicher Kapazitätsengpass
Nr.	Bezeichnung			
100 = PM 1	Federnfertigung groß	18	22	Personen
120 = PM 2	Federnfertigung klein	16	20	Personen
130 = PM 3	Innenstern-Fertigung groß	12	15	WF I - Anlagen 3-schichtig
140 = PM 4	Innenstern-Fertigung klein	14	18	Personen
• • •	• • Flansche • • X X X • • Seitenplatten	• • •	• • •	
300 EZ 1	Vorfertigung Federn	Eigenbetrieb arbeitet nach KANABN-Prinzip, muss nicht ausgeplant werden		

Senkt die Bestände / das Working Capital, erhöht den Umsatz und die Liefertreue!

10.2 Fertigungssteuerung verbessern / Durchlaufzeiten straffen reduziert Bestände / erhöht die Flexibilität

Je mehr Aufträge gleichzeitig in der Fertigung, je länger die Durchlaufzeit, je höher das Working Capital.

Um die Anzahl Aufträge, die sich gleichzeitig in der Fertigung befinden zu verringern und die Durchlaufzeiten zu verkürzen, werden im PPS- / ERP-System die Übergangszeiten auf null gesetzt[1)]. Jeder Auftrag wird somit wie ein **Eilauftrag** behandelt.

Wie sind die Liegezeiten je Arbeitsgang zur Ermittlung der Start-Termine in den Stammdaten hinterlegt?

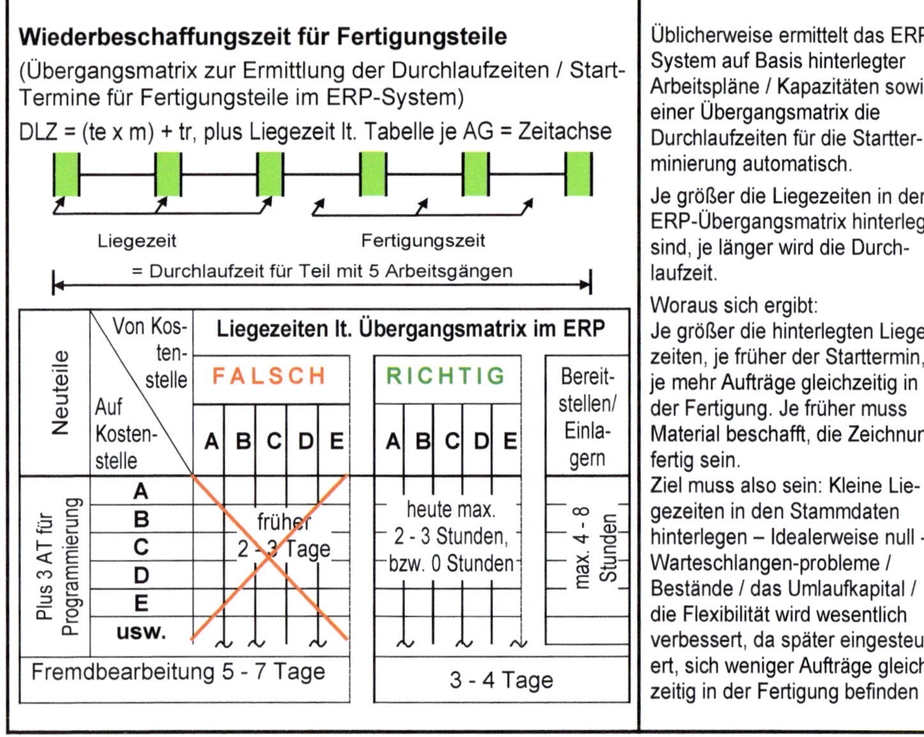

Üblicherweise ermittelt das ERP-System auf Basis hinterlegter Arbeitspläne / Kapazitäten sowie einer Übergangsmatrix die Durchlaufzeiten für die Startterminierung automatisch.

Je größer die Liegezeiten in der ERP-Übergangsmatrix hinterlegt sind, je länger wird die Durchlaufzeit.

Woraus sich ergibt:
Je größer die hinterlegten Liegezeiten, je früher der Starttermin, je mehr Aufträge gleichzeitig in der Fertigung. Je früher muss Material beschafft, die Zeichnung fertig sein.
Ziel muss also sein: Kleine Liegezeiten in den Stammdaten hinterlegen – Idealerweise null - Warteschlangen-probleme / Bestände / das Umlaufkapital / die Flexibilität wird wesentlich verbessert, da später eingesteuert, sich weniger Aufträge gleichzeitig in der Fertigung befinden

[1)] ***Für Praktiker gilt die Regel:***

Bei kleinen Losen max. 2 - 4 h Liegezeit hinterlegen, bei Großserie, Massenfertigung 0 h hinterlegen, da überlappt gefertigt werden kann. Prozesszeiten, wie z. B. Aushärten bei Klebearbeitsgängen, sind keine Liegezeiten, müssen im Arbeitsplan hinterlegt werden.

Fertigungsaufträge so spät wie möglich einsteuern reduziert Bestände, Durchlaufzeiten und das Working Capital

Gemäß Terminvergabe nach

- Kundenwunsch,
- Kapazitätsterminierung und
- Materialterminierung

und den sich daraus ergebenden Startterminen der Fertigungsaufträge innerhalb des PPS- / PES-Systems müssen nun täglich oder pro Schicht[1)] für festgelegte Planungszeiträume Produktionspläne festgelegt werden, damit innerhalb der Fertigung eine Reihenfolgeoptimierung stattfinden kann.

Ein Fertigungsauftrag wird immer komplett über alle Arbeitsgänge durchgeplant. Vorwärtsterminierung auf Basis Starttermin.

Darstellung Ablauforganisation innerhalb des ERP- / PPS-Systems

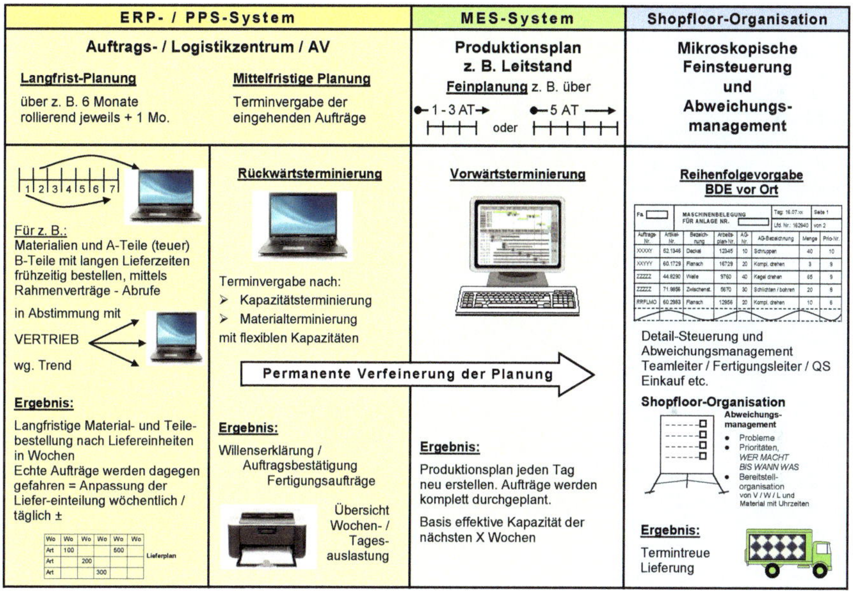

ERP- / PPS-System		MES-System	Shopfloor-Organisation
Auftrags- / Logistikzentrum / AV Langfrist-Planung über z. B. 6 Monate rollierend jeweils + 1 Mo.	Mittelfristige Planung Terminvergabe der eingehenden Aufträge	**Produktionsplan z. B. Leitstand** Feinplanung z. B. über 1 - 3 AT oder 5 AT	**Mikroskopische Feinsteuerung und Abweichungs-management**
1 2 3 4 5 6 7 Für z. B.: Materialien und A-Teile (teuer) B-Teile mit langen Lieferzeiten frühzeitig bestellen, mittels Rahmenverträge - Abrufe in Abstimmung mit VERTRIEB wg. Trend **Ergebnis:** Langfristige Material- und Teilebestellung nach Liefereinheiten in Wochen Echte Aufträge werden dagegen gefahren = Anpassung der Liefer-einteilung wöchentlich / täglich ± Lieferplan	Rückwärtsterminierung Terminvergabe nach: ➢ Kapazitätsterminierung ➢ Materialterminierung mit flexiblen Kapazitäten Permanente Verfeinerung der Planung **Ergebnis:** Willenserklärung / Auftragsbestätigung Fertigungsaufträge Übersicht Wochen- / Tages-auslastung	Vorwärtsterminierung **Ergebnis:** Produktionsplan jeden Tag neu erstellen. Aufträge werden komplett durchgeplant. Basis effektive Kapazität der nächsten X Wochen	Reihenfolgevorgabe BDE vor Ort MASCHINENBELEGUNG FÜR ANLAGE NR. Detail-Steuerung und Abweichungsmanagement Teamleiter / Fertigungsleiter / QS Einkauf etc. **Shopfloor-Organisation** Abweichungs-management • Probleme • Prioritäten, *WER MACHT BIS WANN WAS* • Bereitstell-organisation von V / W / L und Material mit Uhrzeiten **Ergebnis:** Termintreue Lieferung

Organisationsmittel für die kurzfristige Steuerung sind:

- Plantafeln
- Excel-Übersichten
- IT-gestützte Leitstandsysteme / Feinplanungsprogramme

Die Werkstattfeinsteuerung / das Abweichungsmanagement, auch Shopfloor-Organisation genannt, zur Lösung ungeplanter Störungen vor Ort, nimmt mittels täglicher Betriebsbegehungen und einem ca. 0,25 Stunden dauernden Gespräch (Steuerung – Fertigungsleitung – Teamleitung – QS) Vorkommnisse auf und führt diese einer Lösung zu. Die neue Reihenfolge wird mittels Whiteboard-Tafel oder großen Bildschirmen vor Ort neu festgelegt.

1) Je flexibler die Firma sein muss, desto öfter müssen die Produktionspläne erstellt werden.

Gesamtübersicht: Disposition / Kapazitätsplanung / Erstellen eines Produktionsplanes als Schemabild

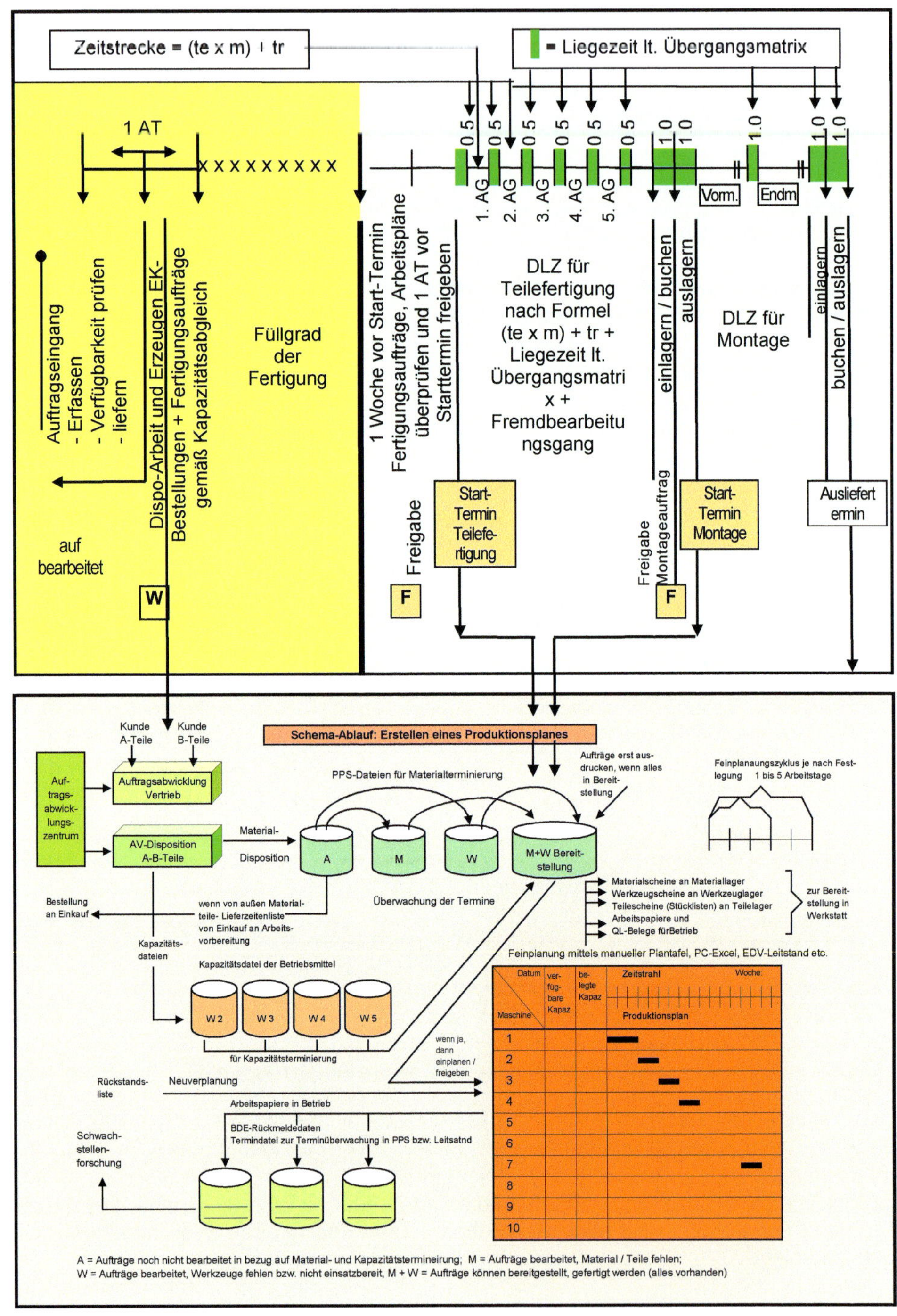

Wobei die hinterlegten Zeitreserven in den Stammdaten / die Anzahl Schnittstellen in der Produktion bezüglich Bestandshöhe, Durchlaufzeit und Flexibilität große Auswirkungen haben. Hier liegen hohe Reserven zur Reduzierung des Working Capital.

Bild 10.3: *Ergebnis der Systemeinstellungen bezüglich Durchlaufzeit und auf Start-Terminierung (konventionelle Betrachtungsweise mit hohen Übergangszeiten im System hinterlegt)*

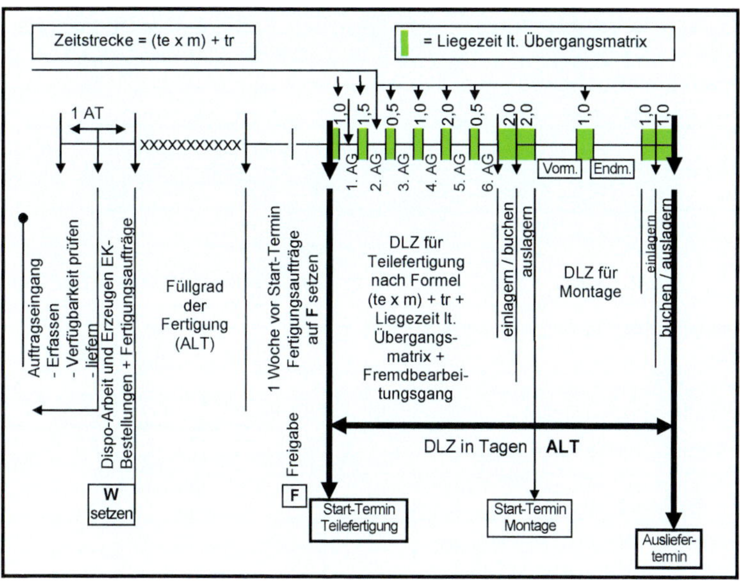

Bild 10.4: Ergebnis der Systemeinstellungen bezüglich Start-Terminierung bei auf null setzen der Übergangszeiten und fertigen von kleinen Losen

DLZ-Einsparung von ca. 50 % zu konservativer Einstellung

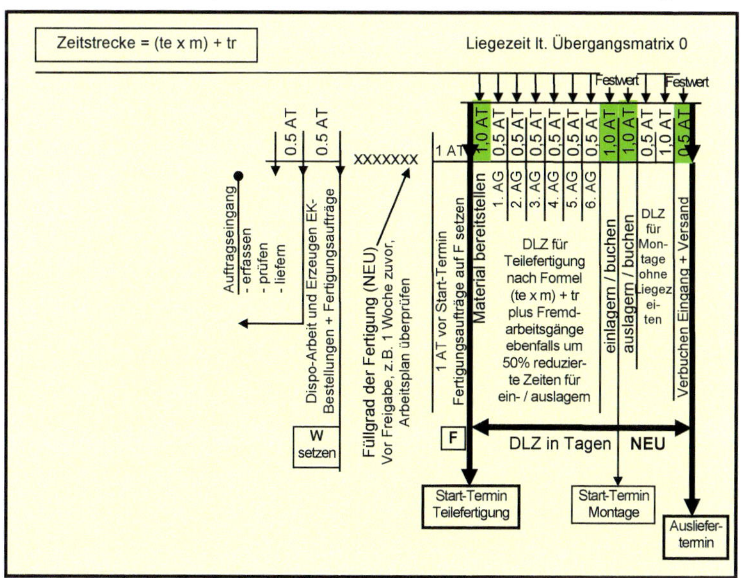

Deshalb ist es wichtig, das Verhältnis Fertigungszeit zu Durchlaufzeit immer wieder neu zu ermitteln, mit Ziel *„Reduzierung der Durchlaufzeit“*, mittels zeitgemäßer Fertigungsphilosophie.

Das Verhältnis Fertigungszeit (es entsteht Wertschöpfung) zu Durchlaufzeit (Auftrag eingesteuert → bis → Auftrag fertig gestellt) sagt aus, wie flexibel oder unflexibel Ihre Fertigungsorganisation aufgestellt ist.

Große Lose und viele Aufträge gleichzeitig in der Fertigung verstopfen die Fertigung, erzeugen lange Durchlaufzeiten mit vielen ungeplanten Umrüstvorgängen und Sonderfahrten wegen Lieferprobleme.

FORMEL:

$$\frac{\text{Durchlaufzeit in Tagen}^{1)} \text{ eines Betriebsauftrages}}{\text{Summe der Fertigungszeit dieses Betriebsauftrages in Tagen}^{1)}}$$

Ergibt Flexibilitätsgrad

Bild 10.5: *Ergebnis einer Erhebung DLZ in Abhängigkeit Anzahl Arbeitsgänge*

Verhältnis Fertigungszeit zu Durchlaufzeit		Anzahl Arbeitsgänge																
		1	**2**	**3**	**4**	**5**	**6**	**7**	**8**	**9**	**10**	**11**	**12**	**13**	**14**	**15**	**16**	**17**
Flexibilitätsgrad	[1] **2 : 1**			III	I		III	II										
	3 : 1					I	I		I									
	4 : 1					I	I	I										
	5 : 1			I	II	I			I		I							
	6 : 1					I	I			II	I							
	8 : 1						III	I	II	IIII								
	10 : 1						I	II	II	II	I		I					
	12 : 1											II	II	II				
	14 : 1							II	I	II	I	II	I					
	16 : 1											I						
	18 : 1										I		I					

Ergebnis: Durchschnittliche DLZ im Erhebungszeitraum $\frac{9}{1}$

Auf einen Arbeitstag Fertigungszeit kommen 8 Arbeitstage Liegezeit (völlig unflexibel) und zu viel Working Capital im Umlauf.

Flexibilitätsgrad 2 **:** 1 bedeutet, auf einen Arbeitstag Fertigungszeit kommt ein Arbeitstag Liegezeit (hoch flexibel), 3 **:** 1 bedeutet, auf einen Arbeitstag Fertigungszeit kommen zwei Arbeitstage Liegezeit hinzu.

1) oder Anzahl Schichten

Prioritätenberechnung / Fertigungsreihenfolgen festlegen

Die Fertigungssteuerung übernimmt nach Materialverfügbarkeitsprüfung (körperlicher Bestand) die aus dem ERP-System zuvor ermittelten Start-Termine, erstellt z. B. mittels Excel-Chip oder elektronischer Plantafel einen Produktionsplan. Die Reihenfolgevorgabe erfolgt nach:

- Reichweitenbetrachtung bei Vorratsaufträgen, Lagerbestand zu Durchlaufzeit
- Prio-Nr. gemäße Formel IST- zu SOLL-DLZ und Restfertigungszeit bei reinen Kundenfertigungsaufträgen bzw. Einzel-Priorisierung
- sowie *„Können Fertigungsaufträge zu Rüstfamilien verkettet werden?"*

Die jeweils Verantwortlichen regeln die kurzfristige Steuerung vor Ort.

Zwei Arten der automatisierten Prioritätenregelungen haben sich durchgesetzt:

A) Nach Dringlichkeit, gemäß Durchlaufzeit – *bei reiner Auftragsfertigung*

$$\frac{\textbf{IST-Durchlaufzeit in Wochen}}{\textbf{SOLL-Durchlaufzeit in Wochen}} = \_\_\_ - 1 = \_\_\_ \times 10 = \textbf{Prioritäten-Nr.}\ \_\_\_$$

Beispiele:

1.) IST-DL in Wochen (8) entspricht SOLL-DL in Wochen (8)	2.) IST-DL in Wochen (6), also 2 Wochen später eingesteuert und SOLL-DL = 8 Wochen
$\frac{8\text{ Wochen}}{8\text{ Wochen}}$ = 1 - 1 = 0 x1 0 = 0 = Prioritäten-Nr. 0	$\frac{6\text{ Wochen}}{8\text{ Wochen}}$ = 0,75 - 1 = 0,25 x 10 = 2,5 = Prioritäten-Nr. 3

3.) dito Position 2, aber IST-DL nur noch 4 Wochen	4.) dito Position 2, aber IST-DL nur noch 1 Woche
$\frac{4\text{ Wochen}}{8\text{ Wochen}}$ = 0,5 - 1 = 0,5 x 10 = 5,0 = Prioritäten-Nr. 5	$\frac{1\text{ Wochen}}{8\text{ Wochen}}$ = 0,125 - 1 = 0,875 x 10 = 8,75 = Prioritäten-Nr. 9

B) Nach Reichweitenbetrachtung – *bei Vorratsfertigung*

Festlegung der Prioritätennummer nach Reichweite, wie viel Tage reichen Vorräte noch aus? (Je weniger Tage, je höher die Prioritätennummer) = Saugsystem

10 = Höchste Priorität **1 = Niedrigste Priorität** **0 = Reiner Füllauftrag**	**z. B. gemäß Reichweitenberechnung der noch vorrätigen Teile in Tagen (je niedriger die Reichweite in Tagen, je höher die Priorität)**

C) Ansonsten gilt folgende Prioritätenregelung

- Teil / Auftrag mit höchster Kundenpriorität
- Teil / Auftrag mit kürzester Taktzeit
- Teil / Auftrag mit kürzester Restbearbeitungszeit

D) Ergänzt um A-, B-, C-, D-Kunde nach Umsatz oder Kennung aus den Stammdaten sowie der möglichen Einzel-Priorisierung durch manuelle Eingabe

Nach diesen Prio-Kennzeichnungen sowie nach effektiver Kapazität wird der Produktionsplan / die Feinplanung erstellt. Somit ist sichergestellt, dass auch *das Richtige, zum richtigen Zeitpunkt* produziert wird.

Automatisierte Einplanung in elektronische Plantafeln / MES-Systeme nach DRINGLICH und WICHTIG

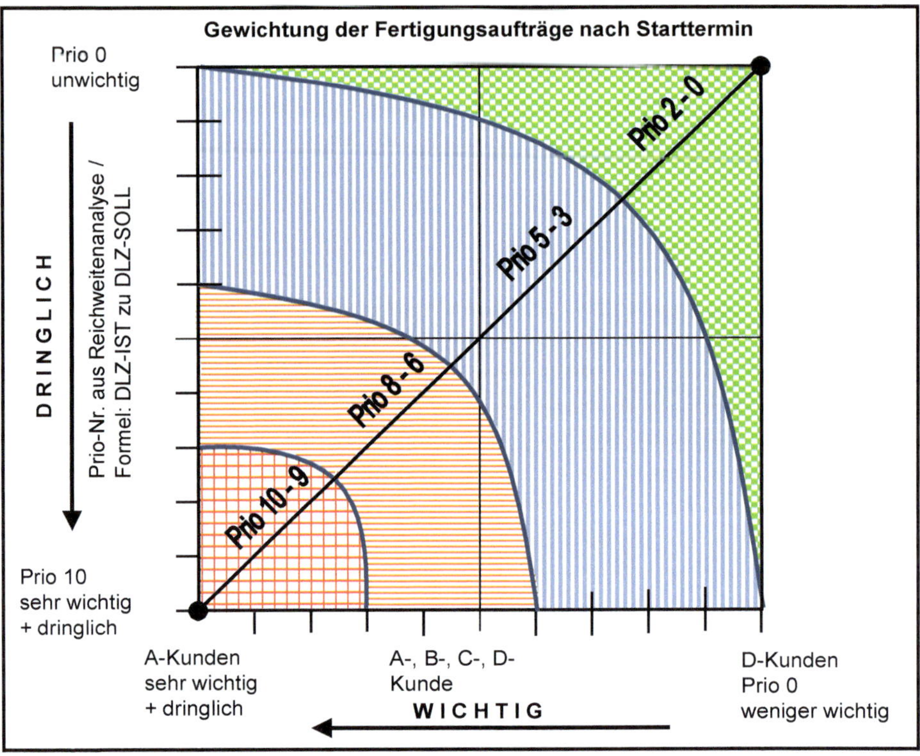

Und im Einzelfall ergänzt um ergänzende Einzelfallpriorisierung[1]):

Prio-Höhe	Kunde	Vorratsteile Prio aus Formel Reichweite im Lager zu Durchlaufzeit	Kundenspezifische Auftragsfertigung Prio aus Formel IST-DLZ zu SOLL-DLZ	Ersatzteile / Kosten unpünktliche Lieferung	Sonstiges und Engpassbetrachtung
0	D-Kunde	Faktor aus Reichweiten-analyse größer als F 3,0	Faktor IST-DLZ zu SOLL-DLZ = 0	Füllauftrag	Zahlungsverhalten Mahnstufe = rot Auftrag wird nicht eingeplant
1		Faktor aus Reichweiten-analyse größer als F 2,5	Faktor IST-DLZ zu SOLL-DLZ = 1		Artikel mit niederem Deckungsbeitrags
2			Faktor IST-DLZ zu SOLL-DLZ = 2	Keine Folge / Schadenskosten	Auftrag mit kürzester Restfertigungszeit
3	C-Kunde	Faktor aus Reichweiten-analyse größer als F 2,0	Faktor IST-DLZ zu SOLL-DLZ = 3		Zahlungsverhalten Mahnstufe Kunde = gelb
4			Faktor IST-DLZ zu SOLL-DLZ = 4	Geringe Folge- / Schadenskosten	Rückstand, aber Teillieferung möglich
5		Faktor aus Reichweiten-analyse größer als F 1,5	Faktor IST-DLZ zu SOLL-DLZ = 5		
6	B-Kunde		Faktor IST-DLZ zu SOLL-DLZ = 6	Mittlere Folge- / Schadenskosten	Auftrag mit kürzester Fertigungs- / Taktzeit
7		Faktor aus Reichweiten-analyse kleiner als F 1,5	Faktor IST-DLZ zu SOLL-DLZ = 7		Artikel mit hohem Deckungsbeitrag
8	Neu-Kunde	Faktor aus Reichweiten-analyse kleiner als F 1,5	Faktor IST-DLZ zu SOLL-DLZ = 8		
9		Faktor aus Reichweiten-analyse kleiner als F 1,0	Faktor IST-DLZ zu SOLL-DLZ = 9	Hohe Folge- / Schadenskosten	Rückstand, keine Teillieferung möglich
10	A-Kunde	Faktor aus Reichweiten-analyse kleiner als F 0,5	Faktor IST-DLZ zu SOLL-DLZ = 10		Chef-Auftrag

[1]) Prio 10 kann nicht überschritten werden.

Optimierung der Liefertreue / Reduzierung des Working Capital durch optimierte Steuerungskonzepte und *„Nur Fertigen was gebraucht wird“*

I Schemabild: Auswirkung von vielen Aufträgen gleichzeitig in der Fertigung bezüglich Durchlaufzeit (erzeugt lange Durchlaufzeiten)

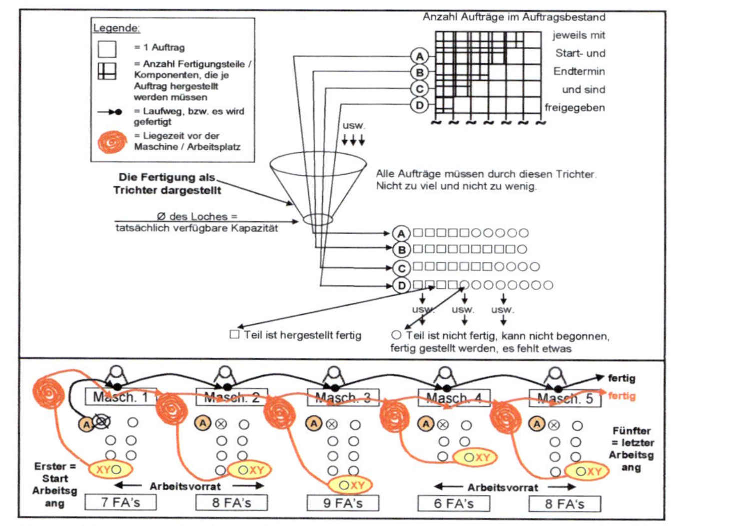

Rechendaten für Durchlaufzeitermittlung:

Alle 38 Aufträge haben 5 Arbeitsgänge	= 5 AG
Jeder Arbeitsgang hat eine Fertigungszeit von Ta = 8 Std. = 1 Arbeitstag und dies wäre für dieses Beispiel, der Einfachheit wegen, bei allen 38 x 5 = 190 Arbeitsgängen gleich	= 1 AT
Es kann nicht überlappt gearbeitet werden	0

Werkzeug für Ⓐ ist eingetroffen – ergibt Eilauftrag. Es wird immer sofort umgerüstet, andere Aufträge bleiben dafür liegen, haben lange DLZ

	Ermittlung der Durchlaufzeit (DLZ) Ist-Zustand	kürzeste DLZ =	längste DLZ =	Ø DLZ = ALT	Bemerkung
Bei Ⓐ	5 AG x 1 AT bei Eilauftrag	= 5 AT	---	---	Auftrag ist bei jeder Anlage der Erste
Bei XY	7 + 8 + 9 + 6 + 8 = (jeweils 1 Auftrag = 5 AG + Fertigungszeit = 1 AT) = längste DLZ	---	= 38 AT	---	Auftrag ist bei jeder Anlage der Letzte der an die Reihe kommt
Ø	Berechnung der durchschnittlichen Durchlaufzeit Kürzeste DLZ = 5 AT + (33 : 2) = LANGE Ø DLZ Katastrophe bezüglich Flexibilität			21,5 AT	auf 1 AT Bearbeitungszeit kommen im Ø noch ca. 4,3 AT Liegezeit

II Schemabild: Es sind so wenig Aufträge gleichzeitig in der Fertigung wie möglich (es darf kein Abriss entstehen)

Ziel muss u. a. sein = die Kapazität, die maximale Durchflussmenge flexibel zu gestalten, mittels:

- flexiblen Arbeitszeitkonten
- Leiharbeiter
- Unterlieferanten
- Mitarbeiter sind mehrfach-qualifiziert, flexibel einsetzbar
- Einsatz von Ich-AG-Unternehmen, also Freiberufler, die an Engpassplätzen angelernt sind, auf die bei Bedarf zurückgegriffen werden kann

Legende: = 1 Auftrag; = Anzahl Fertigungsteile / Komponenten, die je Auftrag hergestellt werden müssen; = Laufweg, bzw. es wird gefertigt; = Liegezeit vor der Maschine / Arbeitsplatz

Die Fertigung als Trichter dargestellt. Anzahl Aufträge im Auftragsbestand jeweils mit Start- und Endtermin und sind freigegeben. Alle Aufträge müssen durch diesen Trichter. Nicht zu viel und nicht zu wenig. ☐ Teil ist hergestellt fertig. ○ Teil ist nicht fertig, kann nicht begonnen, fertig gestellt werden, es fehlt etwas.

Masch. 1 – Masch. 2 – Masch. 3 – Masch. 4 – Masch. 5 – fertig; Arbeitsvorrat: 3 FA's, 2 FA's, 3 FA's, 2 FA's, 3 FA's

Berechnen der Durchlaufzeiten NEU

Es wird so spät wie möglich eingesteuert, es liegen maximal 2 - 3 Aufträge vor den Maschinen (siehe neues Schemabild oben), dann ergibt sich ein neuer Wert:

	Ermittlung der Durchlaufzeit (DLZ) NEU	kürzeste DLZ =	längste DLZ =	Ø DLZ = NEU	Bemerkung
Bei Ⓐ	5 AG x 1 AT bei Eilauftrag	= 5 AT	---	---	Auftrag ist bei jeder Anlage der Erste
Bei XY	3 + 2 + 3 + 2 + 3 = (jeweils 1 Auftrag = 5 AG + Fertigungszeit = 1 AT) = längste DLZ	---	= 13 AT	---	Auftrag ist bei jeder Anlage der Letzte der an die Reihe kommt
Ø	Berechnung der durchschnittlichen Durchlaufzeit NEU Kürzeste DLZ = 5 AT + (8 : 2) = KURZE DLZ / HOHE FLEXIBILITÄT			9,0 AT	auf 1 AT Bearbeitungszeit kommt im Ø noch ca. 1 AT Liegezeit

Das Ziel: Kurze Durchlaufzeit, hohe Flexibilität wird erreicht

Praxistipp	Vor den einzelnen Maschinen / Arbeitsplätzen darf maximal für 4 - 5 Stunden Arbeit liegen. Alles war darüber ist, ist von Übel.

10.3 Rückstandsfrei produzieren durch eine verbesserte Fertigungssteuerung / Nur fertigen was gebraucht wird

In welcher Form letztlich die eigentliche Fertigungssteuerung erfolgen soll, ist dem Unternehmen freigestellt und richtet sich meist nach Branche, Organisationsgrad und Unternehmensgröße.

Dies kann ***DEZENTRAL*** oder ***ZENTRAL*** sein.

Wichtig ist nur, dass die zuvor genannten Denkansätze auch umgesetzt werden, wie z. B.:

- Kleine Lose fertigen (80-20-Prinzip).
- Übergangszeiten auf null setzen.
- So spät wie möglich einsteuern.
- Bei Vorratsteilen Reichweite abprüfen bevor eingesteuert wird.
- Abrufaufträge erst nach Rücksprache mit Kunde freigeben.
- Keine Aufträge ohne Materialprüfung einsteuern.
- Die Produktion nach Fertigungslinien als Röhrensystem organisieren und nur so viel einsteuern, was der jeweilige Engpass im Prozess leisten kann, „Engpassplanung".
- Prio-Regelungen für eine optimierte Reihenfolge in der Fertigung festlegen, mit Info-System für die Mitarbeiter (Multimedia-Tafeln / Belegungslisten / Bildschirme vor Ort etc.).

Durch *„nur fertigen, was gebraucht wird"*, wird auch das Richtige zum richtigen Zeitpunkt fertig, die Durchlaufzeiten und das Working Capital werden erheblich verkürzt.

Auswirkungen auf die Produktivität beachten

Damit die Mitarbeiter in der Fertigung die Arbeit nicht in die Länge ziehen (man meint, es sei keine Arbeit mehr da), muss in irgendeiner Form,

z. B. per Bildschirm
oder in Papierform
die Kapazitätsbelegung
im ERP-System

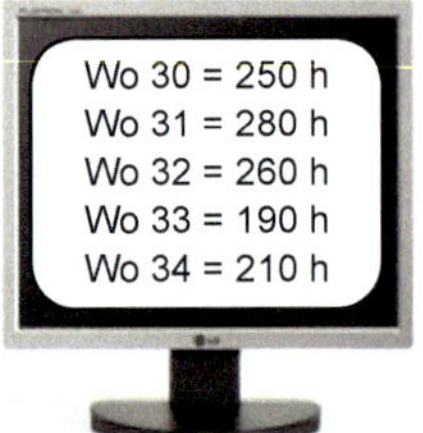

also der Arbeitsvorrat
aus der Grobplanung
abrufbar / sichtbar sein

WICHTIG: Sonst bricht die Produktivität ein

10.4 Kapazitätsvorhalt reduziert Bestände

Was will das Unternehmen?

? Kostenführerschaft,
dann 7 Tage Produktion á 3 Schichten, mit Ergebnis
Geringe Flexibilität – Hohe Bestände

? Absolute Kundennähe,
dann müssen einzelne Maschinen, insbesondere bei hoher Variantenvielfalt auch mal stehen, mit dem Ergebnis
Hohe Flexibilität – Niedrigere Bestände – Kurze Lieferzeiten

Beispiel:

Es wird eine neue, effizientere Anlage gekauft.
Sie würde vier alte Anlagen ersetzen. Der Cashflow ist sichergestellt, z. B. 1,8 Jahre.

Tayloristische Denkweise – Einzeloptima:

Vier alte Anlagen verschrotten / verkaufen – Arbeitsplaner muss schnellstmöglich die Arbeitspläne auf die neue Anlage umstellen, damit der Ratio-Erfolg „kalkulationsrelevant" wird, mit folgendem Ergebnis:

- Früher konnten vier verschiedene Aufträge parallel gefertigt werden. Jetzt nur noch hintereinander – es entstehen Reihenfolgeprobleme.
- Nach ca. 4 - 6 Monaten ist die neue Anlage ein Engpass und erzeugt in der termintreuen Lieferung Probleme.

Lean-Denkweise – Gesamtoptima:

Wenn Platz vorhanden, die vier oder drei alten Anlagen behalten. Möglichst für Teile, die in großen Stückzahlen benötigt werden, eingerüstet stehen lassen und für diesen Zweck nutzen bzw. wenn auf neuer Anlage Engpässe entstehen, bestimmte Artikel auf den alten Anlagen fertigen.

„Engpässe entzerren"

Entstehen durch das Fertigen auf solchen Reserveanlagen wirklich Mehrkosten? (Nachkalkulation) Oder ist dies nur Papiergeld, weil z. B. die Maschinen abgeschrieben sind bzw. welche Mehrkosten entständen durch Sonderfahrten zum Härten / Lackieren außer Haus, Konventionalstrafen wegen zu später Lieferung? Wie gehen solche Mehrkosten in eine Nachkalkulation ein?
Richtig ist natürlich, dass in der Stillstandzeit keine Wertschöpfung erzeugt wird und Platz vorhanden sein muss.

10.5 Abbau / Beseitigung von Engpässen, ein weiterer Schritt zur Reduzierung des Working Capitals

Was bringt eine hohe Einzelleistung / ein hoher Nutzungsgrad einer Maschine, wenn die Teile anschließend nicht weiterbearbeitet werden, weil z. B. die nachfolgende Anlage ein Engpass ist?

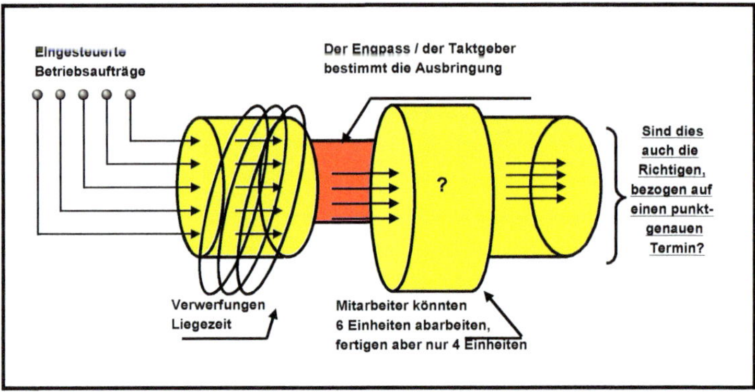

Welche(r) Arbeitsplatz / Anlage ist der Taktgeber? Nur dieser bestimmt die Ausbringung über den gesamten Prozess, die Mitarbeiter vor / nach dem Engpass richten sich bewusst / unbewusst in ihrer Leistung nach dem Taktgeber.
Daher Glättung der Fertigung durch flussorientierte Fertigungskonzepte, prozessorientiert, mit flexiblen Mitarbeitern und Pull-System, z. B. Drehen / Fräsen steuert Säge.

Bild 10.6: *Die atmende Fabrik, auch RAUPENFERTIGUNG genannt*

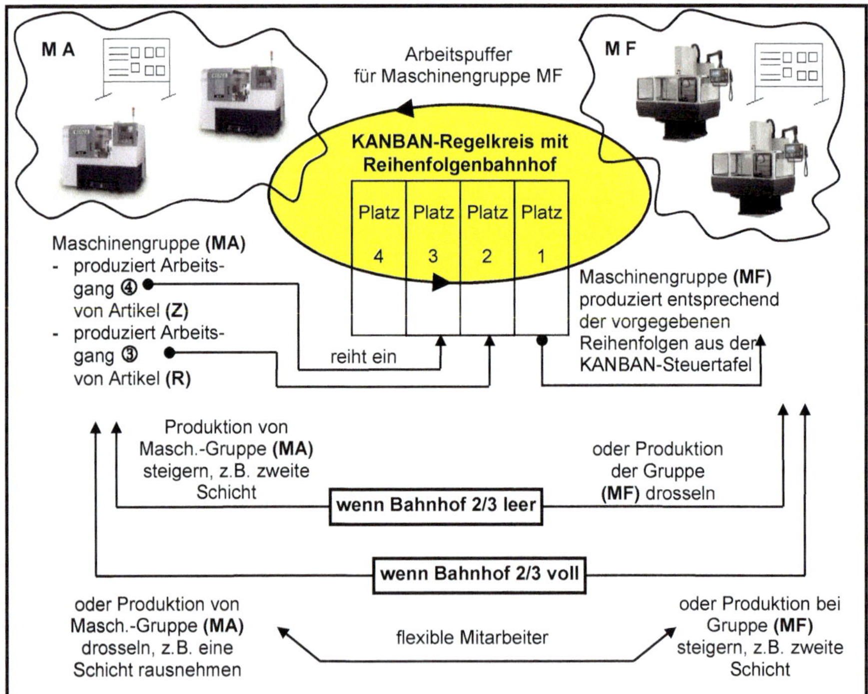

11. Verbesserter Materialfluss / kürzere Lieferzeiten durch Fertigungssegmentierung, prozessorientiert nach dem Fließprinzip

Je tayloristischer / zersplitteter gefertigt wird, desto länger werden die Durchlaufzeiten in Tagen durch Addition der Wartezeiten vor den Maschinen / Arbeitsplätzen. Je zersplitteter gefertigt wird, desto unproduktiver wird die Fertigung durch Addition der nicht wertschöpfenden Handlingsarbeiten (aufnehmen – ablegen, heben – senken, transportieren etc.).

Deshalb: Straffung der Produktionsprozesse durch Verdichten der Arbeitsinhalte und Neugestaltung der Fertigungs- und Montageabläufe durch Linienfertigung / Personalqualifizierung und Teamarbeit und saubere Bahnhöfe.

Bild 11.1: *Fertigungs- und Liegezeiten in Prozent zur Gesamtdurchlaufzeit*

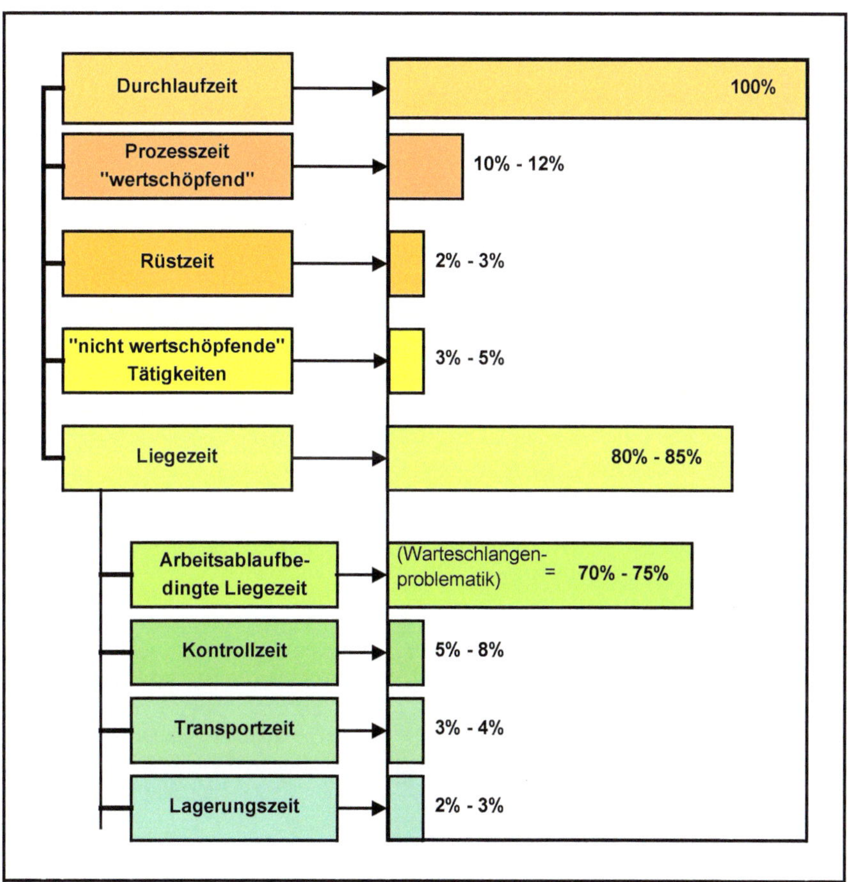

Die Reduzierung der Durchlaufzeiten ist einer der Hauptansatzpunkte zur Bestandsverminderung / Erhöhung der Flexibilität / Liquidität und Verkürzung der Lieferzeiten bei einer KANBAN-Organisation.

11.1 Fließprinzip / Linienfertigung ein Erfolgsrezept zur Verkürzung der Durchlaufzeiten / Reduzierung des Working Capital

Um das Ziel *„Kurze Durchlaufzeiten, hohe Produktivität, niedrigere Bestände"* zu erreichen, muss die Fertigung vom Verrichtungsprinzip in ein Fließprinzip umgestellt werden.

Engpässe / Auftragsspitzen an bestimmten Arbeitsplätzen werden durch den wechselweisen Einsatz der Mitarbeiter gelöst, auch aus anderen Fertigungsgruppen (Mehrfachqualifikation erforderlich). Auch die Qualität wird verbessert, da Produktionsfehler frühzeitig beim Folgearbeitsgang erkannt / korrigiert werden können. Auch die Kapazitätsplanung wird vereinfacht.

Bild 11.2: *Schemadarstellung einer Montagelinie und deren KANBAN-Regelkreise*

Schemadarstellung MONTAGELINIE

Bandmontage:

Befüllen | Verkabeln | Prüfen (5) | Endfertigung | Verpacken

ca. 2,8 Min. / Stk. **neu** 4,4 Min. / Stk + Logistik f. Verkabeln

7,5 Min. / Stk. **neu** 5,9 Min. / Stk.

5,5 - 6,0 Min. / Stk. **Ziel** 5,8 Min. / Stk.

5,1 Min. / Stk. **neu** 4,6 Min. / Stk.

5,2 Min./Stk. **neu** 5,0

KANBAN-Regal

Logistiker macht kompletten Nachschub im KANBAN-Ablauf

Mögliche Bandkapazität mit 3 Pers. 240 Stk. / Wo.
Mögliche Bandkapazität mit 4 Pers. 320 Stk. / Wo.
Mögliche Bandkapazität mit 5 Pers. 400 Stk. / Wo.

Zentrallager KANBAN-gesteuert

Vormontage

Vorfertigung: Zeiten hier mit 10% tv dargestellt, da Einzelarbeitsplätze

Übergabe in KANBAN-Regal

Vorarbeitsgänge für Ventil- und Bandmontage 12,32 ' Ø / Stk. bei 2 Personen 6,16 ' Ø / Stk.

3. Person = Springer für Mehrbedarf bei Doppelventilprodukten

(1)

Ventilmontage

(2) (3)

13,79 Min. Ø / Stk. bei 2 Personen 6,90 Min. Ø / Stk.

bei Doppelventil fallweise 3. Person notwendig

Solezumessung

Ø 5,7 Min. 1 Person reicht aus

(4)

Platz für Rücklieferung an Lager

In der Montage „**Pick by Light**" verwenden, Prozesssicherheit ist sichergestellt:

Das KANBAN-Regal zwischen Vor- und Endmontage ist Pufferzone. Bei der hohen Variantenvielfalt können die Arbeitsinhalte nicht zu 100 % abgetaktet werden. Mitarbeiter wechseln selbstständig, je nach Arbeitsanfall und KANBAN-Abfluss von Bandmontage zu Vormontage.
Die Durchlaufzeit ist nur noch die reine Fertigungszeit des Engpassplatzes (te x m) + 1 AT für Bereitstellung und Einlagern

<u>Bildmaterial:</u>
Zeitschrift „Der Konstruktreur"
7-8/2017, Rudolf Wolany

Durch kurze Wege, sortenreine Lagerung wird die Produktivität erheblich gesteigert.

Und erkennen, was sind „nicht wertschöpfende“ Tätigkeiten / vermeidbare Verschwendung in der Produktion?

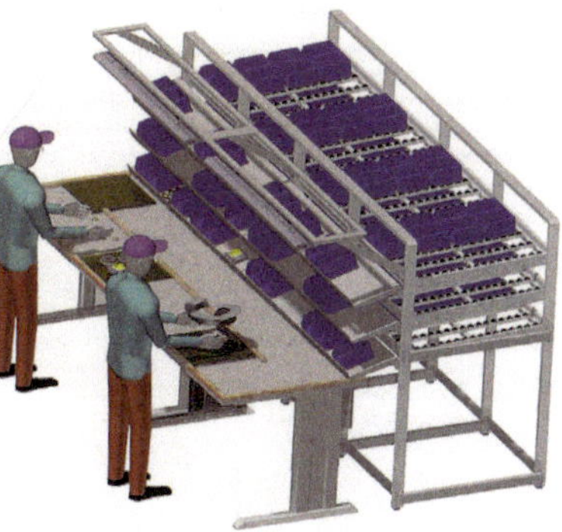

Strukturierte Materialzuführung über ein Fifo-Durchlaufregal in eine Fertigungslinie, an der bis zu zwei Mitarbeiter im One-Piece-Flow-System Geräte montieren können

Bild: *www.teston.de*

→ Alles was nicht dem Arbeitsfortschritt dient, z. B. Nacharbeit, Rückfragen, Laufen, Transportieren etc.

→ Ein Teil / einen Arbeitsgang abarbeiten, der z. Zt. nicht gebraucht wird, nur weil der Mitarbeiter keine andere Arbeit beherrscht

Und dem „verstehen lernen“, was versteckte Verschwendung ist, anhand eines Montagearbeitsganges in seinen Teilabschnitten.

Heben – Senken / aus Kiste – in Kiste / aufnehmen – ablegen – transportieren

Pos.	Tätigkeit	Minuten	Bemerkung
1.	10 Teile aufnehmen aus Behälter und auf Tisch Ablegen	0,30	nicht wertschöpfend
2.	1 Teil in Vorrichtung Einlegen	0,15	nicht wertschöpfend
3.	Montieren	1,10	wertschöpfend
4.	Entnehmen / optisch kontrollieren und ablegen auf Tisch	0,25	nicht wertschöpfend
5.	10 Teile in Behälter geordnet ablegen	0,30	nicht wertschöpfend
Gesamtzeit	**Minuten**	**2,10**	Plus Anteil Transport zum nächsten Arbeitsplatz – Nicht wertschöpfend

Schwere Geräte, deren Handling und Montage erfolgt mithilfe eines Krans und Materialwagen

Bosch-Rexroth.de

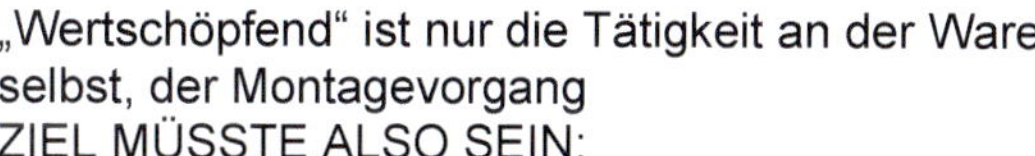

„Wertschöpfend“ ist nur die Tätigkeit an der Ware selbst, der Montagevorgang

ZIEL MÜSSTE ALSO SEIN:

1 Teil aufnehmen – einlegen – sofort montieren – entnehmen – Kontrolle und danach in Vorrichtung für nächsten Prozess / Arbeitsgang einlegen

Bild: *Minitec*

Fließfertigung – One-Piece-Flow

Das Fifo-Regal wird von hinten durch Logistiker bestückt, die Teile werden somit nach dem Fifo-Prinzip verbraucht.

Die Zwischenräume zwischen den Arbeitsplätzen fangen Taktzeitabweichungen ab, die durch die hohe Variantenvielfalt entstehen.

Je nach Auftragslage arbeiten an der Fertigungslinie 2 - 5 Mitarbeiter die umfassend angelernt sind

Beispiel: Umbau einer tayloristisch organisierten Endlossägeband-Herstellung (Kleinserie) in eine Fließfertigung, mit Ergebnis: *Durchlaufzeitverkürzung 70 %, Produktivitätssteigerung 20 %.*

Beispiel: *Endlossägeband bei Kleinserienhersteller – Tayloristischer Ablauf*

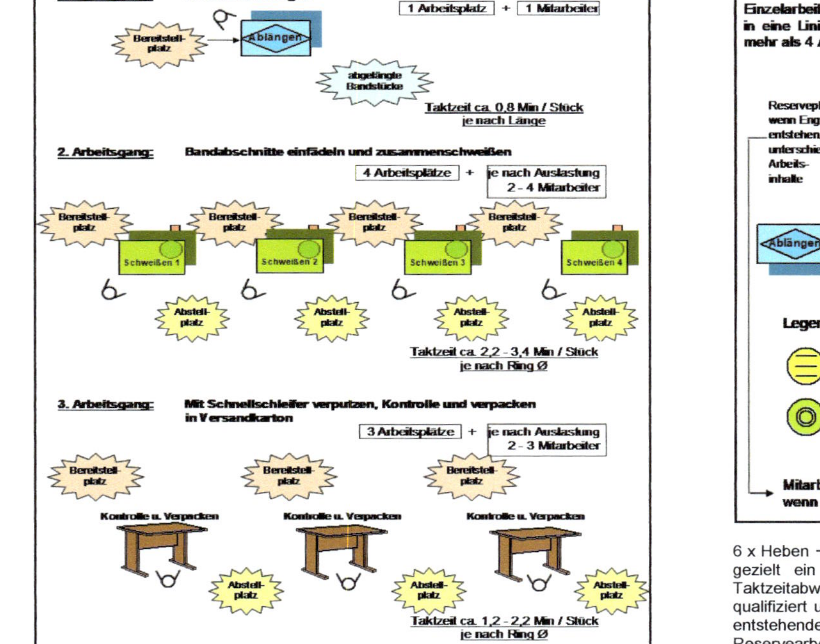

Bild 11.3: *Arbeitsplätze verketten / Linienfertigung einführen / Abbau nicht wertschöpfender Tätigkeiten*

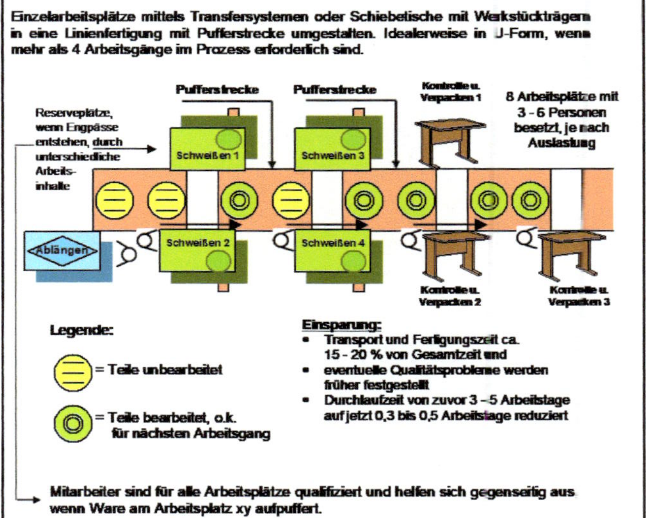

6 x Heben → senken, aufnehmen → ablegen → 3 x transportieren – entfällt und es wird gezielt ein Auftrag nach dem anderen abgearbeitet. Die Pufferstrecken fangen Taktzeitabweichungen der verschiedenen Varianten auf. Die Mitarbeiter sind mehrfach qualifiziert und können durch Arbeitsplatzwechsel sich gegenseitig helfen und dadurch entstehende Engpässe / Staus abbauen. Voraussetzung: Es gibt entsprechende Reservearbeitsplätze innerhalb der Linien. Die Ware wird zum Fließen gebracht.

Auch die Qualität wird verbessert, da Produktionsfehler frühzeitig beim Folgearbeitsgang erkannt und der Vorstufe gemeldet werden können. Und die Kapazitätsplanung wird einfacher und aussagekräftiger, da innerhalb dieser schlüssigen Fertigungsrohre nur über den jeweiligen Engpass geplant und gesteuert wird und mit einfachen Mitteln / Simulationsvorgängen kann das Produktionsprogramm gebildet werden / erkannt werden, was z. B. ein Riesenauftrag anrichtet und Großaufträge, Rennerprodukte *„Schnelldreher“*, werden nicht durch viele Klein- und Kleinstaufträge zu *„Langsamdrehern“* gemacht (auch Schneckensyndrom genannt).

Senkt die Bestände, erhöht den Umsatz und die Liefertreue!

Alles in Richtung Industrie-4.0-Produktion ausgerichtet

- Alle Fertigungsaufträge / Artikel / Transportmittel / Werkzeuge / Spannmittel / Werkzeugträger / etc.

sind mit Transpondern ausgerüstet, auf denen alle relevanten Daten für die notwendigen Fertigungsprozesse / Programmsteuerungen, Transportorganisation abgelegt sind. Eine vollautomatische Fertigung über alle Arbeitsgänge mit höchster Transparenz wird ermöglicht.

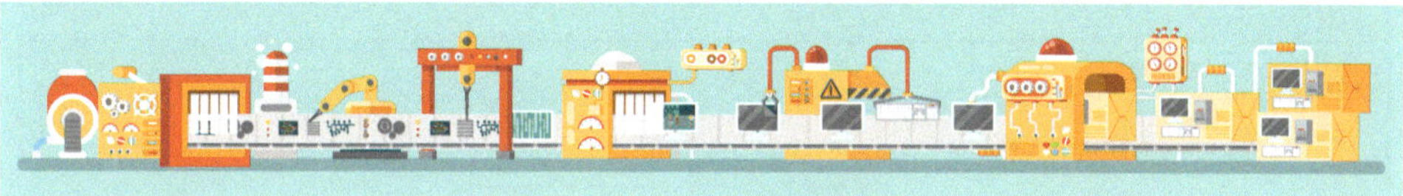

***Bild:** Stock_VectorSale/Shutterstock.com*

Das Forschungsinstitut FIR an der RWTH Aachen bietet Industrie-4.0-Planspiele an. Weitere Informationen zur Forschung der Fachgruppe Produktionsregelung der RWTH Aachen finden Sie auf:
https://www.fir.rwth-aachen.de/forschung/produktionsmanagement/produktinsregelung/

Mobiles Robotersystem

Mit Viarobot können manuelle Lager ohne zusätzliche Infrastruktur schnell, einfach und flexibel automatisiert werden.

*(**Bild:** Viastore)*

Darstellung der Durchlaufzeiten bei

- **A)** Verrichtungsprinzip, mit Übergangszeiten gerechnet
- **B)** Verrichtungsprinzip, Übergangszeiten auf null gesetzt
- **C)** Linienfertigung mit Teamarbeit, prozessorientiert ausgerichtet

Bild: *Durchlaufzeit bei Verrichtungsprinzip zu Unterschied bei Fließfertigung*

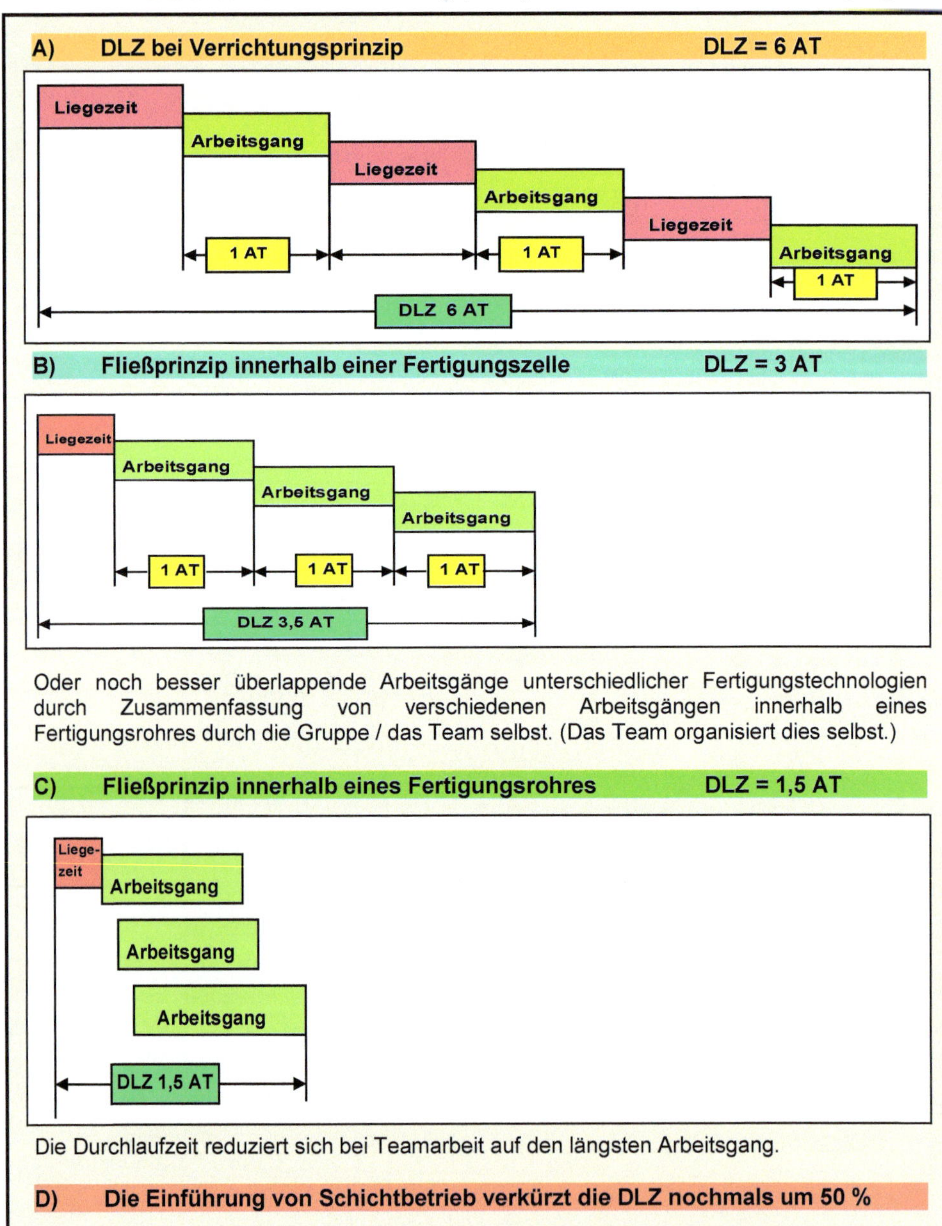

12. Steigerung der Produktivität / Reduzierung des Working Capitals durch zeitnahes Produzieren und einer ganzheitlichen Leistungsbetrachtung

Leistung ist nur, was produziert und umgehend verkauft werden kann – nicht was an Lager geht Lager = Hoffnung

A L S O

Weg vom Einzeloptima → Hin zum Gesamtoptima

Um die tatsächliche Leistung der Produktion zu messen, bedarf es eines Instrumentariums, das den Ressourceneinsatz in Bezug auf Bestände, Personal, Kapazität, Qualität, Produktivität und Termin misst und das sich im Unternehmensergebnis / der Kundenorientierung widerspiegelt. Dies geschieht am einfachsten mittels Top-Kennzahlen, die in einem Produktionscontrolling zusammengefasst werden, sie runden die Produktionslogistik ab.

Die aussagekräftigsten sind:

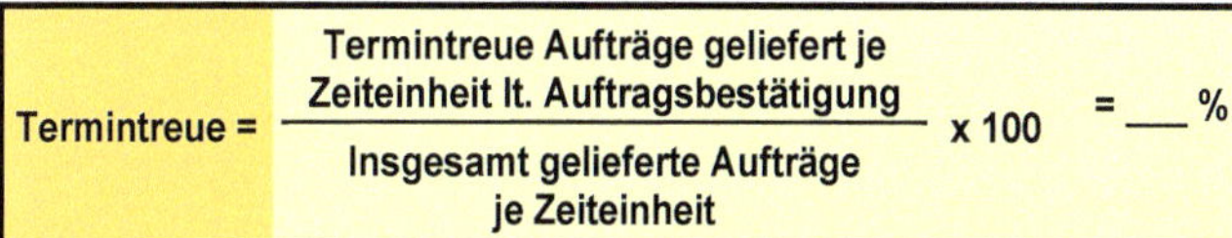

$$\text{Termintreue} = \frac{\text{Termintreue Aufträge geliefert je Zeiteinheit lt. Auftragsbestätigung}}{\text{Insgesamt gelieferte Aufträge je Zeiteinheit}} \times 100 = \_\_\_ \%$$

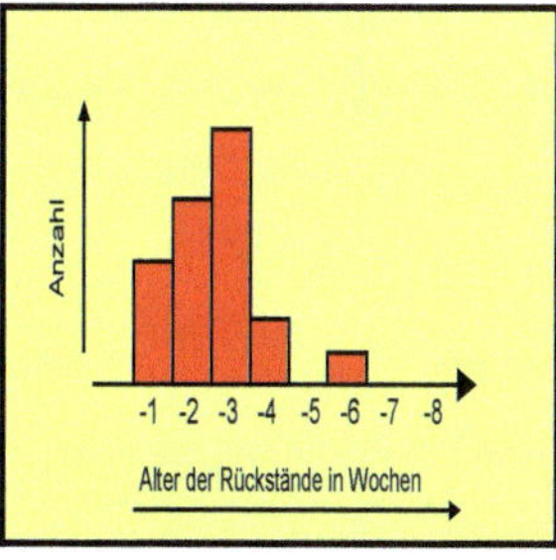

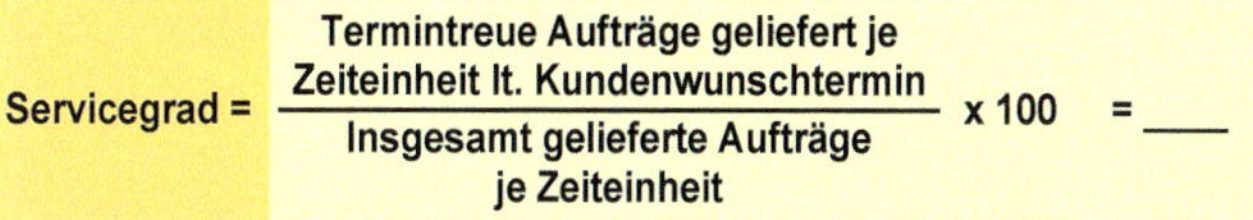

$$\text{Servicegrad} = \frac{\text{Termintreue Aufträge geliefert je Zeiteinheit lt. Kundenwunschtermin}}{\text{Insgesamt gelieferte Aufträge je Zeiteinheit}} \times 100 = \_\_\_$$

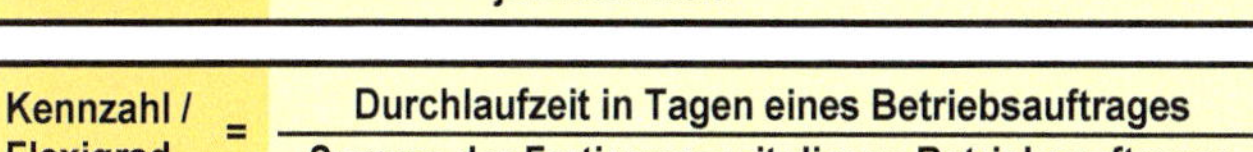

$$\text{Kennzahl / Flexigrad} = \frac{\text{Durchlaufzeit in Tagen eines Betriebsauftrages}}{\text{Summe der Fertigungszeit dieses Betriebsauftrages}}$$

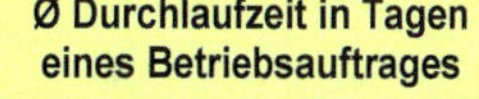

Ø Durchlaufzeit in Tagen eines Betriebsauftrages

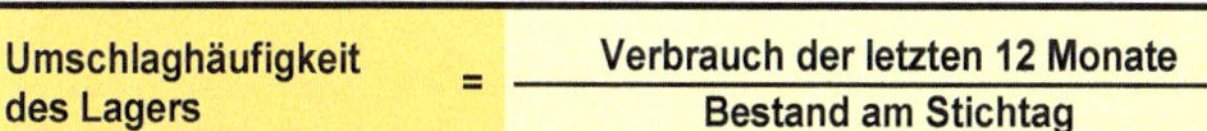

$$\text{Umschlaghäufigkeit des Lagers} = \frac{\text{Verbrauch der letzten 12 Monate}}{\text{Bestand am Stichtag}}$$

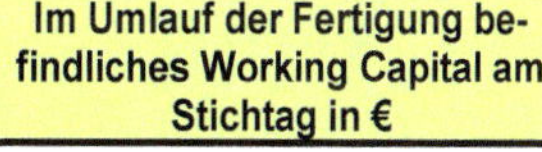

Im Umlauf der Fertigung befindliches Working Capital am Stichtag in €

Reklamationsquote in Euro oder QS-Punkte pro Zeitraum

Siehe auch ISO-Vorgaben

Nacharbeit / Ausschuss in % zu gefertigter Ware je Zeitaum

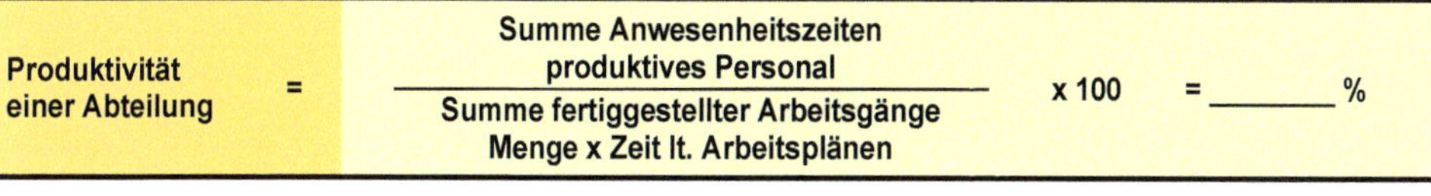

$$\text{Produktivität einer Abteilung} = \frac{\text{Summe Anwesenheitszeiten produktives Personal}}{\text{Summe fertiggestellter Arbeitsgänge Menge x Zeit lt. Arbeitsplänen}} \times 100 = \_\_\_\_\_\_ \%$$

$$\text{Produktivität der ges. Produktion} = \frac{\text{Summe Anwesenheitszeiten ges. produktives Personal der Produktion}}{\text{Verkaufte Stunden lt. Rechnungsausgang Menge x Zeit aus den Arbeitsplänen}} \times 100 = \_\_\_\_\_\_ \%$$

Abbildung: ***Formel Produktivität der gesamten Produktion auf Basis verkaufter Stunden, lt. Rechnungsausgang, zu Anwesenheitszeiten aufwandsneutral***

Alle Daten sind im ERP- / PPS-System vorhanden.

Rückgerechnet aus der verkauften Menge lt. Rechnungsausgang, oder fallweise Gut-Stück lt. Fertigwarenlagereingang zu Summe Anwesenheitszeit aller Mitarbeiter in der jeweiligen Kostenstelle / Fertigungslinie. Das ideale Führungsinstrument, um zu erkennen, wie die Fertigung atmet.

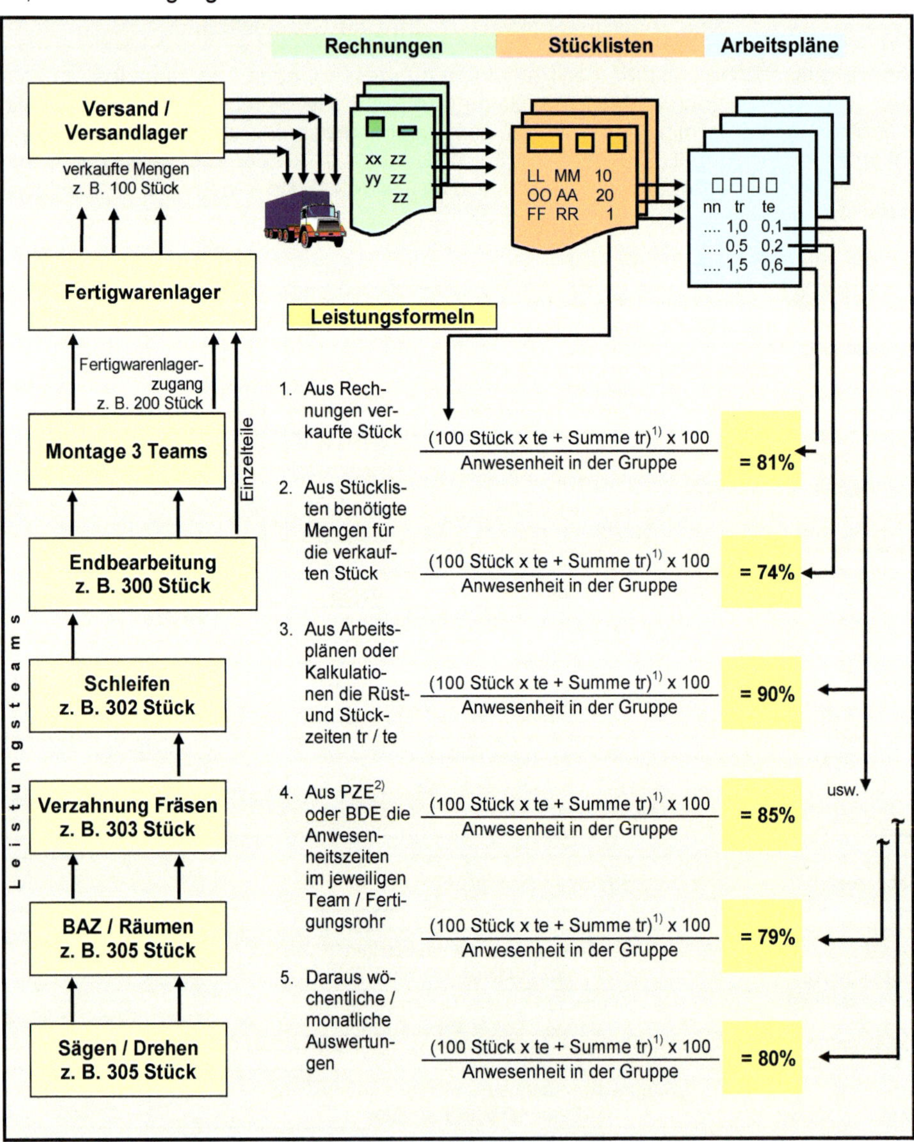

[1] Arbeitspläne müssen für Abrechnung mit den Stücklistenpositionen verkettet werden.
[2] Anwesenheitszeit im Team lt. Personalzeiterfassung PZE oder BDE.

Wenn viel auf Lager produziert wird, weil z. B. eine hohe Maschinennutzen wichtig ist, oder Kleinmengen liegen bleiben, weil große Mengen bevorzugt abgearbeitet werden, dadurch aber einzelne Kundenaufträge nicht geliefert werden können, brechen die Kennzahlen ein. Sie zeigen somit auf, wie Ihre Fertigung bezüglich Produktivität, Kundennähe, Working Capital etc. tatsächlich atmet / funktioniert, und ob einzelne Bereiche personell überbesetzt sind.

Daraus resultiert:

Umgekehrte Pyramide als Führungsgrundsatz

Diese ganzheitliche Leistungsbetrachtung ergibt somit als Führungsgrundsatz:

> Nicht die Chefs, Betriebsleiter o. ä. müssen alles im Detail anregen / vorgeben wie, was, mit welchen Hilfsmitteln etc. getan werden muss, damit die Unternehmensziele insgesamt erreicht werden,
>
> SONDERN:
>
> Es ist die Aufgabe aller betrieblichen Führungskräfte, die Arbeitsbedingungen und Hilfsmittel zu schaffen, die die Belegschaft benötigt, um die vereinbarten Ziele zu erreichen, was in folgenden wichtigen Aussagen mündet:

Führungskräfte bekommen ihr Gehalt nicht, damit sie erklären, warum ein bestimmtes Ziel nicht erreicht wurde
SONDERN
sie bekommen ihr Gehalt, damit sie sagen was getan werden muss,
DAMIT DAS ZIEL ERREICHT WIRD!

Produktivitätsentwicklung seit Einführung der ganzheitlichen Leistungsbetrachtung und Einführung des Führungsgrundsatzes „*Umgekehrte Pyramide*"

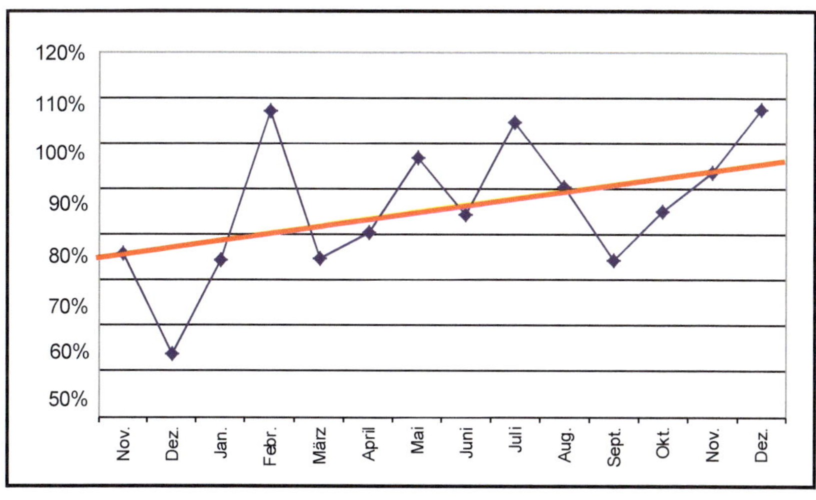

Eine konsequente Weiterentwicklung des Lean-Gedankens / der KVP-Prozesse bzw. des Denkens in Tätigkeiten und Geschäftsprozessen ist, dass in den jeweiligen Arbeitsbereichen / Abteilungen, bei den einzelnen Mitarbeitern / Führungskräften / Dienstleistern etc. ein beträchtliches Detailwissen vorhanden ist, das mittels Führen nach Zielvorgaben (Organisation von unten, also durch die Mitarbeiter selbst) genutzt werden kann.

Es gibt nichts, was man nicht verbessern kann!

Verbesserung der Transparenz in Kosten – Leistung – Qualität durch Einsatz aussagekräftiger und ergebnisorientierter Leistungskennzahlen

A	Kennzahlen im Auftrags- / Logistikzentrum (AZ)

Pos.	Bezeichnung	Formel	Ziel
1	**Anzahl Neukunden**	Statistik je Stichtag	↗
2	**Umsatz / Deckungsbeitrag pro Monat**	Statistik je Stichtag	↗
3	**∅ Zeit von Auftragseingang bis Lieferung in AT**	Statistik je Stichtag	↘
4	**Anzahl erfasste Aufträge / -Position je Anwesenheitsstunde**	$\frac{\text{Summe Anzahl Aufträge / Position je Zeiteinheit}}{\text{Summe Anwesenheitszeit je ZE}}$	↘
5	**Höhe der Versandkosten je Zeitraum, absolut und je Rechnung**	$\frac{\text{Versandkosten / Zeiteinheit}}{\text{Anzahl Rechnungen / ZE}}$	↘
6	**Reklamationen / Monat**	$\frac{\text{Anzahl Reklamationen / Mo. x 100}}{\text{Anzahl Bestellungen / Mo.}}$	↘
6a	**Reklamationsstatistik nach Fehlergründen gegliedert**	falsch / fehlerhaft | falsche Versandart zu viel / zu wenig | falscher Termin falscher Preis/Kunde | falsche Bestelldaten	↘
7	**Abgegebene Angebote / Mo.**	Statistik je Stichtag	↗
8	**Erfolgsquote**	$\frac{\text{Anzahl Aufträge aus Angeboten x 100}}{\text{Anzahl abgegebene Angebote}}$	↗
9	**Anzahl Mitarbeiter im AZ**	Statistik je Stichtag	↘
10	**Anzahl Fehltage im AZ**	Statistik je Stichtag	↘
11	**Kosten der Kostenstelle**	Statistik je Stichtag	↘
12	**Entwicklung der Variantenzahl zu ∅ Losgröße je Auftrag**	Statistik je Stichtag	→
13	**Anzahl gleichzeitig in der Fertigung befindlicher Betriebsaufträge**	Statistik je Stichtag	↘
14	**Kosten eines Angebotes**	Zeit x Stundensatz	↘
15	**Kosten einer Auftragsabwicklung (einer Position)**	Zeit x Stundensatz	↘

B Kennzahlen in Disposition / Einkauf

Pos.	Bezeichnung	Formel	Ziel
1	**Anzahl Lieferanten aufgeteilt nach Umsatzgrößen** A-Lieferanten B-Lieferanten C-Lieferanten	Statistik je Stichtag	↘
2	**Anzahl Bestellungen / Bestellpositionen**	Statistik je Stichtag	↘
3	**Anzahl Abrufe bei Lieferanten**	Statistik je Stichtag	↗
4	**Anzahl Lieferanten die für uns Vorräte halten**	Statistik je Stichtag	↗
5	**Anzahl Lieferanten die uns mit KANBAN beliefern**	Statistik je Stichtag	↗
6	**Kosten / Bestellung pro Lieferant**	$\frac{\text{Summe Kosten / Zeiteinheit}}{\text{Anzahl Lieferanten/Bestellungen / ZE}}$	↘
7	**Anzahl Lieferreklamationen, absolut und je Lieferung**	$\frac{\text{Lieferreklamationen / ZE}}{\text{Anzahl Lieferungen / ZE}}$	↘
8	**Anzahl Fehlteile je KANBAN-Lieferung**	$\frac{\text{Anzahl Fehlteile / Zeiteinheit}}{\text{Anzahl KANBAN-Lieferungen / ZE}}$	↘
9	**Anzahl Mitarbeiter in Disposition / Einkauf**	Statistik je Stichtag	↘
10	**Anzahl Fehltage in Disposition / Einkauf**	Statistik je Stichtag	↘
11	**Liefertreue der Lieferanten in %**	$\frac{\text{Anz. termintreu gelief. Bestelng. x 100}}{\text{ges. Zahl gelieferte Bestellungen}}$	↗
12	**Kosten der Kostenstelle**	Statistik je Stichtag	↘
13	**Einkaufserfolg**	€ / Zeitraum	↗
14	**∅ Lieferzeit in Tagen**	Statistik je Stichtag	↘
15	**Anzahl Dispo-Vorgänge / Monat**	Statistik je Stichtag	↘
16	**Anzahl Neuteile / Monat**	Statistik je Stichtag	↘
17	**Anzahl ausgelöster Betriebsaufträge / Monat**	Statistik je Stichtag	→
18	**Anzahl zu disponierende Fertigungsaufträge / Monat**	Statistik je Stichtag	↘
19	**Kosten eines Dispositionsvorganges**	Zeit / Vorgang x € / Std.	↘
20	**Umschlagshäufigkeit / Drehzahl (evtl. je Disponent)**	$\frac{\text{Verbrauch / Jahr}}{\text{Bestand am Stichtag}}$	↗
21	**Höhe der jährlichen Verschrottungs- / Abwertungskosten**	€ pro Stichtag	↘
22	**Anzahl Bestellungen unter € 300,--**	Statistik je Stichtag	↘
23	**Anzahl Teile pro Disponent / Einkäufer**	Statistik je Stichtag	↗
24	**Einkaufsvolumen pro Mitarbeiter**	Statistik je Stichtag	↗
25	**Anzahl Lieferanten mit Freipässen**	Statistik je Stichtag	↗
26	**Monatlicher Einkaufswert zu Umsatz Vormonat in Prozent**	$\frac{\Sigma \text{ Obligo / Monat}}{\Sigma \text{ Umsatz Vormonat}} \text{ x } 100$	↘

C	Kennzahlen im Lager (Beispiele)			
Pos.	**Bezeichnung**		**Formel**	**Ziel**
1	**Anzahl Stellplätze**		Statistik je Stichtag	→
2	**Anzahl verschiedene Lagerorte**		Statistik je Stichtag	→
3	**Anzahl Teilenummern (Artikel) zu lagern**		Statistik je Stichtag	↘
4	**Anzahl Mitarbeiter**	Lager Wareneingang Versand	Statistik je Stichtag	↘
5	**Anzahl Fehltage je Mitarbeiter**		Statistik je Stichtag	↘
6	**Durchschnittliche Durchlaufzeit / Bereitstellzeit eines Auftrages in Arbeitstagen im Lager**		Erhebung	↘
7	**Genauigkeit des Lagerbestandes in %**		Inventurauswertung	↗
8	**Anzahl Fehlteile Ø pro Woche**		Statistik	↘
9	**Anzahl Zugriffe / Wareneingänge, Versandpositionen pro Monat**	Zugänge/Abgänge WE-Positionen Versandpositionen	Statistik	↘
10	**Durchschnittliche Zugriffszeit in Minuten**	Lager Wareneingang Versand	$\frac{\text{Summe Anwesenheitszeit des Personals}}{\text{Anzahl Zugriffe / Bewegungen}}$	↘
11	**Durchschnittliche Kosten eines Zugriffs in Euro, im Lager**		Zeit x € / Std. (Stundensatz)	↘
12	**Durchschnittliche Verweilzeit eines Wareneinganges im Wareneingang / eines Bereitstellvorgangs im Lager etc.**		Statistik	↘
13	**Durchschnittliche Kosten eines Wareneinganges / eines Bereitstellvorgangs in Euro**		Zeit x € / Std. (Stundensatz)	↘
14	**Durchschnittliche Zeit eines Versand-/ Verpackungsvorganges in Minuten**		Erhebung	↘
15	**Durchschnittliche Kosten eines Versand- / Verpackungsvorganges in Euro**		Zeit x € / Std. (Stundensatz)	↘
16	**Umschlagshäufigkeit der Teile in Lager nach Teileart und Wertigkeit (A- / B- / C-Gliederung)**	Halbzeug Kaufteile Fertigungsteile Handelsware Fertigware	$\frac{\text{Verbrauch / Jahr}}{\text{Bestand am Stichtag}}$	↗
17	**Durchschnittlicher Lagerbestand in Euro pro Stichtag (gegliedert wie Pos. 16)**		Statistik je Stichtag	↘
18	**Anzahl Reklamationen**		Statistik nach Reklamationsart	↘
19	**Durchschnittszeit eines Transportvorganges Teilelager → Fertigung und Fertigung → Versand**		Erhebung	↘
20	**Anzahl Transportvorgänge (Gliederung wie Pos. 19)**		Statistik	↘
21	**Durchschnittliche Kosten eines Transportvorganges Teilelager → Fertigung / Fertigung → Versand**		Zeit x € / Std. (Stundensatz)	↘
22	**Durchschnittliche Kosten eines Beladungsvorganges**		Erhebung	↘
23	**Anzahl Transportmeter (Ø) pro Transportvorgang**		Erhebung	↘
24	**Ø Lauf- / Transportmeter / Monat**		Pos. 20 x Pos. 23 je Monat	↘
25	**Anzahl Null-Dreher im Lager (Bodensatz)**		Statistik gegliedert nach Jahren	↘

D	Kennzahlen im Produktionsbereich

Pos.	Bezeichnung	Formel	Ziel
1	**Produktivität des Betriebes / einer Abteilung**	Anzahl verkaufter Plan-Stunden lt. Rechnungsausgang x 100 / Bezahlte Anwesenheitsstunden in der Fertigung	↗
2	**Anzahl gleichzeitig in der Fertigung befindliche Betriebsaufträge / Arbeitsgänge**	Statistik	↘
3	**Durchschnittlicher Umlaufbestand in der Fertigung (Working-Capital)**	Statistik Wert je Stichtag	↘
4	**Termintreue / Servicegrad der Fertigung**	Anzahl termintreu gelieferter Aufträge x 100 / ges. Anzahl gelieferter Aufträge	↗
5	**Verhältnis Fertigungszeit zu Durchlaufzeit**	Durchlaufzeit in Tagen eines Betriebsauftrages / Summe der Fertigungszeit dieses Betriebsauftrages in Tagen	↘
6	**Anzahl Schnittstellen je Auftrag**	Zählen	↘
7	**Durchschnittliche Durchlaufzeit in Arbeitstagen**	∑ Durchlaufzeit in Tagen aller Aufträge von Datum Auftrags-eingang bis Lieferung / Anzahl gelieferte Aufträge	↘
8	**Rückstände in Anzahl und Alter der Rückstände in Tagen**	Tabelle / Statistik Anzahl + Alter Rückstände / Aufträge 1 Tag: 10 · 2 Tage: 4 · 3 Tage: 8 · 4 Tage: 20 · älter 4 Tage: 40	↘
9	**Ausschuss- / Reklamationshöhe in € pro Monat**	Basis Statistik Fehlerberichte intern, plus Rücklieferungen von Kunden, entsteht über QL-Audit	↘
10	**Anzahl Materialbewegungen (Aufnehmen / Ablegen / Heben / Senken)**	Anzahl einzelner Arbeitsgänge x 2 x Anzahl Teile / Pakete x Anzahl Betriebsaufträge die so bewegt werden	↘
11	**Anzahl Transportvorgänge / Zeitraum**	Erhebung	↘
12	**Anzahl Fehltage**	Statistik	↘
13	**Rationalisierungserfolg**	Bezahlter Lohn / Verkaufte Einheiten	↗
14	**Verhältnis produktive Stunden zu Gemeinkostenstunden / Monat**	Geko-Std. x 100 / Prod.-Std. lt. BDE	↘
15	**Laufmeter für eine Auftrags-abwicklung (nach Auftragsarten getrennt)**	Erhebung	↘

Pos.	Bezeichnung	Zeitachse →					
		1/20	2/20	1/21	2/21	1/22	2/22

Eine kontinuierliche Fortschreibung der Kennzahlen ist wichtig

13.1 Abweichungen erkennen und gegensteuern

Beispiele für Aufbereitung und Arbeiten mit Kennzahlen

Kennzahl	Ermittlung	Formel	letztes Jahr	Ziel dieses Jahr	Benchmark / Zielgröße
Beschaffungs- / Lagerungs- / WE und Bereitstellungskosten im Verhältnis zu Gesamtkosten Materialeinsatz p. a. oder jede Kostenstelle einzeln, bzw. pro Entnahme p. a.	1.1 ∑ aller Logistikkostenstellen Kostenstelle 21005 Warenannahme 21010 WE-Kontrolle 21020 Lager Rohmaterial 21040 Lager Teile 21035 Lager Fertigware 21060 Einkauf / Disposition Summe Kosten in €	$\frac{\sum \text{Logistikkosten p. a.}}{\sum \text{Anzahl Entnahmen p. a.}}$	53,30 €	50,00 €	38,50 €
		$\frac{\sum \text{Logistikkosten p. a.}}{\sum \text{Materialeinsatzkosten p. a.}} \times 100$	6,3 %	5,8 %	3,0 - 4,0 %
Bestandskosten im Verhältnis zu den Gesamtkosten (kpl. Warenbestand)	2.1 ∑ Bestandskosten = Verzinsung Warenbestand (lt. Inventurstichtag mit 5 %) - Verzinsung nicht bezahlter Ware, aber an Lager (lt. Inventurstichtag mit 5 %) Stand 31.12.	$\frac{\text{Zinskosten in € p. a.}}{\text{Selbstkosten ohne Material}} \times 100$	2,2 %	2,4 %	1,42 %
Verschrottungs- und Abwertungskosten im Verhältnis zu den Gesamtkosten	3.1 ∑ Verschrottungs- und Abwertungskosten/Jahr (* = ∅ der letzten 3 Jahre) = Verschrottungskosten/Jahr (*) + Abwertungskosten/Jahr (*)	$\frac{\text{Verschrottungs- / Abwertungskosten p. a.}}{\text{Selbstkosten ohne Material}} \times 100$	4,2 %	1,0 %	∅ 0,4-0,8 %
Bestandsreichweite in Arbeitstagen	- ohne Sonderteile - (250 Tage / Jahr = Basis) Stichtag 30.06. jedes Jahr	lt. Kennzahl IT-Auswertung	88 Tage	55 Tage	∅ 40 Tage
Liefertreue, bezogen auf den Kundenwunschtermin	$\frac{\text{Anzahl Aufträge termintreu auf Kundenwunschtermin geliefert x 100}}{\text{Anzahl Aufträge insgesamt geliefert}}$		75 %	85 %	98 %
Versandkosten insgesamt und je Vorgang	$\frac{\text{Versandkosten absolut}}{\text{Anzahl Rechnungen (Anzahl Lieferungen)}} =$		24,20 €	16,00 €	12,10 €
Prüfkosten Wareneingang	$\frac{\text{Kosten Wareneingang}}{\text{Anzahl Lieferungen}} =$		41,50 €	30,00 €	10,00 €
Prüfkosten QS Wareneingang	$\frac{\text{Kosten QS-Prüfung Wareneingang}}{\text{Anzahl geprüfter Sendungen}} =$		38,50 €	35,00 €	10,00 €

14. Analysetechniken der Bestände und der Logistiktätigkeiten mittels Prozesskostenrechnung und Industrial Engineering Methoden

Höhere Variantenvielfalt bedeutet kleinere Lose. Kleinere Lose bedeutet in allen Bereichen der Logistik, von Beschaffung bis die Ware im Lager, und bei Komponentenmontage auf Vorrat, bis die Ware in der nächst höheren Fertigungs- / Stücklisten-Struktur-Stufe wieder eingelagert ist, mehr Aufwand. Treibt die Bestände in die Höhe.

Nachfolgendes Beispiel soll aufzeigen, ob es nicht wirtschaftlicher wäre, von einem der Lieferanten komplett als Baugruppe zu beziehen. Die Einsparungen der Umtriebe sind enorm, auch die Bestände werden erheblich reduziert, da eine ganze Dispo- / Lagerstufe entfällt.

Auch eine externe Vergabe der Montagetätigkeiten wäre wenig sinnvoll, da

a) alle Logistiktätigkeiten 1:1 im Unternehmen blieben,

b) zusätzliche Tätigkeiten, wie z. B. Lieferschein erstellen und Wareneingangstätigkeiten anfallen. Die Umtriebe würden steigen.

Beispiel: *Baugruppe bestehend aus vier Teilen*

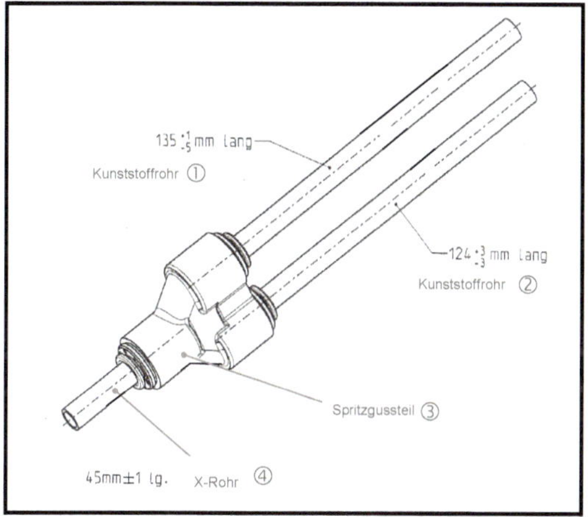

FRÜHER:

Wenig Varianten, Beschaffen der Kaufteile und Fertigen von großen Losen war angesagt

HEUTE:

Viele Varianten, Beschaffen geringer Kaufteilmengen und Fertigen von kleinen Losen wird immer wichtiger

„A N D E R S S E H E N L E R N E N“, siehe nachfolgend

Eine Analyse der Haupt- zu Nebentätigkeiten / Dienstleistungstätigkeiten = *nicht wertschöpfend* = [gelb] zu [rot] = *wertschöpfend*, ergibt

Begriffsdefinition:

Wertschöpfend = Wenn in der Fertigung z. B. Späne fallen, Fügen = Montieren etc., also ein Wert im Arbeitsfortschritt entsteht.

Nicht wertschöpfende Tätigkeiten = Alle Dienstleistungen, wie z. B. Disponieren, Beschaffen, Einlagern, Auslagern etc. – also Tätigkeiten, die sein müssen (?), aber durch die kein Wert für das Produkt oder den Kunden entsteht.

Analyse des kompletten Logistikvorganges auf *„wertschöpfende" / „nicht wertschöpfende"* Tätigkeiten:

Früher: Wenig Varianten = Große Lose
Heute: Viele Varianten = Kleine Lose

(A) Berechnung Zeitaufwand für Beschaffen bis Teile einlegen

Pos.	Tätigkeit	Häufigkeit	Zeitbedarf	Fruher wenig Varianten große Lose		Heute viele Varianten kleine Lose	
				für Menge	Zeitaufwand in Minuten	für Menge	Zeitaufwand in Minuten
1.1	Disponieren und Beschaffen, Terminüberwachung	4 x	3,0 Min.	2.000	12,0 Min.	500	12,0 Min.
1.2	Wareneingangstätigkeiten, Buchen + QS + WE-Papiere drucken	4 x	12,0 Min.	2.000	48,0 Min.	500	48,0 Min.
1.3	Einlagern und Zugangsbuchung	4 x	3,0 Min.	2.000	12,0 Min.	500	12,0 Min.
	Zwischensumme Pos. (A) für Beschaffen und Einlagern			**=**	**72,0 Min.**	**=**	**72,0 Min.**

(B) Berechnung Zeitaufwand für Erstellen Fertigungsauftrag und Materialbereitstellung

Pos.	Tätigkeit	Häufigkeit	Zeitbedarf	Auftragsgröße 500 Stück		Auftragsgröße 50 Stück	
2.1	Arbeitspapiere, Entnahmestückliste ausdrucken	1 x	1,0 Min.	500	1,0 Min.	50	1,0 Min.
2.2	Teile Auslagern, Transport an Bereistellplatz, Abgang buchen	4 x	2,5 Min.	500	10,0 Min.	50	10,0 Min.
2.3	Transport in Fertigung	1 x	4,0 Min.	500	4,0 Min.	50	4,0 Min.
	Zwischensumme Pos. (B) für Fertigungsauftrag erstellen + Mat.-Bereitstellg.			**=**	**15,0 Min.**	**=**	**15,0 Min.**

(C) Berechnung Zeitaufwand für Montagearbeit

Pos.	Tätigkeit	Häufigkeit	Zeitbedarf	Auftragsgröße 500 Stück		Auftragsgröße 50 Stück	
3.0	Auftrag anmelden BDE Arbeitsplatz einrüsten, Teile bereitstellen	1 x	5,0 Min.	500	5,0 Min.	50	5,0 Min.
4.0	Teile lt. Zeichnung montieren 4 Teile aufnehmen 3 Teile in Klebstoffbehälter tauchen und zusammenstecken, nachdrücken auf Anschlag, ablegen	1 x	0,5 Min.	500	250,0 Min.	50	25,0 Min.
5.0	Auftrag fertigmelden Arbeitsplatz abrüsten BDE und Teile an Bahnhof stellen	1 x	3,0 Min.	500	3,0 Min.	50	3,0 Min.
	Zwischensumme Pos. (C) Montagezeit für Auftragsgröße 500			**=**	**258,0 Min.**	**=**	**33,0 Min.**

(D) Berechnung Zeitaufwand Baugruppe einlagern + Zugang buchen

Pos.	Tätigkeit	Häufigkeit	Zeitbedarf	Auftragsgröße 500 Stück		Auftragsgröße 50 Stück	
6.1	Transport in Zentrallager	1 x	4,0 Min.	500	4,0 Min.	50	4,0 Min.
6.2	Einlagern und Zugang buchen	1 x	3,5 Min.	500	3,5 Min.	50	3,5 Min.
6.3	Auftrag in AV fertigmelden	1 x	0,5 Min.	500	0,5 Min.	50	0,5 Min.
	Zwischensumme Pos. (D) für Einlagern + Buchen Auftragsgröße 500			**=**	**8,0 Min.**	**=**	**8,0 Min.**

Summe A bis D	**Ergibt je Losgröße**		**Groß**			**Klein**	
		Nicht wert-schöpfend - zu wertschöpfend	72 :	4	18 Min.	72:10 =	7,2 Min.
			plus		15 Min.	plus	15,0 Min.
			plus		8 Min.	plus	8,0 Min.
			Summe =		41 Min.	=	30,2 Min.

Erkenntnis aus der Analyse:

Große Lose	bei Auftragsgröße 500 Stück	
Anteil nicht wertschöpfende Arbeit in Minuten	Wertschöpf. Arbeit	Verhältnis NW zu W
[(A) / 4 Lose] +B+D = 18+15+8 = 41 Min.	258 Min.	**1 : 6**

Kleine Lose	bei Auftragsgröße 50 Stück	
Anteil nicht wertschöpfende Arbeit in Minuten	Wertschöpf. Arbeit	Verhältnis NW zu W
[(A) / 10 Lose] +B+D = 7,2+15+8 = 30,2 Min.	33 Min.	**1 : 1**

Die Summe aller Dienstleistungstätigkeiten ist, bezogen auf die Losgröße 50, in Zeit etwa 1:1 zur Fertigungszeit. Somit ist es sinnvoller die Baugruppen komplett zuzukaufen. Auch wenn der Preis bei Zukauf, bezogen auf die eigenen Herstellkosten, etwas höher wäre. Die üblicherweise nicht kalkulierten, hohen Logistik-Dienstleistungen dafür entfallen und eine komplette Lagerstufe entfällt?

DYNAMISCHES BESTANDSMANAGEMENT UND OPTIMALE LAGERHALTUNG
– Bestände optimieren, Durchlaufzeiten verkürzen, Verfügbarkeit sichern, Lieferservice / Liquidität verbessern –

Mit den dargestellten Methoden eines modernen Materialmanagements sind Werkzeuge aufgezeigt für eine professionelle, bestandsarme Material- und Lagerwirtschaft mit hohem Liefer- / Servicegrad. Nutzen Sie die vorgestellten, bewährten Methoden – Sie werden begeistert sein.

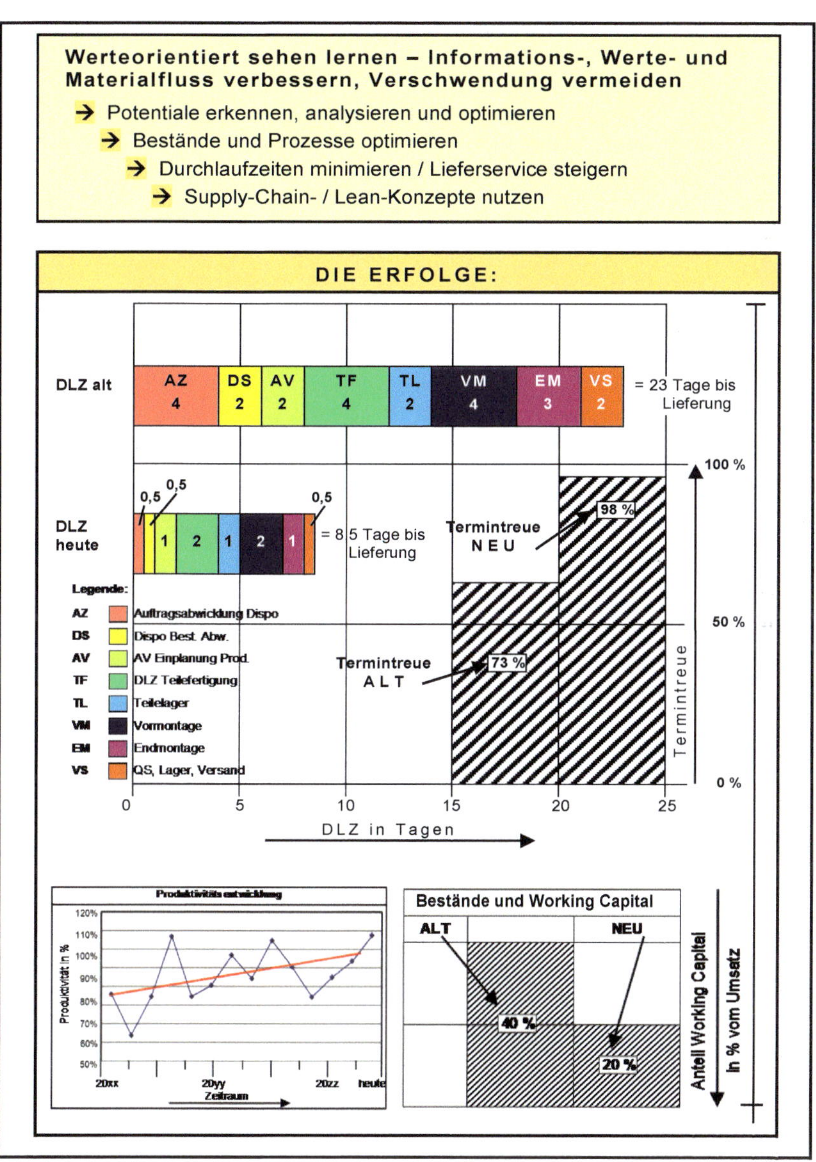

ZUM AUTOR

RAINER WEBER

REFA-ING., EUR-ING.

VORSPRUNG DURCH INNOVATION

Info@Unternehmensberatung-RainerWeber.de

REFERENT UND COACH BEI NAMHAFTEN WEITERBILDUNGSINSTITUTIONEN UND INDUSTRIEUNTERNEHMEN IM GESAMTEN DEUTSCHSPRACHIGEN RAUM

ERFOLGSBUCHAUTOR

INHABER DER GLEICHNAMIGEN UNTERNEHMENSBERATUNG

- ADVANCED TRAINING / COACHING
- SUPPLY-CHAIN-BERATUNG
- PROZESS- / STRATEGIE-BERATUNG
- CHAIN-MANAGEMENT-BERATUNG

ALS PARTNER ZUVERLÄSSIG UND KOMPETENT

- INDUSTRIAL ENGINEERING / SUPPLY-CHAIN-MANAGEMENT
- BESTANDS- / MATERIAL- / LOGISTIKMANAGEMENT
- PERFEKTES AUFTRAGSMANAGEMENT / PLANEN UND STEUERN DER PRODUKTION
- ERP- / MES-ANWENDUNGSOPTIMIERUNG / EFFIZIENTE SYSTEM-PARAMETRISIERUNG
- TECHNISCH- / ORGANISATORISCHE FERTIGUNGSOPTIMIERUNG
- LEAN FACTORY / PROZESS- / RESSOURCENOPTIMIERUNG
- KOSTENMANAGEMENT / CONTROLLING
- ADVANCED TRAINING / VERMITTLUNG VON FACHWISSEN
- COACHING VON PROJEKTEN

WISSEN – PRAXIS – ERFOLGE

- EFFIZIENZSTEIGERUNG ÜBER 30 %
- DURCHLAUFZEITVERKÜRZUNG 75 %
- BESTANDSREDUZIERUNG ÜBER 50 %
- TERMINTREUE NAHE 100 %
- LIQUIDITÄTSVERBESSERUNG ÜBER 100 %

RAINER WEBER
REFA-ING., EUR-ING.
Unternehmensberatung

Im Hasenacker 12
D -75181 Pforzheim-Hohenwart
Telefon (07234) 59 92 · Fax (07234) 78 45
www.Unternehmensberatung-RainerWeber.de

Literaturverzeichnis

Weber, Rainer,
Effektive Arbeitsvorbereitung – Produktions- und Beschaffungslogistik
Expert Verlag, 71268 Renningen, ISBN 978-3-8169-3328-1

Weber, Rainer, Lageroptimierung
Expert Verlag, 71268 Renningen, ISBN 978-3-8169-3326-7

Weber, Rainer, KANBAN-Einführung
Expert Verlag, 71268 Renningen, ISBN 978-3-8169-3385-4

Weber, Rainer, Zeitgemäße Materialwirtschaft mit Lagerhaltung
Expert Verlag, 71268 Renningen, ISBN 978-3-8169-3376-2

REFA-Methodenlehre des Arbeitsstudiums, Verschiedene Bände
Planung und Gestaltung komplexer Produktionssysteme,
Carl Hanser Verlag, München, www.refa.de

Logistik ONLINE zum Erfolg, Hus-Verlag München, ISBN 3-937711-02-3

Grundlagen der Logistik, HUSS-Verlag, ISBN 3-937711-23-6

Binner, H.F., Handbuch der prozessorientierten Arbeitsorganisation,
Carl Hanser Verlag, München, Wien 2004

Pirntke, G., Moderne Organisationslehre
Expert Verlag, 71268 Renningen, ISBN 978-3-8169-2667-2

Grunewald H., Erfolgreicher einkaufen und disponieren
Haufe-Verlag, Postfach 740, D-79007 Freiburg, ISBN 3-448-02805-3

Eliyahu M. Goldratt, Jeff Cox, Das Ziel
Verlag McGraw Hill Book Companies GmbH, Hamburg,
ISBN 3-89028-077-3

Blom, F., Haarlander, A., Logistik-Management
Expert Verlag, 71268 Renningen, ISBN 978-3-8169-2135-6

Prof. Dr. Horst Wildemann, Leitfaden Durchlaufzeit-Halbe
München 1998, TCW - Verlag, ISBN 3-929918-15-3

Prof. Dr. Horst Wildemann, Geschäftsprozessorganisation
München 1997, TCW - Verlag, ISBN 3-931511-05-7

Prof. Dr. Horst Krampe, Dr. Hans-Joachim Lucke
Grundlagen der Logistik, HUSS-Verlag, München, ISBN 3-937711-23-6

Schuh, G.; Stich, V. (Hrsg.): Produktionsplanung und -steuerung, Band 1 + 2
Springer-Verlag, Berlin u.a.2014

Gudehus, T., Dynamische Disposition
Springer Verlag, Berlin, ISBN 13-978-3-540-32236-8

Zahn, E., Bullinger, H.-J., Gatsch, B., Führungskonzepte im Wandel
In: Neue Organisationsformen im Unternehmen, Handbuch für das
moderne Management, Springer-Verlag, Berlin, Heidelberg 2002

Methodensammlung zur Unternehmensprozess-Optimierung
IfaA - Institut für angewandte Arbeitswissenschaft e.V., Köln
ISBN 3-89172-452-7

Prof. Dr. Ing. Christian Helfrich, Das Prinzip Einfachheit,
Expert Verlag, 71268 Renningen, ISBN 978-3-8169-2906-2

Kostenrechnung und Kalkulation von A - Z, Sammelwerk, Haufe-Verlag, Freiburg

Marktspiegel ERP / PPS Business Software Trovarit / FIR Aachen
www.it-matchmaker.com

ERP / MES Leitstandsysteme
- Hydra „APS“ Leitstand Fa. MPDU Mikrolab GmbH, www.mpdv.com
- MES Leitstand Fa. gbo datacomp GmbH, www.gbo-datacomp.de

Zeitschriften:
IT - Industrielle Informationstechnik, Carl Hanser Verlag, München
UDZ - Unternehmen der Zukunft, ISSN 1439-2858, www.fir-rwth-aachen.de
Industrial Engineering, REFA-Darmstadt
Logistik Heute, HUSS-Verlag, 80912 München

Lehrunterlagen: Schulungsunterlagen der Unternehmensberatung Rainer Weber
Fachlehrgang: Die optimierte Fertigung
Fachlehrgang: Erfolgreich Disponieren und Beschaffen
Fachlehrgang: Der erfolgreiche Lagerleiter
Fachlehrgang: Fertigungssteuerung optimieren
Fachausbildung: Arbeitsvorbereitung
Fachausbildung: Logistikleiter Industrie

Fa. Schäfer GmbH, D-57290 Neunkirchen

BITO-Lagertechnik, Bittmann GmbH, D-55587 Meisenheim

Siemens, Statistische Qualitätsprüfung, Zentralbereich
Technik - Technische Verbände und Normung (ZT TUN)

KBS Industrieelektronik GmbH, D-79111 Freiburg

Fa. Weigang-Vertriebs-GmbH, 96106 Ebern, KANBAN- / Organisations-Hilfsmittel

Die Stichprobeninventur / das rationale Inventurverfahren reduziert Kosten bei verbesserter Datenqualität

Der Gesetzgeber gestattet seit dem 01. Januar 1977 den Einsatz von Stichprobenverfahren zur rationelleren Abwicklung von Inventuren. Die Anforderungen sind im aktuellen Handelsgesetzbuch unter § 241 Abs. 1 festgelegt: *„Bei der Aufstellung des Inventars darf der Bestand der Vermögensgegenstände nach Art, Menge und Wert auch mit Hilfe anerkannter mathematisch-statistischer Methoden aufgrund von Stichproben ermittelt werden. Das Verfahren muss den Grundsätzen ordnungsgemäßer Buchführung entsprechen. Der Aussagewert des auf diese Weise aufgestellten Inventars, muss dem Aussagewert eines aufgrund körperlicher Bestandsaufnahme aufgestellten Inventars gleichkommen.“* Schweizerische und österreichische Gesetzgeber sehen den Sachverhalt ähnlich und akzeptieren ebenfalls Stichprobeninventuren.

Die Finanzbehörden der Bundesrepublik Deutschland erkennen die Stichprobeninventur nach § 141 Abs. 1 der Abgabenordnung ausdrücklich an, wenn das angewandte Verfahren handelsrechtlich zulässig ist; die Schweiz nach den Grundsätzen zur Abschlussprüfung OR 9581, GZA Nr. 6 sowie das Handwörterbuch der Wirtschaftsprüfung.

Die Wirtschaftsprüfer präzisieren die gesetzlichen Anforderungen zum Einsatz von Stichprobenverfahren inhaltlich durch die Stellungnahme des Instituts der Wirtschaftsprüfer im Januar 1981. Die sich hieraus ergebenden Ordnungsgrundsätze lassen allerdings nicht jedes beliebige Verfahren zu. So muss das ausführlich dokumentierte Inventursystem gewährleisten, dass die zur Stichprobe heranzuziehenden Artikelpositionen zufällig ausgewählt werden. Die im Anschluss an deren Aufnahme durchzuführende Hochrechnung muss den Inventurwert so exakt bestimmen können, dass er den tatsächlich im Lager vorhandenen Wert mit einer maximal möglichen Abweichung, je nach Festlegung, von 5 % bis 2 % widerspiegelt, was einer Genauigkeit von 95 % bis 98 % entspricht.

Die Einsparung ist enorm. Der Zeitaufwand gegenüber einer Stichtagsinventur reduziert sich um ca. 90 - 95 %.

Voraussetzungen für die Anwendung der Stichprobeninventur[1)]

- Die Verwaltung der Bestände nach Art, Menge und Wert muss über ein IT-System erfolgen[2)]
- Der vorgesehene Lagerbereich sollte mindestens 1.000 verschiedene Artikel umfassen
- 20 % der wertmäßig höchsten Positionen sollten etwa 40 bis 60 Prozent des gesamten Lagerwertes abdecken (was meist so ist)
- Bei höchstens 20 % der Lagerpositionen sollten größere Abweichungen zwischen BUCH- und IST-Bestand auftreten
- Die Abweichungen dürfen, je nach Festlegung Firma → Wirtschaftsprüfer, 1 % bis 2 % max. betragen, was durch eine begleitende Restmengenmeldung / permanente Inventur im Regelfalle erreicht wird.
- In der Schweiz darf die jährliche Inventurdifferenz auch eine Obergrenze von 500.000,-- SFR nicht überschreiten.

1) Aus Zeitschrift Industrial-Engineering 50/2001/5 und 2/2009/8.

2) Für C-Teile kann eine Inventurperiode für 5 Jahre mit dem Gesetzgeber vereinbart werden.

Marktspiegel Business Software ERP- / PPS- / MES-Systeme

Der Marktspiegel „Business Software“ bietet einen umfassenden Überblick über den Softwaremarkt im deutschsprachigen Raum, er erscheint alle ein bis zwei Jahre neu.

Dabei werden nicht nur die aktuell auf dem Markt verfügbaren Lösungen dargestellt und analysiert, sondern auch die Trends von morgen aufgezeigt und bewertet.
Die einzelnen Bände bieten insbesondere in Verbindung mit der Auswahl- und Ausschreibungsplattform www.it-matchmaker.com fundierte Hilfestellung bei der Auswahl der Business Software.

Mit dem Marktspiegel knüpft die Trovarit AG an die Tradition der „Aachener Marktspiegel“ des Forschungsinstituts für Rationalisierung e.V. an der RWTH Aachen an.
Für eine hohe Qualität und Praxisrelevanz der Marktinformationen garantieren nicht zuletzt die zahlreichen unabhängigen Software- und Marktexperten, die bei der Erstellung und Aktualisierung der einzelnen Bände mitwirken.

Das laufend aktualisierte Angebot an Marktspiegeln kann im Internet unter www.trovarit.com abgerufen werden.

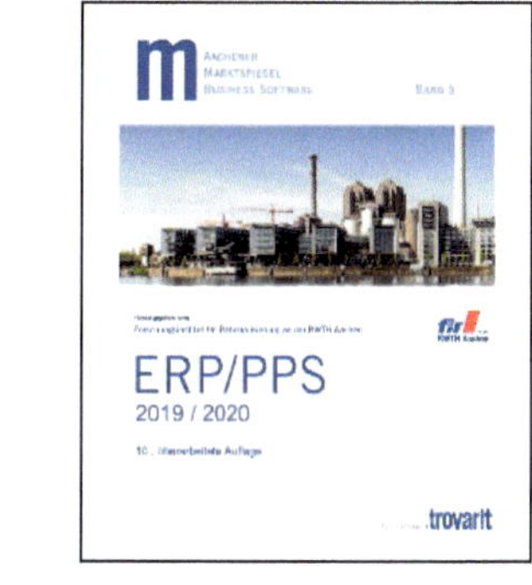

Der Marktspiegel „Business Software – ERP/PPS 2019/2020“ gibt einen umfassenden Überblick über den Markt für ERP-Systeme (Enterprise Resource Planning) im deutschsprachigen Raum. Dabei werden nicht nur die derzeitigen Angebote analysiert, sondern auch die Trends von morgen aufgezeigt und bewertet.

Der Marktspiegel basiert auf der einzigartigen Datenbasis des IT-Matchmaker® (www.it-matchmaker.com) und bietet Anwendern Orientierung und Hilfestellung bei der Auswahl von ERP/PPS-Systemen.

E-Mail: info@fir.rwth-aachen.de http://www.fir.rwth-aachen.de/
Telefon: ++49/241/47705-100 Telefax: ++49/241/47705-199

ISBN: 978-3-938102-51-0

Preis: € 350,- (zzgl. MwSt. und Versand)

Der „Marktspiegel Business Software - MES/Fertigungssteuerung 2019/2020“, der zur Hannover Messe vom Trovarit Cempetence Center MES in Zusammenarbeit mit dem langjährigen Partner Fraunhofer Institut Produktionstechnik und Automatisierung (IPA) und den VDI herausgegeben wird, untersucht das Angebot der derzeit am deutschen Markt verfügbaren MES. Er bietet daher eine ideale Marktübersicht für MES-Interessenten und -Anwender. Zudem werden die untersuchten MES im Hinblick auf die Unterstützung im Produktionsmanagement bewertet und konkrete Hilfestellungen für die Durchführung eines MES-Auswahlprojektes gegeben.

ISBN: 978-3-938102-47-3

Preis: € 300,- (zzgl. MwSt. und Versand)

AnBu	Anlagenbuchhaltung
APS	Produktionsoptimierung (Elektronischer Leitstand)
BDE	Betriebsdatenerfassung
BPM	Workflow-Management
CAD	Computer Aided Design
CRM	Elektronic-Business, Kundenbeziehungsmanagement
DMS	Dokumentenmanagement
EDI	my open factory
EDI	Electronic Data Interchange (automatisierte Bestellübernahme)
EDM	Engineering Data Management
ERP	Enterprise Resource Planning
Fibu	Finanzbuchhaltung
HR	Lohnbuchhaltung
HRM	Personalverwaltung
Invoicing	Automatisierte Rechnungsbearbeitung
IPS	Instandhaltung
KoRe	Controlling, Kostenrechnung
LIMS	Laborinformationssystem
LVS	Lagerverwaltungssystem
MDE	Maschinendatenerfassung
MDM	Stammdaten-Management (Manufacturing Date Management)
MES	Manufacturing Execution System (Fertigungssteuerung)
MIS	Führungsinformationssystem (Kennzahlensystem)
PDM	Product Data Management
PEP	Personaleinsatzplanung
PIM	Produkt Informationsmanagement
PMS	Projektmanagement
PPS	Produktionsplanung und -steuerung
PZE	Personalzeiterfassung
QMS / CAQ	Qualitätsmanagement
SCM	Supply Chain Management
SMS	Service Management System (Kundendienst)
TOM	Transportoptimierung
TPM	Total Productive Maintenance
VAN	Value Added Network (funktionsübergreifende Teams, z. B. in der Auftragsabwicklung
WMS	Warehouse Management (Online-Shop)

Sachregister